高职高专"十三五"规划教材
信息化数字资源配套教材

塑料模具设计

李东君 唐 妍 主编

化学工业出版社

·北京·

本书包括塑料成型工艺的应用与发展、成型塑料制件、设计注射模、设计压缩与压注成型模具共4个项目，14个工作任务。项目1主要介绍塑料成型工艺的应用与发展；项目2主要介绍成型塑料制件，包括选择与分析塑料原料、确定塑料成型方式与工艺、分析塑件结构工艺、确定塑件成型工艺参数、选择注射成型设备；项目3主要介绍设计注射模，包括注射模具结构及选用标准模架、确定分型面与设计浇注系统、设计注射模具成型零部件、设计注射模推出机构、设计注射模侧向分型与抽芯机构、设计注射模具调温系统；项目4主要介绍了设计压缩成型模具、设计压注成型模具。

书中对重要内容设置了二维码，包含大量的动画、视频等内容，可扫描观看，便于读者理解学习。另外，为方便教学，配套电子课件。

本书可作为高职高专院校、成人高校及中等职业院校模具及相关专业的教学用书，也可作为从事模具设计与制造的工程技术人员的参考书及培训用书。

图书在版编目（CIP）数据

塑料模具设计/李东君，唐妍主编．—北京：化学工业出版社，2019.5

高职高专"十三五"规划教材　信息化数字资源配套教材

ISBN 978-7-122-33993-5

Ⅰ.①塑… Ⅱ.①李… ②唐… Ⅲ.①塑料模具-设计-高等职业教育-教材 Ⅳ.①TQ320.5

中国版本图书馆CIP数据核字（2019）第038019号

责任编辑：韩庆利　　　　　　　　　　　　装帧设计：张　辉
责任校对：宋　玮

出版发行：化学工业出版社（北京市东城区青年湖南街13号　邮政编码100011）
印　　刷：三河市延风印装有限公司
装　　订：三河市宇新装订厂
787mm×1092mm　1/16　印张17　字数414千字　2019年7月北京第1版第1次印刷

购书咨询：010-64518888　　售后服务：010-64518899
网　　址：http://www.cip.com.cn

凡购买本书，如有缺损质量问题，本社销售中心负责调换。

定　价：45.00元　　　　　　　　　　　　　　　　　　版权所有　违者必究

前言

本教材以培养学生塑料模具设计能力为核心,以高等职业教育人才培养目标为依据,结合教育部模具专业人才培养要求,注重教材的基础性、实践性、科学性、先进性和通用性。按照模具设计的流程,以典型案例为载体,突出训练学生的综合应用能力,融理论教学、综合实践项目为一体。

教材的设计以项目引领,以工作过程为导向,以具体工作任务为驱动,按照塑料成型与模具设计的内容及工作过程,参照国家相关职业标准规定的知识与技能要求,对应职业岗位核心能力培养设置4大项目,14个工作任务,进行由浅入深的项目任务学习和训练,最后完成塑料零件的工艺设计、工艺分析和模具设计,较好地符合了企业对模具设计一线人员的职业素质需要。

本教材具有以下突出特点:

(1) 以项目引领,工作过程为导向,典型工作任务为驱动,工作任务选自企业或生产中典型零件统领整个教学内容;

(2) 教材内容强化职业技能和综合技能培养,要求教学中教师在"教中做"、学生在"做中学",最大限度提高教学效果。

本书参考学时为72学时,建议采用理实一体教学模式,各项目任务参考学时如下表。

项目设计	任务设计	建议学时	课内实训学时	总学时(72)
项目1 塑料成型工艺的应用与发展	任务 认知塑料成型工艺的应用与发展	2		2
项目2 成型塑料制件	任务1 选择与分析塑料原料	6	2	8
	任务2 确定塑料成型方式与工艺	4	2	6
	任务3 分析塑件结构工艺	4		4
	任务4 确定塑件成型工艺参数	4		4
	任务5 选择注射成型设备	4		4
项目3 设计注射模	任务1 注射模具结构及选用标准模架	2	2	4
	任务2 确定分型面与设计浇注系统	2	2	4
	任务3 设计注射模具成型零部件	4	2	6
	任务4 设计注射模推出机构	6	2	8
	任务5 设计注射模侧向分型与抽芯机构	4	2	6
	任务6 设计注射模具调温系统	4		4
项目4 设计压缩与压注成型模具	任务1 设计压缩成型模具	4	2	6
	任务2 设计压注成型模具	4	2	6

本书由南京交通职业技术学院李东君、唐妍担任主编，南京信息职业技术学院任长春、山东交通职业技术学院王真、苏州工业职业技术学院梁士红、盐城纺织职业技术学院李明亮担任副主编，湖南有色金属职业技术学院陈玉球参编。本书在编写过程中参考和借鉴了诸多同行的相关资料、文献，在此一并表示诚挚感谢！

为便于学习，本书对重要内容设置了二维码，包含动画、视频等，读者可以扫描书中的二维码对照学习。本书有配套电子课件，可登录化学工业出版社教学资源网www.cipedu.com.cn下载，或联系QQ857702606索取。

限于编者水平经验有限，难免有疏漏之处，敬请读者不吝赐教，以便修正，日臻完善。

编　者

目录
CONTENTS

项目1 塑料成型工艺的应用与发展 / 1

任务　认知塑料成型工艺的应用与发展 ·· 1
  1.1　任务引入 ·· 1
  1.2　知识链接 ·· 1
    1.2.1　塑料工业在国民经济中的地位 ·· 1
    1.2.2　塑料成型工艺及模具简介 ··· 2
    1.2.3　塑料成型技术的发展趋势 ··· 4
    1.2.4　塑料模具设计的工作流程 ··· 4
    1.2.5　课程任务与学习目标 ·· 5
  1.3　任务实施 ·· 6
思考与练习 ·· 6

项目2 成型塑料制件 / 7

任务1　选择与分析塑料原料 ·· 7
  1.1　任务引入 ·· 7
  1.2　知识链接 ·· 8
    1.2.1　塑料的组成和特性 ··· 8
    1.2.2　塑料的分类与应用 ··· 11
    1.2.3　塑料工艺特性 ··· 13
    1.2.4　分析塑料成型特性 ··· 20
  1.3　任务实施 ·· 22
    1.3.1　选择塑件材料 ··· 22
    1.3.2　分析塑料性能 ··· 22
    1.3.3　分析塑料工艺性 ··· 24
  1.4　知识拓展 ·· 25
    1.4.1　分辨塑料材料 ··· 25
    1.4.2　塑料制品选材的基本原则 ··· 26
任务2　确定塑料成型方式与工艺 ··· 27
  2.1　任务引入 ·· 27
  2.2　知识链接 ·· 28
    2.2.1　注射成型 ·· 28

  2.2.2 压缩成型 …… 33
  2.2.3 压注成型 …… 36
  2.2.4 挤出成型 …… 38
  2.2.5 气动成型 …… 39
 2.3 任务实施 …… 41
  2.3.1 选择灯座塑件成型方式 …… 41
  2.3.2 确定灯座塑件成型工艺 …… 41

任务3 分析塑件结构工艺 …… 41
 3.1 任务引入 …… 42
 3.2 知识链接 …… 42
  3.2.1 塑件设计基本原则 …… 42
  3.2.2 设计塑件结构 …… 50
 3.3 任务实施 …… 57
  3.3.1 分析灯座塑件结构工艺 …… 57
  3.3.2 分析电流线圈架塑件结构工艺 …… 58

任务4 确定塑件成型工艺参数 …… 59
 4.1 任务引入 …… 59
 4.2 知识链接 …… 59
  4.2.1 温度 …… 59
  4.2.2 压力 …… 60
  4.2.3 时间(成型周期) …… 61
 4.3 任务实施 …… 64
  4.3.1 温度 …… 64
  4.3.2 压力 …… 64
  4.3.3 时间(成型周期) …… 64
  4.3.4 后处理 …… 64
 4.4 知识拓展——分析注射成型制件缺陷与成因 …… 65
  4.4.1 注射成型制件的常见缺陷 …… 65
  4.4.2 注射成型制件常见缺陷的解决办法 …… 65

任务5 选择注射成型设备 …… 66
 5.1 任务引入 …… 66
 5.2 知识链接 …… 67
  5.2.1 注射机的结构 …… 67
  5.2.2 注射机的分类 …… 67
  5.2.3 注射机规格及其技术参数 …… 70
  5.2.4 校核注射机工艺参数 …… 71
 5.3 任务实施 …… 78
  5.3.1 选择成型灯座塑件成型设备 …… 78
  5.3.2 选择电池盒盖塑件成型设备与编制成型工艺 …… 79

思考与练习 …… 83

项目 3　设计注射模 / 85

任务 1　注射模具结构及选用标准模架 …………………………………………………… 85
1.1　任务引入 ……………………………………………………………………………… 85
1.2　知识链接 ……………………………………………………………………………… 86
1.2.1　注射模具的分类及组成 ……………………………………………………… 86
1.2.2　注射模具结构 ………………………………………………………………… 87
1.2.3　选用标准模架 ………………………………………………………………… 92
1.2.4　设计模架结构零部件 ………………………………………………………… 98
1.3　任务实施 ……………………………………………………………………………… 103
1.3.1　选择电池盒盖模架 …………………………………………………………… 103
1.3.2　选择模架案例 ………………………………………………………………… 105

任务 2　确定分型面与设计浇注系统 …………………………………………………… 109
2.1　任务引入 ……………………………………………………………………………… 109
2.2　知识链接 ……………………………………………………………………………… 109
2.2.1　确定型腔数量与布局型腔 …………………………………………………… 109
2.2.2　确定分型面 …………………………………………………………………… 111
2.2.3　设计浇注系统 ………………………………………………………………… 114
2.2.4　设计排气和引气系统 ………………………………………………………… 127
2.3　任务实施 ……………………………………………………………………………… 130
2.3.1　设计灯座模具 ………………………………………………………………… 130
2.3.2　设计电池盒盖模具 …………………………………………………………… 132
2.4　知识拓展——热流道浇注系统 ……………………………………………………… 134
2.4.1　绝热流道 ……………………………………………………………………… 134
2.4.2　加热流道 ……………………………………………………………………… 135

任务 3　设计注射模具成型零部件 ……………………………………………………… 138
3.1　任务引入 ……………………………………………………………………………… 138
3.2　知识链接 ……………………………………………………………………………… 138
3.2.1　设计成型零部件结构 ………………………………………………………… 138
3.2.2　计算成型零部件工作尺寸 …………………………………………………… 143
3.2.3　计算型腔和底板 ……………………………………………………………… 148
3.3　任务实施 ……………………………………………………………………………… 154

任务 4　设计注射模推出机构 …………………………………………………………… 155
4.1　任务引入 ……………………………………………………………………………… 155
4.2　知识链接 ……………………………………………………………………………… 155
4.2.1　推出机构的结构组成与分类 ………………………………………………… 155
4.2.2　计算推出力 …………………………………………………………………… 156
4.2.3　推出机构设计原则 …………………………………………………………… 158
4.2.4　推出机构的导向与复位 ……………………………………………………… 158
4.2.5　简单推出机构 ………………………………………………………………… 161

4.2.6	二次推出机构	167
4.2.7	顺序推出机构	168
4.2.8	带螺纹塑件的推出机构	169
4.2.9	点浇口流道的推出机构	169
4.2.10	其他形式二次推出机构	171
4.2.11	气动顶出	173

4.3 任务实施 …… 173

任务5 设计注射模侧向分型与抽芯机构 …… 174

5.1 任务引入 …… 175
5.2 知识链接 …… 175
    5.2.1 侧向分型与抽芯机构的分类 …… 175
    5.2.2 计算侧向分型与抽芯相关尺寸 …… 176
    5.2.3 设计侧向分型与抽芯的结构 …… 177
    5.2.4 常见侧向分型与抽芯机构 …… 180
5.3 任务实施 …… 190
    5.3.1 选择侧向抽芯机构类型 …… 190
    5.3.2 计算抽芯力、抽芯距及斜导柱倾斜角 …… 190
    5.3.3 确定侧向分型与抽芯的结构 …… 190

任务6 设计注射模具调温系统 …… 192

6.1 任务引入 …… 192
6.2 知识链接 …… 193
    6.2.1 模具温度调节系统概述 …… 193
    6.2.2 设计加热系统 …… 193
    6.2.3 设计冷却系统 …… 195
6.3 任务实施 …… 200
    6.3.1 计算冷却水体积流量 …… 200
    6.3.2 确定冷却通道直径 …… 200
    6.3.3 设计冷却系统结构 …… 201

思考与练习 …… 202

项目4 设计压缩与压注成型模具 / 205

任务1 设计压缩成型模具 …… 205

1.1 任务引入 …… 205
    1.1.1 任务要求 …… 206
    1.1.2 任务分析 …… 206
1.2 知识链接 …… 206
    1.2.1 压缩模具的成型工艺 …… 206
    1.2.2 压缩模结构 …… 210
    1.2.3 选用与校核压缩模用的压机 …… 213
    1.2.4 设计压缩模成型零部件 …… 219

1.2.5　设计压缩模脱模机构 …………………………………… 227
　1.3　任务实施 ……………………………………………………… 235
　　1.3.1　分析制件材料使用性能 …………………………………… 235
　　1.3.2　分析塑件成型方式 ………………………………………… 236
　　1.3.3　分析成型工艺 ……………………………………………… 236
　　1.3.4　分析塑件结构工艺性 ……………………………………… 237
　　1.3.5　选用压缩模用的压机 ……………………………………… 237
　　1.3.6　确定设计方案 ……………………………………………… 238
　　1.3.7　设计主要零部件 …………………………………………… 238
　　1.3.8　绘制模具总装图和零件图 ………………………………… 240
　　1.3.9　校核模具与压力机 ………………………………………… 240
　　1.3.10　编写计算说明书 …………………………………………… 240
任务 2　设计压注成型模具 ……………………………………………… 241
　2.1　任务引入 ……………………………………………………… 242
　　2.1.1　任务要求 …………………………………………………… 242
　　2.1.2　任务分析 …………………………………………………… 242
　2.2　知识链接 ……………………………………………………… 242
　　2.2.1　压注模的成型工艺 ………………………………………… 242
　　2.2.2　压注模的结构 ……………………………………………… 244
　　2.2.3　选用压注模用的压机 ……………………………………… 247
　　2.2.4　设计压注模成型零部件 …………………………………… 248
　　2.2.5　设计压注模浇注系统与排溢系统 ………………………… 252
　2.3　任务实施 ……………………………………………………… 256
　　2.3.1　分析制件材料使用性能 …………………………………… 256
　　2.3.2　选择塑件成型方式 ………………………………………… 256
　　2.3.3　分析成型工艺 ……………………………………………… 256
　　2.3.4　分析塑件结构工艺 ………………………………………… 256
　　2.3.5　选用压注模用的压机 ……………………………………… 256
　　2.3.6　确定设计方案 ……………………………………………… 256
　　2.3.7　工艺计算及设计主要零部件 ……………………………… 257
　　2.3.8　绘制模具总装图和零件图 ………………………………… 258
　　2.3.9　校核模具与压力机 ………………………………………… 258
　　2.3.10　编写计算说明书 …………………………………………… 258
思考与练习 ………………………………………………………………… 258

参考文献 / 259

项目1
塑料成型工艺的应用与发展

➤ 能力目标
  (1) 能描述塑料五种成型工艺及相应模具特点
  (2) 能描述塑料成型技术发展趋势
  (3) 能阐述塑料模具设计工作流程
➤ 知识目标
  (1) 熟悉塑料生产和塑料制品生产两个系统的内容
  (2) 掌握五种塑料成型工艺及相应模具特点
  (3) 掌握塑料模具设计工作任务及工作流程
  (4) 了解本门课程的学习内容和学习目标
➤ 素质目标
  (1) 能分析塑料五大基本成型模具
  (2) 描述本课程的学习内容和学习目标
  (3) 描述塑料成型在塑料工业中的重要地位

任务 认知塑料成型工艺的应用与发展

➤ 专项能力目标
  (1) 能描述塑料五种成型工艺及相应模具特点
  (2) 能描述塑料成型技术发展趋势
  (3) 能阐述塑料模具设计工作流程
➤ 专项知识目标
  (1) 熟悉塑料生产和塑料制品生产两个系统的内容
  (2) 掌握五种塑料成型工艺及相应模具特点
  (3) 掌握塑料模具设计工作任务及工作流程
  (4) 了解本门课程的学习内容和学习目标
➤ 学时设计
  2 学时

1.1 任务引入

  任务描述：目前主要的塑料成型工艺有哪些？各自有什么特点？

1.2 知识链接

1.2.1 塑料工业在国民经济中的地位
  塑料工业是一个飞速发展的工业领域，它包含塑料原料生产（树脂、添加剂等原料的生产）和塑料制品生产（也称塑料成型或塑料加工）两个系统，如图 1.1 所示。而塑料模具则是塑料成型所需要的模具。

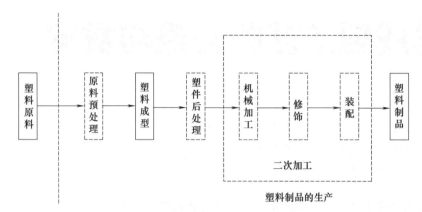

图 1.1　塑料工业生产系统

自从 1909 年实现以纯粹化学合成方法生产塑料算起，世界塑料工业已有一百多年的历史。1927 年聚氯乙烯等塑料问世以来，随着高分子化学技术的发展，各种性能的塑料，特别是 ABS、聚碳酸酯、聚甲醛与氟塑料等工程塑料发展迅速。其速度超过了聚乙烯、聚丙烯、聚氯乙烯与聚苯乙烯等通用塑料，使塑料制品在工业产品与生活用品方面获得广泛的应用，以塑料代替金属的运用比比皆是。据统计，在世界范围内，塑料用量近几十年来几乎每 5 年翻一番。塑料数量的增多，新的工程塑料品种的增加，塑料成型设备、成型工艺和模具技术水平的发展，为塑料制品的应用开拓了广阔的领域。当今，塑料已与钢铁、木材、水泥一起构成现代社会中的四大基础材料，是支撑现代高科技发展的重要新型材料之一，是信息、能源、工业、农业、交通运输乃至航空航天和海洋开发等国民经济各重要领域都不可缺少的生产资料，是人类生存和发展离不开的消费资料。我国的塑料工业发展迅速，特别是近 30 年，产量和品种都大大增加，许多新颖的工程塑料也已投入批量生产，塑件产量逐年增加，主要经济技术指标大幅度递增，全行业不断发展壮大，正沿着为实现塑料工业由大国到强国的可持续发展之路迈进。

塑料工业的发展之所以发展迅速，主要原因在于塑料具有很多优良特性，如塑料的质量轻、化学稳定性好、耐冲击性好、较好的透明性、耐磨性和着色性等。人们根据各种塑料的固有特性，利用各种方法，使其成为具有一定形状和使用价值的塑料制品。塑料制品的生产系统一般由原料预处理（预压、预热、干燥等）、塑料成型、塑件后处理（退火、调湿等）、机械加工、修饰和装配等几个连续过程组成，其中塑料成型是最重要的一个环节，是一切塑料制品生产必经的过程。通常将塑料制品成型后的机械加工、修饰和装配三个环节统称为二次加工。

塑料成型设备操作简单，生产效率高，原材料消耗少，生产成本低，易于实现机械化、自动化，使得塑料工业能够快速稳定地发展。

1.2.2　塑料成型工艺及模具简介

塑料成型工艺是指根据各种塑料的固有特性，将各种形态的塑料（如粉料、粒料、纤维料等）制成所需形状的制件或坯件的方法。塑料成型工艺种类很多，主要包括注射成型、挤出成型、压缩成型、压注成型、气动成型等，占全部塑料制品加工数量的 90% 以上。模具是利用其本身的特定形状去成型具有一定形状和尺寸的制品的工具，是工业生产中的重要基础装备之一。成型塑料制品的模具叫塑料模具。表1.1列出了常用的塑料成型工艺及产品用途。

表1.1 常用的塑料成型工艺及产品用途

序号	成型工艺	成型模具	用途
1	注射成型	注射模	电视机外壳,食品周转箱,塑料盆、桶,汽车仪表盘等
2	压缩成型	压缩模	适于生产非常复杂的制品,如含有凹槽、侧抽芯、小孔、嵌件等,不适合生产精度高的制品
3	压注成型	压注模	设备和模具成本高,原料损失大,生产大尺寸制品受到限制
4	挤出成型	挤出模(机头)	棒材、管材、板材、薄膜、电缆护套、异形型材(百叶窗叶片、扶手)等
5	气动成型	气动成型模	适于生产中空或管状制品,如瓶子、容器及形状较复杂的中空制品

不同的塑料成型方法需要不同的塑料成型模具,按照成型方法的不同,常用的塑料模具通常可以分为5大类:

(1) 注射模 注射模又称注塑模。塑料注射成型是在金属压铸成型的基础上发展起来的,成型所使用的设备是注射机。注射模通常适合于热塑性塑料的成型,热固性塑料的注射成型正在推广和应用中。塑料注射成型是塑料成型生产中自动化程度最高、采用最广泛的一种成型方法。

(2) 压缩模 压缩模又称压塑模或压胶模。塑料压缩成型是塑件成型方法中较早采用的一种方法,也是热固性塑料通常采用的成型方法之一。成型所使用的设备是塑料成型压力机。与塑料注射成型相比,塑料压缩成型周期较长,生产效率较低。

(3) 压注模 压注模又称传递模。压注成型所使用的设备和塑料的适应性与压缩成型完全相同,只是模具的结构不同。

(4) 挤出模 挤出模是安装在挤出机料筒端部进行生产的,因此也称为挤出机头。成型所使用的设备是塑料挤出机。只有热塑性塑料才能采用挤出成型。

(5) 气动成型模 气动成型模是指利用气体作为动力介质成型塑料制件的模具。气动成型包括中空吹塑成型、真空及压缩空气成型等。与其他模具相比较,气动成型模具结构最为简单。

除了上述的几种常用的塑料成型模具外,还有浇注成型模、泡沫塑料成型模、聚四氟乙烯冷压成型模和滚塑模等。

不同的模具需要安装在不同的成型设备上生产。塑料成型设备的类型很多,主要有注射机、塑料机械压力机、挤出机、中空成型机、发泡成型机、塑料制品液压机以及与之配套的辅助设备等。生产中应用最广的是注射机和挤出机,其次是液压机。就成型设备而言,注射机的产量最大,据统计,全世界注射机的产量近10年来增加了10倍,每年生产的台数约占整个塑料设备产量的50%,成为塑料设备生产中增长最快、产量最多的设备。

据有关统计资料表明,在国内外模具工业中,各类模具占模具总量的比例大致为:冲压模、塑料模各占35%~40%,压铸模占10%~15%,粉末冶金模、陶瓷模、玻璃模等其他模具约占10%。因此,塑料成型模具在整个模具工业中占有重要的地位。在现代塑件生产中，合理的成型工艺、高效的成型设备、先进的塑料模具是必不可少的重要因素，尤其是塑料模具对实现塑料加工工艺要求、塑件的使用要求和造型设计起着重要的作用。快速发展的塑料工业对塑料制品的品种、质量和产量的要求越来越高，所以对塑料模具也提出了越来越高的要求，促使模具生产不断向前发展。

1.2.3 塑料成型技术的发展趋势

我国塑料工业的发展非常迅速，特别是近几年来，产量和品种都大大增加。目前我国塑料树脂、塑料加工机械的生产量位居世界第一，塑料制品产量在世界排名中始终位于前列，已经成为世界塑料生产大国，但是与先进国家相比仍然存在较大差距，如国产模具精度低、寿命短、制造周期长，塑料成型设备相对陈旧、规格品种少，塑料材料及模具材料性能差等。为改变我国塑料行业的落后状况，赶超世界先进水平，必须从以下几方面大力发展塑料成型技术。

（1）开展模具 CAD/CAE/CAM 技术的研究、推广和应用。模具 CAD/CAE/CAM 一体化技术的应用提高了模具的设计制造水平和质量，节省了时间，提高了生产效率，降低了生产成本。

（2）加深塑料成型基础理论和工艺原理的研究。发展大型、微型、高精度、高寿命、高效率的模具，以适应不断扩大的塑料应用领域的需要。

（3）使模具通用零件标准化、系列化、商品化，以适应大规模生产塑料成型模具的需要。我国已修订完善了符合企业需求的塑料模具国家标准，已有众多模具企业生产各种规格的标准模架和配套标准件。

（4）开发、研究和应用先进的模具加工、装配、测量技术及设备，提高塑料模具的加工精度和缩短加工周期。

（5）开发塑料模具新材料。当前塑料模具钢的发展有两大趋势：

① 从碳素工具钢、低合金工具钢向高合金工具钢发展。为使模具材料获得优异的强韧性、耐磨性、耐蚀性和耐热性，除改进现有各系列合金钢质量外，还采用粉末冶金工艺制作的硬质合金、陶瓷材料及复合材料等，解决了原有钢种在熔炼过程中产生一次碳化物粗大和偏析而影响的材质问题，而且碳化物细化、组织均匀和材料无各向异性，是一种大有发展前途的模具材料。

② 从高级材料进行一般热处理向低级材料进行表面硬化处理发展。如我国研制的 PMS 镜面塑料模具钢、美国的 P21 钢及日本的 NAK55 钢等，就是在中碳钢或低碳钢中加入了 Ni、Cr、Al、Cu、Ti 等合金元素，这种材料的模具毛坯先进行淬火与回火处理，使其硬度 $\leqslant$30HRC，然后加工成模具再进行时效处理。由于时效处理过程中金属化合物的析出，使得模具硬度上升到 40～50HRC。为了改善其切削加工性，钢种常加入 S、Pb、Ca 等元素。这类钢的耐蚀性和耐磨性优于预硬化钢，可用于复杂、精密模具或大批量生产用的长寿命模具。

1.2.4 塑料模具设计的工作流程

模具设计与制造专业毕业生的工作岗位主要有模具设计员（塑料、冲压等）、模具制造车间工艺员、模具装配调试操作工、模具加工数控设备操作工、模具生产管理与计划调度员等。本教材以塑料模具设计员的工作任务为主线组织教材内容，突出培养工作岗位的职业能力。

企业塑料模具设计与制造的工作流程一般如图 1.2 所示，成型工艺是模具设计的依据，而模具制造是模具设计的保证。

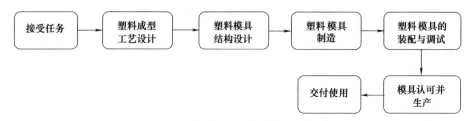

图 1.2　塑料模具设计与制造工作流程

对于企业塑料模具设计人员，其详细的工作任务与工作流程如图 1.3 所示。

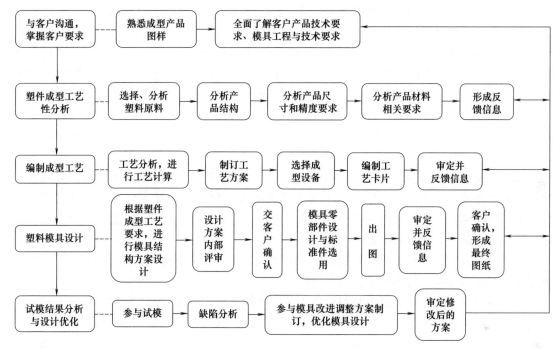

图 1.3　塑料模具设计员的工作任务与工作流程

1.2.5　课程任务与学习目标

塑料成型工艺与模具设计是一门实践性很强的专业课程。本课程要求学生掌握常用塑料成型工艺的编制和模具设计原理，熟悉模具的结构特点及有关设计计算方法，以及五大成型工艺方法的基本原理和工艺参数，培养学生具有编制塑料成型工艺规程、选择塑料成型设备及设计塑料模具的基本能力。

由于本课程的实践性很强，所以学习时应注意理论与实践相结合，重视所安排的实训教学环节。同时，要善于总结和交流，要勤于思考，注意理解基本概念、基本理论，应用所学相关知识，发挥空间想象能力。

通过本课程学习，应达到以下能力目标：

（1）能应用塑料流变基础理论及塑料特性，分析塑料成型工艺条件，达到能编制出合理、可行的塑料成型工艺规程的能力；

（2）能合理选择塑料成型设备的能力；

（3）能应用所学的设计原理，通过查阅和使用有关设计手册和参考资料设计中等复杂程度的模具，具有编写模具设计相关技术文件的能力；

(4) 具备正确安装模具、调试工艺和操作设备的能力,能够分析和处理试模过程中产生的有关技术方面的问题;

(5) 具备跟踪塑料模具专业技术发展方向,探求和更新知识的自学能力。

此外,还应了解塑料成型新技术、新工艺和新材料的发展动态,学习和掌握新知识,为发展我国的塑料成型技术做出贡献。

1.3 任务实施

塑料成型工艺种类很多,主要包括注射成型、挤出成型、压缩成型、压注成型、气动成型等,占全部塑料制品加工数量的 90% 以上。

(1) 注射成型是热塑性塑料成型的一种主要方法。它能一次成型形状复杂、尺寸精确、带有金属或非金属嵌件的塑件。注射成型的成型周期短、生产率高、易实现自动化生产。到目前为止,除氟塑料以外,几乎所有的热塑性塑料都可以用注射成型的方法成型,一些流动性好的热固性塑料也可用注射方法成型。注射成型在塑料制件成型中占有很大比例,半数以上塑件是注射成型生产的。但注射成型所用的注射设备价格较高,模具的结构较复杂,生产成本高,生产周期长,不适合单件和小批量的塑件成型,特别适合大批量生产。

(2) 压缩成型与注射成型相比,其优点是可以使用普通压力机进行生产;缺点是成型周期长,生产环境差,劳动强度大等。压缩成型既可成型热固性塑件,也可以成型热塑性塑件,但用压缩模成型热塑性塑件时,模具必须交替地进行加热和冷却,才能使塑料塑化和固化,故成型周期长,生产效率低。

(3) 压注成型所使用的设备和塑料的适应性与压缩成型完全相同,两者的加工对象都是热固性塑料,只是模具的结构不同。

(4) 挤出成型所使用的设备是塑料挤出机,操作方便,应用广泛。大部分热塑性塑料都能用挤出成型,成型的塑件均为具有恒定截面形状的连续型材。管材、棒材、板材、薄膜、电线电缆和异型截面型材等可以采用挤出成型方法成型,还可以用挤出方法进行混合、塑化、造粒和着色等。

(5) 与注射、压缩、压注成型相比,气动成型压力低,因此对模具材料要求不高,模具结构简单、成本低、寿命长。采用气动成型方法成型,利用较简单的成型设备就可获得大尺寸的塑料制件,其生产费用低、生产效率较高,是一种比较经济的成型方法。

思考与练习

(1) 塑料常用的成型工艺有哪些?

(2) 什么是塑料模具?有哪些类型?

(3) 塑料模具设计的工作流程是怎么样的?

(4) 本课程的学习任务是什么?

项目 2
成型塑料制件

> **能力目标**
>   (1) 能分析塑料热力学性能与成型加工方法之间的关系
>   (2) 能根据塑件结构工艺性优化塑件结构
>   (3) 会分析温度、压力、时间对塑件质量的影响
> **知识目标**
>   (1) 掌握塑料的基本组成和常用塑料的基本性能
>   (2) 熟悉五大塑料成型工艺过程
>   (3) 理解塑件结构设计的基本原则
>   (4) 了解塑件成型工艺参数确定的依据
> **素质目标**
>   (1) 分析和选择塑料原材料
>   (2) 合理选择塑料成型方式
>   (3) 分析塑件的结构工艺性
>   (4) 编制塑件成型工艺卡片,撰写工艺规程

任务 1 选择与分析塑料原料

> **专项能力目标**
>   (1) 分析并选择塑料原材料
>   (2) 分析给定塑料的基本性能
> **专项知识目标**
>   (1) 明确塑料热力学性能与成型加工方法之间的关系
>   (2) 掌握塑料的基本组成和常用塑料的基本性能
>   (3) 熟悉常用塑料代号、性能、用途
> **学时设计**
>   8 学时

1.1 任务引入

现有大批量需求的灯座,该塑件要求具有足够的强度和耐磨性,外表面美观无瑕疵,性能可靠,现需设计一套成型该塑件的模具。通过本任务,完成对塑件原材料的选择及对原材料使用性能和工艺性能的分析。

塑料制件由于使用要求不同,对于塑料原材料的要求也就不同。不同的塑料原材料,其

使用性能、成型工艺性能和应用范围也不同。塑料原材料的选取要综合考虑多方面的因素，通常首先要了解塑料制件的用途、使用中的环境状况，如温度高低、是否有化学介质等；然后需要了解制件原材料的情况（如原材料的组成、使用性能），以及塑料原材料的成型工艺特性（如收缩性、流动性、热敏性和水敏性、应力开裂和熔融破裂等）；在满足使用性能和成型工艺性能后，最后还要考虑原材料的成本（如原材料的价格、成型加工难易程度、模具造价等），以使得塑件的成本最低。

任务描述：设计图2.1.1、图2.1.2所示的灯座，合理选择与分析塑料原材料。

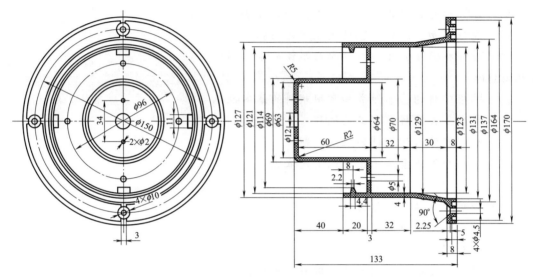

图2.1.1 灯座零件图

图2.1.2 灯座三维图

1.2 知识链接

1.2.1 塑料的组成和特性

塑料原材料的种类繁多、性能各异，形状也有多种，主要呈现粉状、粒状或纤维状等，如图2.1.3所示。

1.2.1.1 塑料的基本组成

塑料是以树脂为基体，以填充剂、增塑剂、稳定剂、润滑剂、着色剂等添加剂为辅助成

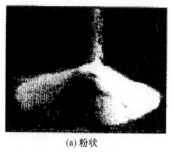  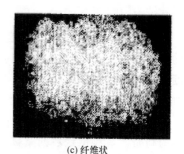

(a) 粉状　　　　　　　　(b) 粒状　　　　　　　　(c) 纤维状

图 2.1.3　塑料原材料

分，在一定的温度和压力下流动成型的高分子有机材料。

(1) 树脂　树脂分为天然树脂和合成树脂，天然树脂如松香、石油中的沥青等，由于天然树脂在数量和性能上不能满足生产需要，于是发展制取了合成树脂。无论是天然树脂还是合成树脂，都属于高分子聚合物，简称高聚物。树脂是塑料的主要成分（约占 40%～100%），对塑料的性能起着决定性作用，故绝大多数塑料以树脂的名称命名。树脂受热时呈软化或熔融状态，因而塑料有良好的成型能力。树脂在塑料中还起着胶黏剂的作用。

(2) 塑料添加剂　是为改善塑料的使用性能和成型工艺性能而加入的其他辅助成分。

① 增塑剂。为了提高塑料的可塑性、柔韧性、流动性等工艺性能而加入的物质称为增塑剂。通常要求增塑剂无毒无害、无臭无色、不易燃烧挥发和成本低廉。常用的增塑剂有磷酸酯类化合物、邻苯二甲酸酯类化合物和氯化石蜡等。

② 润滑剂。为了改进高聚物的流动性、减少摩擦、降低界面黏附而加入的添加剂。聚合物熔体黏度高，在加工过程中熔体的分子内摩擦及聚合物熔体与加工机械表面的外摩擦等易影响塑件的外观质量，为此在树脂中加入润滑剂以改善其流动性，同时润滑剂还可以起到加速熔融、防黏附和防静电、有利于脱模等作用。塑料中的润滑剂含量一般为 0.5%～1%。常用的润滑剂为硬脂酸及其盐类。

③ 填充剂。又称填料，填料在充填过程中一般显示两种功能：增加容量，降低塑料成本；改善塑料性能。例如，把木粉加入到酚醛树脂中，既能起到降低成本的作用，又能改善其脆性；把玻璃纤维加入塑料中，可以大幅度提高塑料的机械强度；在聚乙烯（PE）、聚氯乙烯（PVC）中加入钙质填料后，可得到物美价廉的具有足够刚性和耐热性的钙塑料。此外，有的填料还可使塑料具有树脂没有的性能，如导电性、导磁性、导热性等。塑料中的填充剂含量一般为 20%～30%。常用的填料有木粉、大理石粉、石墨、玻璃纤维等。

④ 稳定剂。又称防老化剂，是为了提高树脂在光、热、氧和霉菌等外界因素作用时的稳定性而加入的添加剂。常用的稳定剂有硬脂酸盐、炭黑、铅化合物和环氧化合物等。

⑤ 着色剂。在现代塑料成型加工中，着色已越来越重要，塑件中约有 80% 是经过着色的。在塑料中可以用无机颜料、有机颜料及染料使塑件具有各种色彩。塑件的着色不仅能够使塑件外观绚丽多彩、美艳夺目，提高塑件的商品价值，而且着色剂可以改善塑料性能，如着色剂与其他组分起化学变化，具有耐热、耐光的性能。塑料中的着色剂含量一般为塑料的 0.01%～0.02%。

1.2.1.2　塑料的性能

塑料与金属材料和其他非金属材料相比，具有鲜明的性能特点。

(1) 塑料的优良性能

① 密度小，比强度和比刚度高。大多数塑料的密度为 $1.0\sim1.4\mathrm{g/cm^3}$，约为铝的 $1/2$，铜的 $1/5$，铅的 $1/8$，而泡沫塑料密度更小，只有水密度的 $1/50\sim1/30$，虽然塑料的强度和刚度不及金属材料，但其比强度（强度与密度之比）和比刚度（刚度与密度之比）相当高。这对于需要尽量减轻重量的车辆、飞机和航天器等具有非常重要的意义。

② 优良的力学性能。通常所用的硬质塑料都有较高的强度和硬度，特别是用玻璃纤维增强的制品，具有钢铁般的坚韧性能。有时用特定的塑料代替钢铁制成的机械零件（如轧钢机轴承），比钢铁零件的使用寿命还长。高分子材料的性能还可用不同的方法加以改进，以满足不同制品性能的需求。

③ 耐化学腐蚀性能好。普通金属易被腐蚀生锈而造成很大的经济损失，而塑料一般都具有较好的抵抗弱酸和弱碱侵蚀的作用。有的塑料，如聚四氟乙烯（PTFE），连"王水"都不会对它产生腐蚀。实际上大多数塑料在常温下，对水和一般有机溶剂都很稳定。因此，常用塑料制成一般的容器或容器的内衬，有时还用作容器外表面的涂层。

④ 电绝缘、隔热、隔声性能好。塑料对电、热、声都有良好的绝缘性能，被大量用来制造电绝缘材料、绝热保温材料以及隔声吸声材料。

⑤ 着色能力好，成型加工性能好。许多塑料都容易着色，易于加工成型，可制成五颜六色的管、棒、条、带、丝和膜等型材，并能制成各式各样的制件以满足人们不同的需要，使人们的生活更丰富多彩。与其他材料相比，一般塑料制件的价格低，便于普及推广。

⑥ 自润滑性好。很多塑料品种都具有优异的自润滑性，如尼龙（PA）、聚甲醛（POM）等。在食品、纺织、日用及医药机械的摩擦接触结构制品、运动型结构制品中禁止使用润滑剂，以防止污染，这些制品用自润滑性塑料材料制造，不仅可以满足这些功能需要，而且可避免污染。如我们日常生活用的拉链，常选用具有自润滑性的尼龙（PA）和聚甲醛（POM）。

塑料材料具有容易成型、成型周期短等特性。将塑料制成零件，所需设备投资少，能耗低。特别是与金属制件加工相比，加工工序少，成型周期短，加工过程中的边角废料大多数可以回收利用。如果以单位体积计算，生产塑件的费用仅为金属件的 $1/10$，因此塑件的总体经济效益显著。

应该指出的是，塑料也存在一些缺点，这些缺点使得塑料在应用中受到一定的限制。

(2) 塑料的不良性能

① 机械强度低。与传统的工程材料相比，塑料的机械强度低，即使用超强纤维增强的工程塑料，其强度得到大幅度提高，并且比强度高于钢，但在大载荷应用场合，如拉伸强度超过 300MPa 时，塑料材料就不能满足要求，此时只能用高强度金属材料或超级陶瓷材料。

② 尺寸精度低。由于塑料材料的收缩率大且不稳定，塑料制品受外力作用时产生的变形（蠕变）大，热膨胀系数比金属大几倍，因此，塑料制品的尺寸精度不高，很难生产高精度产品。对于精度要求高的制品，尽量不要选用塑料材料，而应选用金属或陶瓷材料。

③ 耐热温度低。塑料的最高使用温度一般不超过 400℃，而大多数塑料的使用温度都在 $100\sim260$℃内；只有不熔聚酰亚胺（PI）、液晶聚合物（LCP）、聚苯酯（PHB）等塑料的热变形温度可大于 300℃。因此，如果使用环境的温度长时间超过 400℃，几乎没有塑料材料可供选用；如果使用环境的温度短期超过 400℃，甚至达到 500℃以上，并且无较大的负荷，有些耐高温塑料可短时使用。不过以碳纤维、石墨或玻璃纤维增强的酚醛等热固性塑

料很特别,虽然其长期耐热温度不到200℃,但其瞬时可耐上千摄氏度的高温,可用于制作耐烧蚀材料,用于导弹外壳及宇宙飞船面层材料。

另外,塑料还具有高温下容易降解和老化、导热性能较差、吸湿性大、使用寿命短等缺点。

塑料的许多性能都与高聚物的分子结构特点有关,要了解塑料,首先必须了解高聚物的结构。

1.2.2 塑料的分类与应用

1.2.2.1 高聚物的链结构

一切物质都是由分子构成的,而分子又是由原子构成的。无论是有机物单体还是无机物,它们分子中的原子数都不是很多,从几个到几百个不等。例如,氧分子 O_2 由 2 个原子组成,相对分子质量 32;酒精分子 C_2H_5OH 由 9 个原子组成,相对分子质量 46;而一种比较复杂的有机物三硬脂酸甘油酯,其分子 $C_{57}H_{110}O_6$ 中也不过只有 173 个原子,相对分子质量 890。无论多么复杂的单体化合物,其所含原子数最多也不过几百个,它们都属于低分子化合物。而高聚物就比较复杂了,高聚物的大分子是由很大数目($10^3 \sim 10^5$ 数量级)的结构单元组成的。每一结构单元相当于一个分子。这些结构单元可以是一种(均聚物),也可以是几种(共聚物),它们以共价键相连接,形成线型分子、支化分子(带有支链的线型分子)或网状分子。一个聚合物分子中含有成千上万甚至几十万个原子。例如,尼龙大分子中,大约有 4×10^3 个原子,相对分子质量为 2.3×10^4。天然橡胶分子中含有 $(5 \sim 6) \times 10^4$ 个原子,相对分子质量大约为 4×10^5。聚合物的高分子含有很多原子,相对分子质量很高,分子是很长的巨型分子,聚合物的分子结构是由一种或数种原子团按照一定方式重复排列而形成的聚合物分子链结构。

聚合物分子的链结构具有以下重要的特点。

(1) 呈现链式　从 H. Staudinger 提出大分子学说以来,现已知道各种天然高分子、合成高分子和生物高分子都具有链式结构,即高分子是由多价原子彼此以主价键结合而成的长链状分子。长链中的结构单元很多($10^3 \sim 10^5$ 数量级),一个结构单元相当于一个小分子,具有周期性,高分子长链可以由一种(均聚物)或几种(共聚物)结构单元组成。

(2) 具有柔性　柔性是指一种分子链卷曲的现象。由单键键合而成的高分子主链一般都具有一定的内旋转自由度,结构单元间的相对转动使得分子链成卷曲状,这种现象称为高分子链的柔性;由内旋转而形成的原子空间排布称为构象。分子链内结构的变化可能使旋转变得困难或不可能,这样的分子链被认为变成了刚性链。

(3) 具有多分散性　高分子材料聚合物反应的产物一般是由长短不一的高分子链所组成,聚合物分子的相对分子质量是不均一的,这就是高聚物的多分散性。如果合成时所用单体在两种以上,则共聚反应的结果不仅存在分子链长短的不同分布,而且每个链上的化学组成也有一个不同的分布,因此合成高分子材料的聚合反应是一个随机过程。

聚合物分子的链结构形式不同,其性质也不同。链结构主要有 3 种类型:线型、带支链的线型、体型,如图 2.1.4 所示。

① 线型聚合物的整条分子像一根长长的链条,基本上没有分支。其物理特性是分子密度大,流动性好,具有弹性、塑性以及可溶性和可熔性。线型聚合物在适当的溶剂中可溶解或溶胀,在温度升高时则可软化至熔融状态而流动,且这种特性在成型前后都存在,因此,可反复成型。线型聚合物树脂组成的塑料通常为热塑性塑料,如高密度聚乙烯(HDPE)、

聚甲醛（POM）、聚酰胺（PA）等。

② 带支链的线型聚合物的整条分子具有一个线型主链，但在线型主链上，带有一些或长或短的小支链。其物理特性是分子密度较线型低，结晶度低，其力学性能、成型性能与线型类似。低密度聚乙烯（LDPE）即为该类塑料。

③ 体型是在大分子链之间有一些短链把它们相互交联起来，成为立体结构。其物理特性是脆性大、弹性较高和塑性很低，成型前可溶且可熔，但一经成型硬化后，就成为既不能溶解也不熔融的固体，所以不能再次成型（即成型是不可逆的）。体型聚合物树脂组成的塑料通常为热固性塑料，如酚醛树脂（PF）、环氧树脂（EP）、脲醛（UF）等。

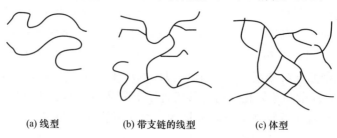

(a) 线型　　(b) 带支链的线型　　(c) 体型

图 2.1.4　聚合物分子链结构示意图

1.2.2.2　高聚物的聚集态结构

聚集态为物质的物理状态，物质的物理状态通常包括固态、液态和气态。由于聚合物分子特别大，分子间作用力较大，故容易聚集为固态或液态，不易形成气态。其中固态聚合物按分子排列的集合特点，分为无定形（非晶态）和结晶（晶态）两种。

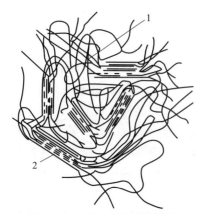

图 2.1.5　结晶态高聚物结构
1—非晶区；2—晶区

无定形聚合物的分子排列在大距离范围内是杂乱无章、无规则地相互穿插交缠的。体型聚合物的分子链间存在大量交联，分子链难以有序排列，所以都具有无定形结构。

通常，分子结构简单、对称性高的聚合物以及分子间作用力较大的聚合物等从高温向低温转变时，由无规则排列逐渐转化为有规则紧密排列，这种过程称为结晶。由于聚合物分子结构的复杂性，结晶过程不可能完全进行。结晶态高聚物中实际上仍包含着非晶区，如图 2.1.5 所示，其结晶的程度可用结晶度来衡量。结晶度是指聚合物中的结晶区在聚合物中所占的质量分数。

聚合物一旦发生结晶，其性能也将随之产生相应变化。结晶造成分子的紧密聚集状态，增强了分子间的作用力，使聚合物的密度、抗拉强度、硬度、熔点和耐热性提高；但弹性模量、伸长率和冲击强度则降低，表面粗糙度值增大，而且还会导致塑件的透明度降低甚至丧失。

结晶度对塑件的性能有很大影响，在工业上为了改善具有结晶倾向的聚合物塑件的性能，常采用热处理方法使其非晶相转变为晶相，或将不太稳定的晶型结构转为稳定的晶型结构，或微小的晶粒转为较大的晶粒等。当晶粒过分粗大时，聚合物变脆，性能变坏。

1.2.2.3　塑料的分类

塑料工业发展迅速，到目前为止，塑料品种已近 300 种，常用的有约 30 种，为了便于识别和应用，通常对塑料进行分类，主要有以下几种分类方法。

(1) 按树脂的受热特性分类　塑料分为热塑性塑料和热固性塑料两大类。

① 热塑性塑料。热塑性塑料的特性是在特定温度范围内能反复加热软化和冷却硬化。常用的热塑性塑料有聚乙烯（PE）、聚丙烯（PP）、聚苯乙烯（PS）、聚氯乙烯（PVC）、聚甲醛（POM）、聚酰胺（PA）、聚碳酸酯（PC）、丙烯腈-丁二烯-苯乙烯共聚物（ABS）、聚甲基丙烯酸甲酯（PMMA）、聚对苯二甲酸乙二醇酯（PETP）等。

② 热固性塑料。热固性塑料受热后即成为不熔不溶的物质，再次受热不再具有可塑性。常用的热固性塑料有酚醛树脂（PF）、环氧树脂（EP）和不饱和聚酯（UP）等。

塑料品种繁多，而每一品种又有不同的牌号，常用塑料名称及英文代号如表2.1.1所示。

表 2.1.1　常用塑料名称及英文代号

塑料种类	塑料名称	代号
热塑性塑料	聚乙烯(高密度、低密度)	PE(HDPE,LDPE)
	聚丙烯	PP
	聚苯乙烯	PS
	聚氯乙烯	PVC
	丙烯腈-丁二烯-苯乙烯共聚物	ABS
	聚甲基丙烯酸甲酯(有机玻璃)	PMMA
	聚苯醚	PPO
	聚酰胺(尼龙)	PA
	聚砜	PSF(PSU)
	聚甲醛	POM
	聚碳酸酯	PC
	聚四氟乙烯	PTFE
热固性塑料	酚醛树脂	PF
	三聚氰胺甲醛	MF
	脲醛树脂	UF
	不饱和聚酯	UP
	环氧树脂	EP

(2) 按塑料的应用范围分类　塑料分为通用塑料、工程塑料和特种塑料三大类。

① 通用塑料。通用塑料是指产量大、用途广、价格低廉的一类塑料。目前公认的通用塑料为聚乙烯（PE）、聚氯乙烯（PVC）、聚苯乙烯（PS）、聚丙烯（PP）、酚醛树脂（PF）、氨基塑料6大类。其产量占塑料总产量的80%以上，构成了塑料工业的主体。

② 工程塑料。工程塑料是指用于工程技术中的结构材料的塑料，具有较高的机械强度，良好的耐磨性、耐蚀性、自润滑性及尺寸稳定性等，因而可以代替金属制作某些机械构件。常用的工程塑料主要有聚酰胺（PA）、聚甲醛（POM）、聚碳酸酯（PC）、丙烯腈-丁二烯-苯乙烯共聚物（ABS）、聚砜（PSF）、聚苯醚（PPO）、聚四氟乙烯（PTFE）以及各种增强塑料。

③ 特种塑料。特种塑料是指具有某些特殊性能的塑料。这些特殊性能包括高的耐热性、高的电绝缘性、高的耐蚀性等。常见特种塑料包括氟塑料、聚酰亚胺塑料（PI）、环氧树脂（EP）、有机硅树脂（SI）以及为某些专门用途而改性制得的塑料，如导磁塑料、导热塑料等。另外还有用于特殊场合的医用塑料、光敏塑料、珠光塑料、等离子塑料等。

1.2.3　塑料工艺特性

塑料的工艺特性表现在许多方面，有些特性只与操作有关，有些特性直接影响成型方法和工艺参数的选择。下面分别讨论热塑性塑料与热固性塑料的工艺特性要求。

1.2.3.1 热塑性塑料工艺特性

热塑性塑料的成型工艺特性包括收缩性、流动性、相容性、吸湿性、取向性、降解和热敏性等。

(1) 收缩性　塑料从熔融状态冷却到室温发生体积收缩的性质称为收缩性。收缩性的大小以收缩率表示，即单位长度塑件收缩量的百分数。

一般塑料收缩性常用计算收缩率 S_j 和实际收缩率 S_s 来表征：

$$S_j = \frac{c-b}{c} \times 100\%$$

$$S_s = \frac{a-b}{b} \times 100\%$$

式中　a——模具型腔在成型温度时的尺寸；
　　　b——塑料制品在常温时的尺寸；
　　　c——模具型腔在常温时的尺寸。

实际收缩率 S_s 表示模具型腔在成型温度时的尺寸 a 与塑料制品在常温时的尺寸 b 之间的差别，是塑料实际所发生的收缩，在大型、精密模具成型零件尺寸计算时常采用；计算收缩率 S_j 表示模具型腔在常温时的尺寸 c 与塑料制品在常温时的尺寸 b 的差别，在普通中、小型模具成型零件尺寸计算时，计算收缩率与实际收缩率相差很小，常采用计算收缩率。

不同种类的塑料收缩率不同，同一种塑料批号不同，收缩率也不同。塑料的收缩率数值越大，越会给塑件的尺寸控制带来困难。

影响塑件成型收缩的因素主要有：

① 塑料品种。不同塑料的收缩率不同；同种塑料由于分子量、填料及配方比等不同，收缩率也不同。

② 塑件结构。塑件的形状、尺寸、壁厚、有无嵌件、嵌件数量及其分布对收缩率大小也有很大影响。形状复杂、壁薄、有嵌件、嵌件数量多的塑件的收缩率小。

③ 模具结构。模具的分型面、浇口形式、尺寸及其分布等因素直接影响料流方向、密度分布、保压补缩作用及成型时间，从而影响收缩率。采用直接浇口和大截面的浇口，可减小收缩；反之，当浇口尺寸较小时，浇口部分会过早凝结，型腔内塑料收缩后得不到及时补充，收缩较大。

④ 成型工艺条件。模具温度高，收缩大。注射压力高，脱模后弹性回弹大，收缩会相应减小。

总之，影响塑料收缩性的因素很复杂，要想改善塑料的收缩性，不仅选择原材料时就要慎重，而且在模具设计、成型工艺的确定等多方面都需认真考虑，才能使生产出的塑件质量高、性能好。表 2.1.2 列出了常用塑料的收缩率。

(2) 流动性　塑料的流动性是指聚合物在所处温度高于黏流温度时发生的大分子滑移现象，表现为在成型过程中，在一定的温度与压力作用下塑料熔体充填模具型腔的能力。

流动性主要取决于分子组成、相对分子质量大小及其结构。只有线型分子结构而没有或很少有交联结构的聚合物流动性好，而体型结构的高分子一般不产生流动。聚合物中加入填料会降低树脂的流动性，加入增塑剂、润滑剂可以提高流动性。流动性差的塑料，在注射成型时不易充填模腔，易产生缺料，在塑料熔体的汇合处不能很好地熔合而产生熔接痕。这些缺陷甚至会导致制件报废。反之，若材料流动性太好，注射时容易产生流涎，造成塑件在分型面、活动成型零件、推杆等处的溢料飞边，因此，成型过程中应适当选择与控制材料的流动性，以获得满意的塑料制件。

热塑性塑料用熔融指数来表示流动性的好坏。熔融指数采用熔融指数测定仪进行测定，如图 2.1.6（a）所示，将被测定的定量热塑性塑料原材料加入熔融指数测定仪中，上面放入压柱，在一定压力和一定温度下，10min 内以熔融指数测定仪下面的小孔中挤出塑料的克数表示熔融指数的大小。挤出塑料的克数愈多，流动性愈好。在比较几种塑料相对流动性的大小时，也可以采用螺旋线长度法进行测定，如图 2.1.6（b）所示，即在一定温度下，将定量的塑料以一定的压力注入阿基米德螺旋线模腔中，测其流动的长度，即可判断它们流动性的好坏。

表 2.1.2　常用塑料的收缩率

塑　料　名　称	收缩率/%	塑　料　名　称	收缩率/%
聚乙烯(低密度)	1.5～3.5	尼龙 6(30%玻璃纤维)	0.35～0.45
聚乙烯(高密度)	1.5～3.0	尼龙 9	1.5～2.5
聚丙烯	1.0～2.5	尼龙 11	1.2～1.5
聚丙烯(玻璃纤维增强)	0.4～0.8	尼龙 66	1.5～2.2
聚氯乙烯(硬质)	0.6～1.5	尼龙 66(30%玻璃纤维)	0.4～0.55
聚氯乙烯(半硬质)	0.6～2.5	尼龙 610	1.2～2.0
聚氯乙烯(软质)	1.5～3.0	尼龙 610(30%玻璃纤维)	0.35～0.45
聚苯乙烯(通用)	0.6～0.8	尼龙 1010	0.5～4.0
聚苯乙烯(耐热)	0.2～0.8	醋酸纤维素	1.0～1.5
聚苯乙烯(增韧)	0.3～0.6	醋酸丁酸纤维素	0.2～0.5
ABS(抗冲)	0.3～0.8	丙酸纤维素	0.2～0.5
ABS(耐热)	0.3～0.8	聚丙烯酸酯类塑料(通用)	0.2～0.9
ABS(30%玻璃纤维增强)	0.3～0.6	聚丙烯酸酯类塑料(改性)	0.5～0.7
聚甲醛	1.2～3.0	聚乙烯乙酸乙烯	1.0～3.0
聚碳酸酯	0.5～0.8	酚醛塑料(木粉填料)	0.5～0.9
聚砜	0.5～0.7	酚醛塑料(石棉填料)	0.2～0.7
聚砜(玻璃纤维增强)	0.4～0.7	酚醛塑料(云母填料)	0.1～0.5
聚苯醚	0.7～1.0	酚醛塑料(棉纤维填料)	0.3～0.7
改性聚苯醚	0.5～0.7	酚醛塑料(玻璃纤维填料)	0.05～0.2
氯化聚醚	0.4～0.8	脲醛塑料(纸浆填料)	0.6～1.3
氟塑料 F-4	1.0～1.5	脲醛塑料(木粉填料)	0.7～1.2
氟塑料 F-3	1.0～2.5	三聚氰胺甲醛(纸浆填料)	0.5～0.7
氟塑料 F-2	2	三聚氰胺甲醛(矿物填料)	0.4～0.7
氟塑料 F-46	2.0～5.0	聚邻苯二甲酸二烯丙酯(石棉填料)	0.28
尼龙 6	0.8～2.5	聚邻苯二甲酸二烯丙酯(玻璃纤维填料)	0.42

热塑性塑料的流动性分为 3 类：流动性好的，如聚乙烯（PE）、聚丙烯（PP）、聚苯乙烯（PS）、醋酸纤维素（CA）等；流动性中等的，如改性聚苯乙烯（HIPS）、丙烯腈-丁二烯-苯乙烯共聚物（ABS）、丙烯腈-苯乙烯共聚物（AS）、聚甲基丙烯酸甲酯（PMMA）、聚甲醛（POM）等；流动性差的，如聚碳酸酯（PC）、硬聚氯乙烯（HPVC）、聚苯醚（PPO）、聚砜（PSF）、氟塑料等。

料温高，则流动性好。但不同塑料也各有差异，聚苯乙烯（PS）、聚丙烯（PP）、聚酰胺（PA）、有机玻璃（PMMA）、丙烯腈-丁二烯-苯乙烯共聚物（ABS）、丙烯腈-苯乙烯共

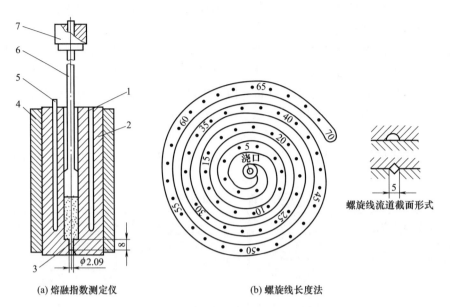

图 2.1.6 热塑性塑料流动性的测定
1—热电偶测温管；2—料筒；3—出料孔；4—保温层；5—加热棒；6—柱塞；7—重锤

聚物（AS）、聚碳酸酯（PC）、醋酸纤维（CA）等塑料的流动性随温度变化的影响较大，而聚乙烯（PE）、聚甲醛（POM）的流动性受温度变化的影响较小。

注射压力增大，则熔料受剪切作用大，流动性也增大，聚乙烯（PE）、聚甲醛（POM）等尤为敏感。

浇注系统的形式、尺寸、布置，模具结构（如型腔表面粗糙度、浇道截面厚度、型腔形式、排气系统、冷却系统）的设计及熔料的流动阻力等因素都直接影响塑料熔体的流动性。总之，凡促使熔料温度降低、流动阻力增加的，流动性就会降低。

(3) 相容性　相容性又称为共混性，是指两种或两种以上不同品种的塑料共混后得到的塑料合金，在熔融状态各参与共混的塑料组分之间不产生分离现象的能力。如果两种塑料相容性不好，则混熔时制件会出现分层、脱皮等表面缺陷。不同塑料的相容性与其分子结构有一定关系，分子结构相似者较易相容，如高压聚乙烯（LDPE）、低压聚乙烯（HDPE）、聚丙烯（PP）彼此之间的混熔等。分子结构不同时较难相容，如聚乙烯（PE）和聚苯乙烯（PS）之间的混熔。

通过塑料的这一性质，可以得到单一塑料所无法拥有的性质，是改进塑料性能的重要途径之一，例如，聚碳酸酯（PC）和丙烯腈-丁二烯-苯乙烯共聚物（ABS）塑料相容，就能改善工艺性。

(4) 吸湿性　吸湿性是指塑料对水分的亲疏程度。

具有吸湿或黏附水分的塑料，当水分含量超过一定限度时，由于在成型加工过程中，水分在成型机械的高温料筒中变成气体，促使塑料高温水解，导致塑料降解，使成型后的塑件出现气泡、银纹等缺陷。因此，这类塑料在成型加工前，一般都要经过干燥处理，使水分含量在 0.2% 以下，并要在加工过程中继续保温，以免重新吸潮。根据吸湿性，塑料大致可以分为两类：一类是具有吸湿或黏附水分倾向的塑料，如聚酰胺（PA）、聚碳酸酯（PC）、丙烯腈-丁二烯-苯乙烯共聚物（ABS）、聚苯醚（PPO）、聚砜（PSF）等；另一类是吸湿或黏附水分极小的材料,如聚乙烯(PE)、聚丙烯(PP)等。

(5) 取向性　取向是聚合物的大分子及其链段在应力作用下作有序排列的性质。宏观上取向一般分为拉伸取向和流动取向两种类型。拉伸取向是由拉应力引起的,取向方位与应力作用方向一致;流动取向是在切应力作用下沿着熔体流动方向形成的。

聚合物取向的结果导致高分子材料的各向异性,即在取向方位的力学性能显著提高,而垂直于取向方位的力学性能明显下降。同时,随着取向度的提高,塑件的玻璃化温度上升,线收缩率增加。线胀系数也随着取向度而发生变化,一般在垂直于流动方向上的线胀系数比取向方向上大3倍左右。

取向会使塑件产生明显的各向异性,会对塑件带来不利影响,使塑件产生翘曲变形,甚至在垂直于取向方位产生裂纹等,因此对于结构复杂的塑件,一般应尽量使塑件中聚合物分子的取向现象减至最少。

(6) 降解和热敏性

① 降解。降解是指聚合物在某些特定条件下发生的大分子链断裂、分子链结构改变及相对分子质量降低的现象。导致这些变化的条件有高聚物受热、受力、氧化或水、光及核辐射等的作用。按照聚合物产生降解的不同条件可把降解分为很多种,主要有热降解、水降解、氧化降解、应力降解等。

大多数的降解对制件的质量有负面影响。轻度降解会使聚合物变色;进一步降解会使聚合物分解出低分子物质,使制品出现气泡和流纹等缺陷,会削弱制件各项物理、力学性能;严重的降解会使聚合物焦化变黑并产生大量分解物质。减少和消除降解的办法是依据降解产生的原因采取相应措施。

② 热敏性。某些塑料对热较为敏感,在高温下受热时间较长、浇口截面过小或剪切作用较大时,料温增高就易发生变色、降解、分解的特性称为热敏性,如硬聚氯乙烯(HPVC)、聚偏氯乙烯(PVDC)、聚甲醛(POM)、聚三氟氯乙烯(PCTFE)等就具有热敏性。

热敏性塑料在分解时产生单体、气体、固体等副产物,分解产物有时对人体、设备、模具等有刺激、腐蚀作用或毒性,有的分解物往往又是促使塑料分解的催化剂(如聚氯乙烯的分解物氯化氢)。为防止热敏性塑料在成型过程中出现过热分解现象,可采取在塑料中加入稳定剂、合理选择设备、合理控制成型温度和成型周期、及时清理设备中的分解物等措施。此外,还可采取对模具表面进行镀层处理,合理设计模具的浇注系统等措施。

1.2.3.2　分析热固性塑料工艺特性

热固性塑料的工艺特性主要有收缩性、流动性、比体积和压缩率、交联、水分与挥发物的含量等。

(1) 收缩性　热固性塑料也具有从熔融状态冷却到室温发生体积收缩的性质——收缩性,收缩性的大小也用收缩率表示,其收缩率的计算与热塑性塑料相同。

产生收缩的主要原因有以下几点。

① 热收缩。热胀冷缩引起塑件尺寸的变化。塑料是以高分子化合物为基础组成的物质,其线胀系数为钢材的几倍至十几倍,制件从成型加工温度冷却到室温时,就会产生远大于模具尺寸的收缩。

② 结构变化引起的收缩。热固性塑料在模腔中进行化学交联反应,分子链间距离缩小,引起体积收缩。这种由结构变化而产生的收缩,在进行到一定程度时,就不再产生。

③ 弹性恢复。塑料制件固化后并非刚性体，脱模时，成型压力降低，产生一定弹性恢复，显然，弹性恢复降低了制件的收缩率。这在成型以玻璃纤维和布质为填料的热固性塑料时尤为明显。

影响收缩的因素有原材料、模具结构、成型方法及成型工艺条件等。塑料中树脂和填料的种类及含量，直接影响收缩率的大小。当在固化反应中树脂放出低分子挥发物较多时，收缩率较大，反之收缩率小。在同类塑料中，填料含量多时收缩率小，无机填料比有机填料所得的塑件收缩小。凡有利于提高成型压力、增大塑料充模流动性、使塑件密实的模具结构，均能减小制件的收缩率，用压缩或压注成型的塑件比注射成型的塑件收缩率小；凡能使塑件密实，成型前使低分子挥发物溢出的工艺因素，都能减小制件收缩率，如成型前对酚醛塑料的预热、加压等可降低制件收缩率。

（2）流动性　热固性塑料流动性的意义与热塑性塑料流动性相同。流动性过大，容易造成溢料过多、填充不密实、塑件组织疏松、树脂与填料分头聚积、易粘模而使脱模困难等。流动性过小，成型时不易充填模腔，容易产生制件缺料。可见，必须根据塑件要求、成型工艺及成型条件选择塑料的流动性。模具设计时应根据流动性来考虑浇注系统、分型面及进料方向等。

影响流动性的因素主要有成型工艺、模具结构以及塑料品种等。

① 成型工艺。采用压锭及预热，提高成型压力，在低于塑料硬化温度的条件下提高成型温度等都能提高塑料的流动性。

② 模具结构。模具成型表面光滑，型腔形状简单，有利于改善流动性。

③ 塑料品种。不同品种的塑料，其流动性各不相同；同一品种塑料，由于其中相对分子质量的大小、填料的形状、水分和挥发物的含量以及配方不同，其流动性也不相同。

热固性塑料采用如图 2.1.7 所示的拉西格测定模测定其流动性，将定量的热固性塑料原材料放入拉西格测定模中，在一定压力和一定温度下，测定其从拉西格测定模下面小孔中挤出塑料的长度（mm）值来表示热固性塑料流动性的好坏。挤出塑料愈长，流动性愈好。

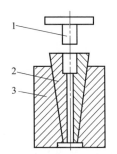

图 2.1.7　拉西格测定模示意图
1—压柱；2—模腔；3—模套

（3）比体积和压缩率　比体积是指单位质量的松散塑料所占的体积；压缩率是塑料的体积与塑件的体积之比，其值恒大于 1。比体积和压缩率都表示粉状或纤维状塑料的松散性。

在压缩或压注成型前，可用比体积和压缩率来确定模具加料室的大小。比体积和压缩率较大时，模具加料室尺寸较大，使模具体积增大，操作不便，浪费钢材，不利于加热；同时，使塑料内充气增多，排气困难，成型周期变长，生产率降低。比体积和压缩率小时，使压缩、压注容易，压锭质量也较准确。但是，比体积太小，则影响塑料的松散性，以容积法装料时造成塑件质量不准确。

（4）交联　交联是针对热固性塑料而言的。热固性塑料在进行成型加工时，大分子与交联剂作用后，其线型分子结构能够向三维体型结构发展，并逐渐形成巨型网状的三维体型结构，这种化学变化称为交联反应。

在工业生产中，"交联"通常也被"硬化"代替。但值得注意的是，"硬化"不等于"交联"，工业上所说的"硬化得好"或"硬化得完全"并不是指交联的程度高，而是指交联达到一种最适宜的程度，这时塑件各种力学性能达到了最佳状态。交联的程度称为交联度。通常情况下，聚合物的交联反应是很难完全的，因此交联度不会达到100%。但硬化程度可以大于100%，生产中一般将硬化程度大于100%称为"过熟"，反之称为"欠熟"。

热固性塑料经过合适的交联后，聚合物的强度、耐热性、化学稳定性、尺寸稳定性均能有所提高。一般来讲，不同的热固性塑料，它们的交联反应过程也不同，但交联的速度随温度升高而加快，最终的交联度与交联反应的时间有关。当交联度未达到最适宜的程度时，即产品"欠熟"时，产品质量会大大降低。这将会使产品的强度、耐热性、化学稳定性和绝缘性等指标下降，热膨胀、残余应力增大，塑件的表面光泽程度降低，甚至可能导致翘曲变形。但如果交联度太大，超过了最佳的交联程度，产品"过熟"时，塑件的质量也会受到很大的影响，可能会出现强度降低、脆性加大、变色、表面质量降低等现象。因此，工业生产中非常重视"交联度"的控制。为了使产品能够达到最适宜的交联度，常从原材料的配比及成型工艺条件的控制等方面入手，经过反复检测产品的质量，确定最佳原料配比及最佳生产条件，以使生产出的产品能够获得优良性能。

（5）水分与挥发物的含量　塑料中的水分及挥发物来自两个方面：其一是塑料在生产中遗留下来的水分，或在储存、运输过程中，由于包装或运输条件不当而吸收的水分；其二是成型过程中化学反应的副产物。

塑料中水分及挥发物的含量，在很大程度上直接影响塑件的性能。塑料中水分及挥发物的含量大，在成型时产生内压，促使气泡产生或以内应力的形式暂存于塑料中，一旦压力除去后便会使塑件发生变形，降低其机械强度。

压制时，由于温度和压力的作用，大多数水分及挥发物会逸出。在逸出前，其占据着一定的体积，严重地阻碍化学反应有效进行，造成冷却后塑件的组织疏松；当挥发物气体逸出时，它们像一把利剑割裂塑件，使塑件产生龟裂，机械强度和介电性能降低。塑料中水分及挥发物含量过多，会使塑料流动性过大，容易溢料，成型周期长，收缩率增大，塑件容易发生翘曲、波纹及光泽性差等现象。反之，塑料中水分及挥发物的含量不足，会导致流动性不良，成型困难，不利于压锭。水分及挥发物在成型时变成气体，必须排出模外，有的气体对模具有腐蚀作用，对人体也有刺激作用。为此，在模具设计时应对这种特征有所了解，并采取相应措施。表2.1.3列出了常见塑料的成型工艺特性。

表2.1.3 常见塑料的成型工艺特性

塑料名称	成型工艺特性
聚乙烯 （PE）	(1)流动性好,溢边值0.02mm,收缩性大,容易发生歪、翘、斜等变形 (2)需要冷却时间长,成型效率不太高 (3)模具温度对收缩率影响很大,缺乏稳定性 (4)塑件上有浅侧凹时,也能强行脱模
聚丙烯 （PP）	(1)流动性好,溢边值0.03mm (2)收缩性大,容易发生翘曲变形,塑件应避免尖角、缺口 (3)模具温度对收缩率影响大,冷却时间长 (4)尺寸稳定性好
聚氯乙烯 （PVC）	(1)热稳定性差,应严格控制塑料成型温度 (2)流动性差,模具流道的阻力应小 (3)塑料对模具有腐蚀作用,模具型腔表面应进行镀铬处理

续表

塑 料 名 称	成型工艺特性
聚苯乙烯 （PS）	(1) 流动性好，溢边值 0.03mm (2) 塑件易产生内应力，塑件应避免尖角、缺口，顶出力应均匀，塑件需要后处理 (3) 宜用高料温、高模温、低压注射成型
丙烯腈-丁二烯- 苯乙烯共聚物 （ABS）	(1) 吸湿性强，原料要干燥 (2) 流动性中等，宜用高料温、高模温、较高压力注射成型，溢边值 0.04mm (3) 尺寸稳定性好 (4) 塑件尽可能采用大的脱模斜度，取 2°以上
聚甲基丙烯酸甲酯 （PMMA）	(1) 流动性中等偏差，宜用高压注射成型 (2) 不要混入影响透明度的异物，防止树脂分解，要控制料温、模温 (3) 模具流道的阻力应小，塑件尽可能有大的脱模斜度
丙烯腈-苯 乙烯共聚物 （AS）	(1) 流动性好，成型效率高 (2) 容易产生裂纹，模具应选择适当的脱模方式，塑件应避免侧凹结构 (3) 不易产生溢料
聚酰胺 （PA）	(1) 吸湿性强，原料要进行干燥处理 (2) 流动性好，溢边值 0.02mm (3) 收缩大，方向性明显，要控制料温、模温，特别注意控制喷嘴温度 (4) 在型腔和主流道上易出现粘模现象
聚甲醛 （POM）	(1) 热稳定性差，应严格控制塑料成型温度 (2) 流动性中等，对压力敏感，溢边值 0.04mm (3) 模具要加热，并要控制模温
聚碳酸酯 （PC）	(1) 熔融温度高，需要高料温、高压注射成型 (2) 塑件易产生内应力，原料要干燥，顶出力应均匀，塑件需要后处理 (3) 流动性差，模具流道的阻力应小，模具要加热
聚砜 （PSF）	(1) 流动性差，对温度变化很敏感，固化速度快，成型收缩小 (2) 成型温度高，宜用高压注射成型 (3) 模具流道的阻力应小，模具要加热，要控制模温
聚苯醚 （PPO）	(1) 流动性差，对温度敏感，冷却固化速度快，成型收缩小 (2) 宜用高速、高压注射成型 (3) 模具流道的阻力应小，模具要加热，要控制模温
酚醛塑料 （PF）	(1) 成型性能好，适用于压缩成型，部分适用于压注成型，个别适用于注射成型 (2) 原料应预热、排气 (3) 模温对流动性影响大，160℃时流动性迅速下降 (4) 硬化速度慢，硬化时放出大量热
氨基塑料	(1) 适用于压缩成型、压注成型 (2) 原料应预热、排气 (3) 模温对流动性影响大，要严格控制温度
环氧树脂 （EP）	(1) 适用于浇注成型、压注成型、封装电子元件 (2) 流动性好，收缩小 (3) 硬化速度快，装料、合模和加压速度要快 (4) 原料应预热，一般不需排气

1.2.4 分析塑料成型特性

绝大多数塑料在成型时，为使其获得良好的流动性要借助加热等手段，使成型材料温度升高。聚合物的力学性能与温度密切相关。晶态和非晶态高聚物的热力学性能有显著的不同。

1.2.4.1 非晶态高聚物的热力学性能

取一块线型非晶态高聚物，对它施加一个恒定应力，记录试样的形变与温度之间的关系，如图 2.1.8 所示。这种描述高聚物在恒定应力作用下形变随温度变化的曲线称为热力学曲线。

由图 2.1.8 中可以看出，当温度较低时，试样成刚性固体状态，在外力作用下只发生较小变化。当温度升到某一定范围后，试样的变形明显增加，并在随后的温度区间达到一种相对稳定的变形。在这一区域中，试样变成柔软的弹性体，温度继续升高时变形基本上保持不变；温度再进一步升高，则变形量又逐渐加大，试样最后完全变成黏性的流体。根据这种变化特性，可以把非晶态高聚物按温度区域不同划分为三

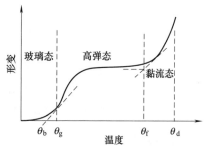

图 2.1.8 非晶态高聚物热力学曲线

种力学状态——玻璃态、高弹态和黏流态。玻璃态和高弹态之间的转变称为玻璃化转变，对应的转变温度称为玻璃化温度，通常用 θ_g 表示。高弹态与黏流态之间的转变温度称为黏流温度，用 θ_f 表示。

(1) 玻璃态（$T<\theta_g$） 在玻璃态下，聚合物的特点是弹性模量高，处于刚性状态。在外力作用下，变形量很小，断后延伸率一般在 0.01%～0.1%内，物体受力的变形符合胡克定律，应变与应力成正比，并在瞬时达到平衡，在极限应力范围内形变具有可逆性。常温下玻璃态的典型材料为有机玻璃（PMMA）。

在玻璃态下聚合物不能进行大变形的成型，只适于进行车削、锉削、钻孔、切螺纹等机械加工。当聚合物的温度低于一定值时，材料的韧性会显著降低，在受到外力作用时极易脆断，这一温度 θ_b 称为脆化温度。θ_b 是塑料机械加工和使用的下限温度，而 θ_g 是塑料机械加工和使用的上限温度。从使用角度看 θ_b 和 θ_g 间的距离越宽越好。

(2) 高弹态（$\theta_g<T<\theta_f$） 在高弹态下，聚合物的弹性模量与玻璃态相比显著降低。在外力作用下，变形能力大大提高，断裂伸长率为 100%～1000%，发生形变可以恢复，即外力去除后，高弹形变会随时间逐渐减小，直至为零。常温下高弹态的典型材料为橡胶。

聚合物在高弹态下可进行较大变形的成型加工，如压延成型、中空吹塑成型、热成型等。但是，由于高弹态下聚合物发生的变形是可恢复的弹性变形，将变形后的制品迅速冷却至玻璃化温度以下，是确保制品形状及尺寸稳定的关键。

(3) 黏流态（$\theta_f<T<\theta_d$） 当聚合物熔体温度高于一定值时，聚合物就会发生热分解，这一温度 θ_d 称为热分解温度。热分解使制品的外观质量和力学性能显著降低。聚合物加工温度应低于热分解温度。

聚合物在 $\theta_f \sim \theta_d$ 温度范围内为黏流态，在外力的作用下，材料可发生持续形变（即流动）。此时的形变主要是不可逆的黏流形变，因此，在黏流态下可进行注射成型、压缩成型、压注成型、挤出成型等变形大、形状复杂的成型。常温下黏流态的典型材料为环氧树脂（如胶黏剂）。

1.2.4.2 晶态高聚物的热力学性能

由于晶态高聚物中通常都存在非晶区，非晶部分在不同的温度条件下也一样要发生上述两种转变，但随着结晶度的不同，结晶高聚物的宏观表现是不一样的。在轻度结晶的高聚物

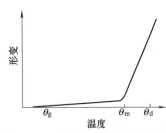

图 2.1.9 晶态高聚物热力学曲线

中,微晶体起着类似交联点的作用,这样试样仍然存在明显的玻璃化转变。当温度升高时,非晶部分从玻璃态转变为高弹态,试样也会变成柔软的皮革状。随着结晶度的增加,相当于交联度的增加,非晶部分处在高弹态的结晶高聚物的硬度将逐渐增加。当结晶度达到 40% 时,微晶体彼此衔接,形成贯穿整个材料的连续结晶相。此时,结晶相承受的应力要比非结晶相大得多,使材料变得坚硬,宏观上将察觉不到有明显的玻璃化转变,其温度曲线在 $T<\theta_m$(熔点)以前不出现明显的转折。结晶度大于 40% 的晶态高聚物的热力学曲线如图 2.1.9 所示。

1.3 任务实施

1.3.1 选择塑件材料

由于灯座属于电器类零件,且需大批量生产,通过查表 2.1.4 及表 2.1.5 对多种塑料的性能与应用进行综合比较,可选择材料品种为聚碳酸酯(PC)。

1.3.2 分析塑料性能

查表 2.1.4 及有关塑料模具设计资料可得:聚碳酸酯(PC)属热塑性无定形塑料,本色微黄,而加点淡蓝色后可得到无色透明粒料,密度为 $1.20\sim1.22\text{g/cm}^3$。

表 2.1.4 常用热塑性塑料的基本性能与应用

塑料名称	基 本 性 能	用 途
聚乙烯 (PE)	聚乙烯树脂为无毒、无味,呈白色或乳白色,柔软、半透明的大理石状粒料,密度为 $0.91\sim0.96\text{g/cm}^3$,为结晶型塑料。 聚乙烯的吸水性极小,且介电性能与温度、湿度无关,是最理想的高频电绝缘材料,在介电性能上只有聚苯乙烯、聚异丁烯及聚四氟乙烯可与之相比	低压聚乙烯可用于制造塑料管、塑料板、塑料绳以及承载不高的零件,如齿轮、轴承等;中压聚乙烯可制造瓶类、包装用的薄膜以及各种注射成型制件、旋转成型制件与电线电缆;高压聚乙烯常用于制作塑料薄膜、软管、塑料瓶以及电气工业的绝缘零件和电缆外皮等
聚丙烯 (PP)	无色、无味、无毒,外观白色蜡状,密度为 $0.90\sim0.91\text{g/cm}^3$。它不吸水,光泽好,易着色。聚丙烯屈服强度、抗拉强度、抗压强度和硬度及弹性比聚乙烯好。聚丙烯熔点为 164~170℃,耐热性好,能在 100℃ 以上的温度下进行消毒灭菌。其低温使用温度达 -15℃,低于 -35℃ 时会脆裂。聚丙烯的高频绝缘性能好,绝缘性能不受湿度的影响,但在氧、热、光的作用下极易老化,所以必须加入防老化剂	可用于制造各种机械零件,如法兰、接头、泵叶轮、汽车零件和自行车零件;可作为水、蒸汽、各种酸碱等的输送管道,化工容器和其他设备的衬里、表面涂层;可制造盖和本体合一的箱壳、各种绝缘零件,并可用于医药工业中
聚氯乙烯 (PVC)	聚氯乙烯树脂为白色或浅黄色粉末,形同面粉,造粒后为透明块状,类似明矾。 聚氯乙烯有较好的电气绝缘性能,可以用作低频绝缘材料,其化学稳定性较好。由于聚氯乙烯的热稳定性较差,长时间加热会导致分解,放出氯化氢气体,使聚氯乙烯变色,所以其应用范围较窄,使用温度一般在 15~55℃ 之间	由于聚氯乙烯的化学稳定性高,所以可用于制作防腐管道、管件、输油管、离心泵和鼓风机等。聚氯乙烯的硬板广泛用于化学工业上制造各种储槽的衬里、建筑物的瓦楞板、门窗结构、墙壁装饰物等建筑用材。由于电绝缘性能良好,可在电气、电子工业中用于制造插座、插头、开关和电缆。在日常生活中,用于制造凉鞋、雨衣、玩具和人造革等

续表

塑料名称	基 本 性 能	用 途
聚苯乙烯（PS）	无色、透明、有光泽、无毒、无味，密度为 1.054g/cm³。聚苯乙烯是目前最理想的高频绝缘材料，可以与熔融的石英相媲美。它的化学稳定性良好，能耐碱、硫酸、磷酸、10%～30%的盐酸、稀乙酸及其他有机酸，但不耐硝酸及氧化剂的作用。对水、乙醇、汽油、植物油及各种盐溶液也有足够的耐蚀能力。它的耐热性低，只能在不高的温度下使用，质地硬而脆，制件由于内应力而易开裂。聚苯乙烯的透明性很好，透光率很高。光学性能仅次于有机玻璃。它的着色能力优良，能染成各种鲜艳的色彩	在工业上可用于制作仪表外壳、灯罩、化学仪器零件、透明模型等；在电气方面用作良好的绝缘材料、接线盒、电池盒等；在日用品方面广泛用于包装材料、各种容器、玩具等
丙烯腈-丁二烯-苯乙烯共聚物（ABS）	ABS是丙烯腈、丁二烯、苯乙烯3种单体的共聚物，价格便宜，原料易得，是目前产量最大、应用最广的工程塑料之一 ABS无毒、无味，呈微黄色或白色的不透明粒料，成型的制件有较好的光泽，密度为1.08～1.2g/cm³ ABS的热变形温度比聚苯乙烯、聚氯乙烯、尼龙等都高，尺寸稳定性较好，具有一定的化学稳定性和良好的介电性能，经过调色可配成任何颜色 ABS的缺点是耐热性不高，连续工作温度为70℃左右，热变形温度为93℃左右。不透明、耐气候性差，在紫外线作用下易变硬发脆	在机械工业上用来制造齿轮、泵叶轮、轴承、把手、管道、电机外壳、仪表壳、仪表盘、水箱外壳、蓄电池槽、冷藏库和冰箱衬里等；汽车工业上用ABS制造汽车挡泥板、扶手、热空气调节导管、加热器等，还可用ABS夹层板制造小轿车车身；ABS还可用来制造水表壳、纺织器材、电器零件、文教体育用品、玩具、电子琴及收录机壳体、食品包装容器、农药喷雾器及家具等
聚碳酸酯（PC）	无色透明粒料，密度为1.20～1.22g/cm³，是一种性能优良的热塑性塑料，韧而刚，抗冲击性在热塑性塑料中名列前茅；成型零件可达到很好的尺寸精度，并在很宽的温度范围内保持其尺寸的稳定性；收缩率恒定为0.5%～0.8%；抗蠕变、耐磨、耐热、耐寒；脆化温度在-100℃以下，长期工作温度达120℃；能在较宽的温度范围内保持较好的电性能。PC是透明材料，可见光的透光率接近90%。其缺点是耐疲劳强度较差，成型后制件的内应力较大，容易开裂	在机械上主要用来制造各种齿轮、蜗轮、蜗杆、齿条、凸轮、轴承，各种外壳、盖板、容器、冷冻和冷却装置的零件等；在电气方面，用来制造电机零件、风扇部件、拨号盘、仪表壳、接线板等；还可制造照明灯、高温透镜、视孔镜、防护玻璃等光学零件

表 2.1.5　常用热固性塑料的性能与应用

塑料名称	基 本 性 能	用 途
酚醛塑料（PF）	酚醛塑料是一种产量较大的热固性塑料，它是以酚醛树脂为基础而制得的。酚醛树脂本身很脆，呈琥珀玻璃态，必须加入各种纤维或粉末状填料后才能获得具有一定性能要求的酚醛塑料。酚醛塑料可分为4类：层压塑料、压塑料、纤维状压塑料、碎屑状压塑料 酚醛塑料与一般热塑性塑料相比，刚度好，变形小，耐热、耐磨，能在150～200℃温度范围内长期使用；在水润滑条件下，有极低的摩擦因数；其电绝缘性能优良。酚醛塑料的缺点是质地较脆，抗冲击强度差	酚醛层压塑料根据所用填料不同，可分为布质及玻璃布酚醛层压塑料，有优良的力学性能、耐油性能和一定的介电性能，可用于制造齿轮、轴瓦、导向轮、无声齿轮、轴承及用于电工结构材料和电气绝缘材料；木质层压塑料，适用于制作水润滑冷却下的轴承及齿轮等；石棉布层压塑料，主要用于高温下工作的零件；酚醛纤维状压塑料可以加热模压成各种复杂的机械零件和电器零件，具有优良的电气绝缘性能，耐热、耐水、耐磨，可制作各种线圈架、接线板、电动工具外壳、风扇叶、耐酸泵叶轮、齿轮和凸轮等

续表

塑料名称	基 本 性 能	用 途
氨基塑料	氨基塑料主要有以下两种 （1）脲-甲醛塑料（脲醛，UF） 俗称电玉粉，纯净的脲-甲醛塑料无色透明，着色性能特别优异。制件形同玉石，表面硬度较高，耐电弧性较好，能耐弱酸、弱碱，但耐水性差，在水中长期浸泡后绝缘性能下降 （2）三聚氰胺-甲醛塑料（MF） 又称密胺塑料，无毒、无味，制件外观可与瓷器媲美，硬度、耐热性、耐水性均比脲-甲醛塑料好，耐电弧性较好，耐酸碱，但价格较贵	脲-甲醛塑料通常用来制造电子绝缘零件，如插座、开关、旋钮等，它还可作为木材的黏结剂，制造胶合板 三聚氰胺-甲醛塑料是制作塑料餐具和桌面装饰层压塑料板的主要材料，也广泛用于制造电子绝缘零件
环氧树脂（EP）	环氧树脂是含有环氧基的高分子化合物。未固化之前，它是线型的热塑性树脂，只有在加入固化剂（如胺类和酸酐等化合物）交联成不熔的体型结构的高聚物之后，才有作为塑料的实用价值 环氧树脂种类繁多，应用广泛，有许多优良的性能，其最突出的特点是黏结能力很强，是人们熟悉的"万能胶"的主要成分。此外，环氧树脂还耐化学药品腐蚀、耐热，电气绝缘性能良好，收缩率小，比酚醛塑料有更好的力学性能。其缺点是耐候性差，耐冲击性低，质脆	可用作金属和非金属材料的黏结剂，用于封装各种电子元件，配以石英粉等能浇铸各种模具，还可以作为各种产品的防腐涂料

聚碳酸酯（PC）是一种性能优良的热塑性塑料，具有良好的韧性和刚性，抗冲击性极好，在热塑性塑料中名列前茅。成型时收缩率恒定为0.5%～0.8%；成型零件可达到很好的尺寸精度，并在很宽的温度范围内保持其尺寸的稳定性；具有良好的抗蠕变、耐磨、耐热、耐寒性和耐候性；脆化温度在－100℃以下，长期工作温度可达120℃。聚碳酸酯（PC）吸水率较低，能在较宽的温度范围内保持较好的电性能。聚碳酸酯（PC）是透明材料，可见光的透光率接近90%。

其缺点是耐疲劳强度较差，成型后制件的内应力较大，容易开裂；不耐碱、胺、酮、酯等；对水分比较敏感（含水量不得超过0.2%），且吸水后会降解。用玻璃纤维增强则可克服上述缺点，使聚碳酸酯（PC）具有更好的力学性能和尺寸稳定性以及更小的收缩率，并可提高耐热性、耐药性，提高质量，降低成本。

1.3.3 分析塑料工艺性

由于聚碳酸酯（PC）熔融温度高（超过330℃才严重分解），熔体黏度大，流动性差（溢边值为0.06mm），因此，成型时要求有较高的温度和压力，质量大于200g的制件应采用螺杆式注射机成型，喷嘴宜用敞开式延伸喷嘴并加热。

熔体黏度对温度十分敏感，所以可用提高温度的方法来增加熔融塑料的流动性。模具温度一般控制在70～120℃之间。

聚碳酸酯（PC）吸湿性较强，因此加工前必须进行干燥处理，否则会出现银丝、气泡及强度显著下降现象。

易产生应力集中，故应严格控制成型条件，制件成型后应经退火处理，以消除内应力。制件壁不宜厚且应尽量均匀，避免有尖角、缺口和嵌件造成应力集中，脱模斜度宜取2°。

将聚碳酸酯（PC）的性能特点归类可得表2.1.6。

表 2.1.6　聚碳酸酯（PC）的性能特点

塑料品种	结构特点	使用温度	化学稳定性	性能特点	成型特点
聚碳酸酯（PC）属于热塑性塑料	线型结构，无定形材料	工作温度小于120℃，耐寒性好，脆化温度小于−100℃	有一定的化学稳定性，不耐碱、胺、酮、酯等	透光率较高，介电性能好，吸湿性强，且吸水后会降解，力学性能很好，抗冲击、抗蠕变性能良好	熔融温度高（超过330℃才严重分解），但熔体黏度大；流动性差（溢边值为0.06mm），流动性对温度变化敏感；成型时收缩率小；但易产生应力集中

结论：灯座制件为日常生活用品，要求具有一定的强度和耐磨性，中等精度，外表面美观、无瑕疵、性能可靠。采用 PC 材料，使用性能基本能够满足要求，但在工艺性能上，成型时要注意选择合理的成型工艺参数，对原材料进行充分干燥，并采用较高的温度和压力，成型后进行退火处理。

1.4　知识拓展

1.4.1　分辨塑料材料

模具设计人员接到的设计任务主要有两种方式，一种是塑件图样，另一种是塑件（习惯称为样件或样品）。对于前者，通常根据表 2.1.4 及表 2.1.5 或有关模具设计资料确定塑料品种。要注意图样的技术要求，有些图样明确给出推出位置和方式、浇口位置和形式，这些要求在模具设计时必须遵循。对于后者，可采用塑料材料的鉴别方法来判定材料种类，表 2.1.7 列出了运用燃烧和气味判定塑料材料类别的简易分辨法。

表 2.1.7　塑料材料的简易分辨法

种类	燃烧的难易	离开火焰燃烧情况	火焰颜色	燃烧后的状态	气味	成型品的特征
聚甲基丙烯酸甲酯（PMMA）	易	不熄灭	浅蓝色，上端为白光	熔融起泡，软化	有花果、蔬菜等臭味	制品像玻璃般透明，但硬度低，紫外光照射发紫光，可弯曲
聚苯乙烯（PS）	易	不熄灭	橙黄色火焰，冒浓黑烟，空气飞沫	软化、起泡	芳香气味	敲击时有金属的声音，大多为透明成型品，薄膜似玻璃般透明，揉搓时声音更大
聚酰胺（PA）	慢慢燃烧	缓慢自熄	整体蓝色，上端黄色	熔融落滴并起泡	有羊毛烧焦味	有弹性，原料坚硬，制品表面有光泽，紫外光照射发紫白荧光
聚氯乙烯（PVC）	软制品易燃，硬制品难燃	熄灭	上端黄色，底部绿色，冒白烟	软化可拉丝	有刺激性盐酸、氯气味	软质者类似橡胶，可调整各种硬度，外观为微黄色透明状产品，有一定光泽，膜透明并呈微蓝色背景
丙烯腈-丁二烯-苯乙烯共聚物（ABS）	易	不熄灭	黄色，冒黑烟	软化无落滴	有烧焦气味	浅象牙色，表面光泽、坚硬
聚丙烯（PP）	易	不熄灭	上端黄色，底部蓝色，有少量黑烟	熔融落滴，快速完全烧掉	特殊味（柴油味）	乳白色，外观似 PE，但比 PE 硬，膜透明，揉搓有声

续表

种 类	燃烧的难易	离开火焰燃烧情况	火焰颜色	燃烧后的状态	气 味	成型品的特征
聚乙烯(PE)	易	不熄灭	上端黄色,底部蓝色,无烟	熔融落滴	石油臭味(石蜡气味)	制品乳白色,有蜡状手感,膜半透明
聚砜(PSF)	易	熄灭	略白色火焰	微膨胀破裂	硫黄味	硬且声脆
聚碳酸酯(PC)	慢慢燃烧	缓慢自熄	黄色,冒黑烟,空中有飞沫	熔融起泡	花果臭味	微黄色透明制品,呈硬而韧状态
聚甲醛(POM)	易	缓慢自熄	上端黄色,底部蓝色	熔融落滴	有甲醛气味和鱼腥味	表面光滑、有光泽,制品硬并有质密感
氟塑料	不燃烧	—	—	—	—	外观似蜡状,不亲水,光滑,手指出划痕
饱和聚酯	易	—	中心黄色,边缘蓝色,有黑烟和飞沫	熔融落滴,并可拉丝	芳香气味	膜、片透明
酚醛树脂(PF)	慢慢燃烧	熄灭	黄色	膨胀破裂、颜色变深	碳酸臭味、酚味	黑色或褐色
脲醛塑料(UF)	难	熄灭	黄色,尾端青绿	膨胀破裂、白化	尿素味、甲醛味	颜色大多比较漂亮
三聚氰胺-甲醛塑料(MF)	难	熄灭	淡黄色	膨胀破裂、白化	尿素味、胺味、甲醛味	表面很硬
不饱和树脂(UP)	易	不熄灭	黄色黑烟	微膨胀破裂	苯乙烯气味	成品大多以玻璃纤维增强

另外,样件上也有许多设计信息,设计者应注意仔细观察,获取有用的设计信息,避免在设计上走弯路(能够生产出样件的模具必定有其成功之处),这些信息包括分型面的位置、浇口的位置和形式、推杆位置或推出形式等。

选择与分析塑料原材料是模具设计的第一步,模具设计者首先要熟悉所要生产的塑件。要对设计依据——塑件图样进行必要的检查,检查尺寸、公差等信息是否表达清楚,技术要求是否合理;了解塑件的使用状态和用途,找出那些直接影响塑件质量与应用的形状和相应的功能尺寸,明确表面质量的要求。

模具设计者对塑件所用材料的成型工艺性能要有一定的了解,主要包括流动性、结晶性如何,有无应力开裂及熔融破裂的可能;是否属于热敏性材料,注射成型过程中有无腐蚀性气体逸出;对模具温度有无特殊要求,对浇注系统、浇口形式有无选择限制等。除此之外,随着塑件尺寸精度要求越来越高,收缩率的选取对模具成败已成为一个重要因素。在明确塑件图和成型材料时,必须明确谁将承担选择收缩率的责任。现在流行的做法是由用户来选定材料和确定收缩率。由于目前的塑料牌号繁多,同一种类、不同牌号的塑料在收缩率上也有差别,因此在选定材料时,不仅要确定塑料种类,而且要确定塑料牌号。

1.4.2 塑料制品选材的基本原则

塑件材料选择,是保证制件工作时满足性能要求,加工时降低成本和提高生产率的关键。

选择适宜的材料,一般应从以下五个方面考虑。

(1) 一般结构零件用塑料　一般结构零件如罩壳、支架、连接件、手轮、手柄等，通常只要求较低的强度和耐热性能，有时还要求外观漂亮。由于这类零件批量大，要求有较高的生产率和低廉成本，大致可选用的塑料有改性聚苯乙烯（HIPS）、低压聚乙烯（HDPE）、聚丙烯（PP）、丙烯腈-丁二烯-苯乙烯共聚物（ABS）等。其中前3种材料经过玻璃纤维增强后能显著地提高强度和刚性，还能提高热变形温度。在精密塑件中，普遍使用丙烯腈-丁二烯-苯乙烯共聚物（ABS），因为它具有良好的综合性能。有时为了达到某一项较高性能指标，也采用一些较高品质的塑料，如尼龙1010和聚碳酸酯（PC）。

(2) 耐磨损传动零件用塑料　耐磨损传动零件，如各种轴承、齿轮、凸轮、蜗轮、蜗杆、齿条、辊子、联轴器等，要求有较高的强度、刚性、韧性、耐磨损和耐疲劳性及较高的热变形温度。广泛使用的塑料为各种尼龙（PA）、聚甲醛（POM）、聚碳酸酯（PC），其次是氯化聚醚（CP）、线型聚酯等。其中，MC尼龙可在常压下于模具内快速聚合成型，用来制造大型塑件；各种仪表中的小模数齿轮可用聚碳酸酯制造；而氯化聚醚（CP）可用于腐蚀性介质中工作的轴承、齿轮以及摩擦传动零件与涂层。

(3) 减摩自润滑零件用塑料　减摩自润滑零件如活塞环、机械运动密封圈、轴承和装卸用的箱柜等，一般受力较小，对力学强度要求往往不高，但运动速度较高，要求具有低的摩擦因数。这类零件选用的材料为聚四氟乙烯（PTFE）、用聚四氟乙烯粉末或纤维填充的聚甲醛（POM）、低压聚乙烯（HDPE）等。

(4) 耐蚀零部件用塑料　塑料一般比金属耐蚀性好，但如果既要求耐强酸或强氧化性酸，同时又要求耐碱，则首推各种氟塑料，如聚四氟乙烯（PTFE）、聚全氟乙丙烯（FEP）、聚三氟乙烯（PCTFE）及聚偏氟乙烯（PVDF）等。氯化聚醚（CP）既有较高的力学性能，同时又具有突出的耐蚀特性，这些塑料都优先适用于耐蚀零部件。

(5) 耐高温零件用塑料　一般结构零件、耐磨损传动零件所选用的塑料，大都只能在80～120℃下工作，当受力较大时，只能在60～80℃下工作。而能适应工程需要的新型耐热塑料，大都可以在150℃以上，有的可以在260～270℃下长期工作，这类塑料除了各种氟塑料外，还有聚苯醚（PPO）、聚砜（PSF）、聚酰亚胺（PI）、芳香尼龙（PA）等。

任务2　确定塑料成型方式与工艺

➤ 专项能力目标

(1) 能合理选择塑料成型的方式

(2) 能编制切实可行的塑料制品成型工艺规程

➤ 专项知识目标

(1) 掌握塑料五大成型工艺原理、成型工艺过程

(2) 了解各类塑料成型工艺的特点

➤ 学时设计

6学时

2.1　任务引入

塑料制件成型方式有很多种，选用何种塑料制件成型方式，主要考虑所选择塑料原材料

的种类、制件生产批量、模具成本和各种成型方式的特点、应用范围。根据塑料的成型工艺性能、不同成型方式的工艺过程确定所生产制件的工艺规程。本任务以灯座塑件（图2.1.1）为载体，培养学生合理确定塑件的成型方式及成型工艺规程的能力。

2.2 知识链接

2.2.1 注射成型

2.2.1.1 注射成型原理

现以螺杆式注射机为例讲述。图2.2.1所示为卧式螺杆式注射机外形。图2.2.2所示为螺杆式注射机注射成型原理，将粒状或粉状的塑料加入注射机的料斗，塑料从料斗加入注射机后，在转动的螺杆的作用下将其向前输送。在向前输送的过程中，塑料受到料筒外部加热器的加热、螺杆的剪切摩擦热的作用以及塑料之间的相互摩擦作用，使塑料塑化，从玻璃态转变为黏流态，再在压力的作用下，使处于黏流态的塑料通过注射机的喷嘴和模具的浇注系统注入模腔，充满模腔后，在模腔中冷却固化，获得与模腔相适应的形状和尺寸，然后开模推出塑件。

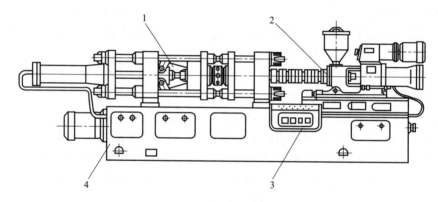

图2.2.1 卧式螺杆式注射机外形
1—合模装置；2—注射装置；3—电气控制系统；4—液压传动系统

2.2.1.2 注射成型工艺过程

注射成型工艺过程包括成型前的准备、注射过程和塑件后处理三部分。

（1）成型前的准备　为了使注射成型过程顺利进行和保证产品的质量，在成型前必须做好一系列准备工作，包括对原料的检验、干燥、注射机料筒的清洗、嵌件的预热及脱模剂的选用等，有时还需对模具进行预热。

① 检验塑料原料。对塑料原料进行检验，即检查原料的色泽、颗粒大小和均匀性、有无杂质等，必要时还应对塑料的工艺性能进行测试，如果是粉料，有时还需要进行染色和造粒。

② 干燥塑料原料。吸湿性强的塑料，如聚酰胺（PA）、聚碳酸酯（PC）、聚甲基丙烯酸甲酯（PMMA）、聚对苯二甲酸乙二醇酯（PET）、丙烯腈-丁二烯-苯乙烯共聚物（ABS）、聚砜（PSF）、聚苯醚（PPO）等，由于其大分子结构中含有亲水性的极性基团，因而易吸湿，使原料中含有水分。当原料中水分超过一定量后，成型后会使制件表面出现银纹、气泡、缩孔等缺陷，严重时会引起原料降解，影响制件的外观和内在质量。因此，成型前必须对这些塑料原料进行干燥处理。常见塑料原料的干燥条件见表2.2.1。

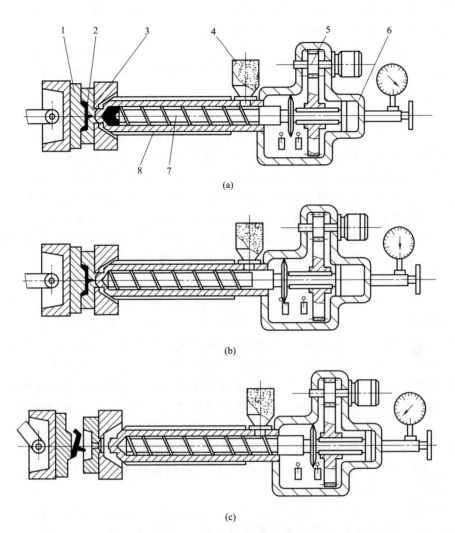

图 2.2.2 螺杆式注射机注射成型原理
1—动模;2—塑件;3—定模;4—料斗;5—传动装置;6—液压缸;7—螺杆;8—加热器

表 2.2.1 常见塑料原料干燥条件

塑 料 名 称	干燥温度/℃	干燥时间/h	料层厚度/mm	含水量/%
丙烯腈-丁二烯-苯乙烯共聚物(ABS)	80~85	2~4	30~40	<0.1
聚酰胺(PA)	90~100	8~12	<50	<0.1
聚碳酸酯(PC)	120~130	6~8	<30	<0.02
聚甲基丙烯酸甲酯(PMMA)	70~80	4~6	30~40	<0.1
聚对苯二甲酸乙二醇酯(PET)	130	5	20~30	<0.02
聚砜(PSF)	110~120	4~6	<30	<0.05
聚苯醚(PPO)	110~120	2~4	30~40	—

不易吸湿的塑料原料,如聚乙烯(PE)、聚丙烯(PP)、聚苯乙烯(PS)、聚氯乙烯(PVC)、聚甲醛(POM)等,如果储存良好、包装严密,一般可不干燥。

③ 清洗料筒。生产中,当需要更换原料、调换颜色或发现塑料有分解现象时,都需要对注射机的料筒进行清洗。

柱塞式注射机的料筒清洗比较困难，原因是该类注射机的料筒内存料量大，柱塞又不能转动，因此，清洗时必须采取拆卸清洗或采用专用料筒。

螺杆式注射机的料筒清洗，通常采用换料清洗。清洗前要掌握料筒内存留料和欲换原料的热稳定性、成型温度范围和各种塑料之间的相容性等技术资料，清洗时要遵循正确的操作步骤，以便节省时间和原料。换料清洗有两种方法：直接换料法和间接换料法，此外，还可用料筒清洗剂清洗料筒。

④ 预热嵌件。为了装配和使用强度的要求，在塑料制品内常常需嵌入金属嵌件。注射前，金属嵌件应先放入模具内的预定位置上，成型后与塑料成为一个整体。由于金属嵌件与塑料的热性能差异很大，导致两者的收缩率不同，因此，有嵌件的塑料制品，在嵌件周围易产生裂纹，既影响制品的表面质量，也使制品的强度降低。解决上述问题，除了在设计制品时加大嵌件周围塑料的厚度外，对金属嵌件的预热也是一个有效措施。通过对金属嵌件的预热，可减少塑料熔体与嵌件间的温差，使嵌件周围的塑料熔体冷却变慢，收缩趋向均匀，并产生一定的熔料补缩作用，防止嵌件周围产生较大的内应力，从而消除制品的开裂现象。

嵌件的预热必须根据塑料的性质以及嵌件的种类、大小决定。对具有刚性分子链的塑料，如聚碳酸酯（PC）、聚苯乙烯（PS）、聚砜（PSF）和聚苯醚（PPO）等，由于这些塑料本身就容易产生应力开裂，因此，当制品中有嵌件时，嵌件必须预热；对具有柔性分子链的塑料且嵌件又较小时，嵌件易被熔融塑料在模内加热，因此嵌件可不预热。

嵌件的预热温度一般为110～130℃，预热温度的选定以不损伤嵌件表面的镀层为限。对表面无镀层的铝合金或铜嵌件，预热温度可提高至150℃左右。预热时间一般为几分钟。

⑤ 选用脱模剂。脱模剂是为使塑料制品容易从模具中脱出而喷涂在模具表面上的一种助剂。使用脱模剂后，可减少塑料制品表面与模具型腔表面间的黏附力，以便缩短成型周期，提高制品的表面质量。

常见的脱模剂主要有三种，即硬脂酸锌、白油及硅油。硬脂酸锌除聚酰胺外，一般塑料都可使用；白油作为聚酰胺的脱模剂效果较好；硅油虽然脱模效果好，但使用不方便，使用时需要配成甲苯溶液，涂在模具表面，经干燥后才能显出优良的效果。

脱模剂使用时采用两种方法：手涂和喷涂。手涂法成本低，但难以在模具表面形成规则均匀的膜层，脱模后影响制品的表观质量，尤其是透明制品，会产生表面混浊现象；喷涂法采用雾化脱模剂，喷涂均匀，涂层薄，脱模效果好，脱模次数多（喷涂一次可脱十几模），实际生产中，应尽量选用喷涂法。

应当注意，凡要电镀或表面涂层的塑料制品，尽量不用脱模剂。

(2) 注射过程　注射过程一般包括加料、塑化、充模、保压补缩、冷却定型和脱模等几个阶段，流程分解图如图2.2.3所示。

① 加料。注射成型是一个间歇过程，在每个生产周期中，加入料筒中的料量应保持一定，当操作稳定时，物料塑化均匀，最终制品性能优良。加料过多时，受热时间长，易引起物料热降解，同时使注射成型机的功率损耗增加；加料过少时，料筒内缺少传压介质，模腔中塑料熔体压力降低，补缩不能正常进行，制品易出现收缩、凹陷、空洞等缺陷。因此，注射成型机一般都采用容积计量加料：柱塞式注射成型机，可通过调节料斗下面定量装置的调节螺母来控制加料量；螺杆式注射成型机，可通过调节行程开关与加料计量柱的距离来控制。

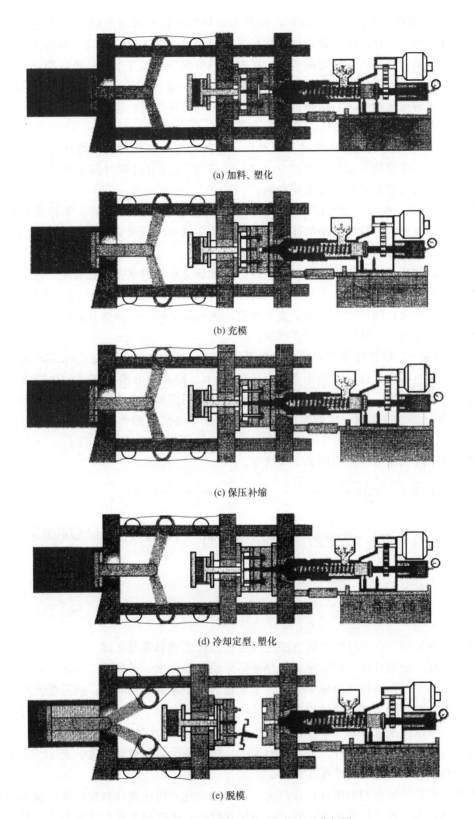

(a) 加料、塑化

(b) 充模

(c) 保压补缩

(d) 冷却定型、塑化

(e) 脱模

图 2.2.3　螺杆式注射机成型工艺流程分解图

② 塑化。对料筒中塑料进行加热，使其由固体颗粒转变成熔融状态并具有良好的可塑性，这一过程称为塑化。由于螺杆得到旋转，原料由料斗落入料筒，受料筒的传热和螺杆对塑料的剪切摩擦热作用而逐渐熔融塑化，同时熔料被螺杆压实并推向料筒前端。当螺杆头部的塑料熔体压力达到能够克服注射活塞后退的阻力时，螺杆在转动的同时缓慢地向后移动，料筒前端的熔体逐渐增多，当退到预定位置与限位开关接触时，螺杆即停止转动和后退，完成塑化，如图 2.2.3（a）所示。

③ 充模。用柱塞或螺杆，将具有流动性、温度均匀、组分均匀的熔体通过推挤注入模具的过程，这一阶段称为充模，如图 2.2.3（b）所示。注射过程时间虽短，但熔体的变化较大，这些变化对制品的质量有重要影响。

④ 保压补缩。在模具中熔体冷却收缩时，螺杆迫使料筒中的熔料不断补充到模具中以补偿其体积的收缩，保持型腔中熔体压力不变，从而成型出形状完整、质地致密的塑件，这一阶段称为保压，如图 2.2.3（c）所示。

保压还有防止倒流的作用。保压结束后，为了给下次注射准备塑化熔料，注射机螺杆后退，料筒前段压力较低。此时若浇口未冻结，由于型腔内的压力比浇注系统流道内的压力高，导致熔体倒流，塑件产生收缩、变形及质地疏松等缺陷。一般保压时间较长，通常保压结束时浇口已经封闭，从而可以防止倒流。

⑤ 冷却定型。塑件在模内的冷却过程是指从浇口处的塑料熔体完全冻结时起到塑件从模腔内推出为止的全部过程，如图 2.2.3（d）所示。模具内的塑料在这一阶段内主要是进行冷却、凝固、定型，以使制件在脱模时具有足够的强度和刚度而不致发生破坏与变形。

⑥ 脱模。塑件冷却到一定的温度即可开模，在推出机构的作用下将塑件推出模外，如图 2.2.3（e）所示。

注射成型工艺流程框图如图 2.2.4 所示。

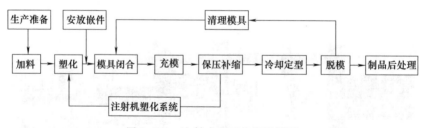

图 2.2.4　注射成型工艺流程框图

(3) 塑件后处理　塑件后处理方法主要包括退火处理和调湿处理。

退火处理是使塑件在一定温度的加热液体介质（如热水、矿物油、甘油、乙二醇和液体石蜡等）或热空气（如循环热风干燥室、干燥箱等）中静置一段时间，然后缓慢冷却到室温的一种工艺。其目的是减少塑件内部产生的内应力，这在生产厚壁或带有金属嵌件的塑件时尤为重要。退火温度应控制在塑件使用温度以上 10～20℃ 或热变形温度以下 10～20℃。退火处理的时间取决于塑料品种、加热介质温度、塑件的形状和成型条件。表 2.2.2 中列出了几种常用热塑性塑料的退火处理规范。

调湿处理是将刚脱模的塑件放在热水中，隔绝空气，防止塑件氧化，加快吸湿平衡的一种工艺。其目的是使塑件的颜色、性能以及尺寸稳定。主要用于吸湿性很强又容易氧化的聚酰胺类塑件。

表 2.2.2　常用热塑性塑料的退火处理规范

塑　料	处理介质	温度/℃	制品厚度/mm	处理时间/min
聚酰胺(PA)	油	130	12	15
丙烯腈-丁二烯-苯乙烯共聚物(ABS)	空气或水	80~100	1	16~20
聚碳酸酯(PC)	空气或油	125~130	1	30~40
聚乙烯(PE)	水	100	>6	60
聚丙烯(PP)	空气	150	<6	15~30
聚苯乙烯(PS)	空气或水	60~70	<6	30~60
聚砜(PSU)	空气或水	160	<6	60~180

2.2.1.3　注射成型特点及应用

注射成型是热塑性塑料成型的一种主要方法。它能一次成型形状复杂、尺寸精确、带有金属或非金属嵌件的塑件。注射成型的成型周期短、生产率高，易实现自动化生产。到目前为止，除氟塑料以外，几乎所有的热塑性塑料都可以用注射成型的方法成型，一些流动性好的热固性塑料也可用注射成型方法成型。注射成型在塑料制件成型中占有很大比例，半数以上塑件是注射成型生产的。但注射成型所用的注射设备价格较高，模具的结构较复杂，生产成本高，生产周期长，不适合单件和小批量塑件的成型，特别适合大批量生产。

2.2.2　压缩成型

2.2.2.1　压缩成型原理

压缩成型又称压制成型、压胶成型或压塑成型。压缩模具的上、下模通常安放在压力机上、下工作台之间。图 2.2.5 所示为上压式塑料成型机外形。压缩成型原理如图 2.2.6 所示。将粉状、粒状、碎屑状或纤维状的热固性塑料原料直接加入敞开的模具加料室内，如图 2.2.6 (a) 所示；然后合模加热，当塑料成为熔融状态时加压，在压力的作用下，熔融塑料充满型腔各处，如图 2.2.6 (b) 所示；这时，型腔中的塑料产生化学交联反应，使其逐步转变为不熔的硬化定型的塑料制件，最后打开模具将塑件从模具中取出，完成一个成型周期，如图 2.2.6 (c) 所示。以后就不断重复上述生产过程。

2.2.2.2　压缩成型工艺过程

压缩成型工艺过程包括成型前的准备、压缩成型和压后处理等几个阶段。其流程框图如图 2.2.7 所示。

（1）成型前的准备　热固性塑料比较容易吸湿，储存时易受潮，所以，在对塑料进行加工前应对其进行预热和干燥处理。又由于热固性塑料的比体积比较大，因此，为了使压缩成型顺利进行，有时要先对塑料进行预压处理。

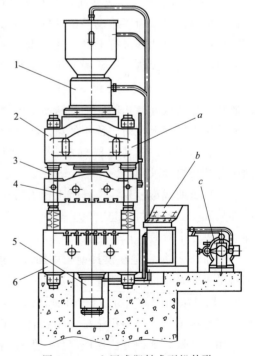

图 2.2.5　上压式塑料成型机外形
1—工作缸；2—上横梁；3—立柱；4—活动横梁；5—顶出缸；6—工作台（下横梁）；
a—本体部分；b—操纵控制部分；c—动力部分

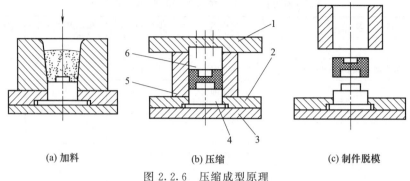

(a) 加料　　　　(b) 压缩　　　　(c) 制件脱模

图 2.2.6　压缩成型原理

1—上模座；2—下模板；3—下模座；4—下凸模；5—凹模；6—上凸模

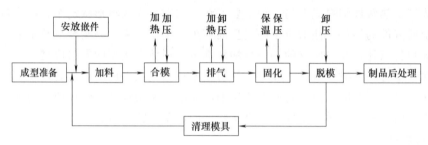

图 2.2.7　压缩成型工艺流程框图

① 预热与干燥。在成型前，应对热固性塑料进行加热。加热的目的有两个：一是对塑料进行预热，可以为压缩模提供具有一定温度的热料，使塑料在模内受热均匀，缩短模压成型周期；二是对塑料进行干燥，能防止塑料中带有过多的水分和低分子挥发物，确保塑料制件的成型质量。预热与干燥的常用设备是烘箱和红外线加热炉。

② 预压。预压是指压缩成型前，在室温或稍高于室温的条件下，将松散的粉状、粒状、碎屑状、片状或纤维状的成型物料压实成重量一定、形状一致的塑料型坯，使其能比较容易地放入压缩模加料室内。预压坯料的截面形状一般为圆片状或长条状。经过预压后的坯料密度最好能达到塑件密度的 80% 左右，以保证坯料有一定的强度。是否要预压视塑料原材料的组分及加料要求而定。

(2) 压缩成型过程　模具装上压力机后要进行预热。若塑料制件带有嵌件，加料前应将嵌件放入模具型腔内一起预热。热固性塑料的压缩过程一般可分为加料、合模、排气、固化和脱模等几个阶段。

① 加料。加料是在模具型腔中加入已预热的定量物料，这是压缩成型生产的重要环节。加料是否准确直接影响塑件的密度和尺寸精度。常用的加料方法有质量法、容积法和计数法 3 种。质量法需用衡器称量物料的质量，然后加到模具内，采用该方法可以准确地控制加料量，但操作不方便。容积法是使用具有一定容积或带有容积标度的容器向模具内加料，生产中常用勺计量，这种方法操作简便，但加料量的控制不够准确。计数法只适用于预压坯料。

② 合模。加料完成后进行合模，即通过压力使模具内成型零部件闭合成与塑件形状一致的模腔。当凸模尚未接触物料之前，应尽量使闭模速度加快，以缩短模塑周期、防止塑料过早固化和过多降解。而在凸模接触物料以后，合模速度应放慢，以避免模具中嵌件和成型

③ 排气。压缩热固性塑料时，成型物料在模腔中会放出相当数量的水蒸气、低分子挥发物以及在交联反应和体积收缩时产生的气体，因此，模具合模后有时还需卸压以排出模腔中的气体。排气不但可以缩短固化时间，而且还有利于提高塑件的性能和表面质量。排气的次数和时间应按需要而定，通常为1~3次，每次时间为3~20s。

④ 固化。压缩成型热固性塑料时，塑料进行交联反应固化定型的过程称为固化或硬化。硬化程度直接影响塑件的性能，热固性塑料的硬化程度与塑料品种、模具温度、成型压力等因素有关。当这些因素一定时，硬化程度主要取决于硬化时间。最佳硬化时间应以交联度适中，即硬化程度达到100%（塑件各种力学性能达到了最佳状态）为准，一般为30s至数分钟不等。具体时间需由实验或试模的方法确定，过长或过短对塑件的性能都会产生不利的影响。固化速率不高的塑料，有时不必将整个固化过程放在模内完成，可在脱模后用后烘的方法来完成固化。

⑤ 脱模。固化过程完成以后，压力机将卸载回程，并将模具开启，推出机构将塑件推出模外。带有侧向型芯时，必须先将侧向型芯抽出才能脱模。

在大批量生产中为了缩短成型周期，提高生产效率，亦可在制件硬化程度小于100%的情况下进行脱模，但此时必须注意制件应有足够的强度和刚度以保证它在脱模过程中不发生变形和损坏。对于硬化程度不足而提前脱模的塑件，必须将它们集中起来进行后烘处理。

（3）后处理　塑件脱模以后的后处理主要是指退火处理，其主要作用是消除应力，提高稳定性，减少塑件的变形与开裂，进一步交联固化，可以提高塑件电性能和力学性能。退火规范应根据塑件材料、形状、嵌件等情况确定。厚壁和壁厚相差悬殊以及易变形的塑件以采用较低温度和较长时间为宜；形状复杂、薄壁、面积大的塑件，为防止变形，退火处理时最好在夹具上进行。常用热固性塑件的退火处理规范可参考表2.2.3。

表2.2.3　常用热固性塑件的退火处理规范

塑料种类	退火温度/℃	保温时间/h
酚醛塑料制件	80~100	4~24
酚醛纤维塑料制件	130~180	4~24
氨基塑料制件	70~80	10~12

2.2.2.3　压缩成型特点及应用

热固性塑料压缩成型与注射成型相比，其优点是可以使用普通压力机进行生产；压缩模没有浇注系统，结构比较简单；塑件内取向组织少，取向程度低，性能比较均匀，收缩率小等。利用压缩方法还可以生产一些带有碎屑状、片状或长纤维状填充料，流动性很差的塑料制件和面积很大、厚度较小的大型扁平塑料制件。压缩成型的缺点是成型周期长，生产环境差，生产操作多用手工而不易实现自动化，因此劳动强度大；塑件经常带有溢料飞边，高度方向的尺寸精度不易控制；模具易磨损，使用寿命较短。典型制件如日用仪表壳、电闸、电器开关、插座等。

压缩成型既可成型热固性塑件，也可以成型热塑性塑件，但用压缩模成型热塑性塑件时，模具必须交替地进行加热和冷却，才能使塑料塑化和固化，故成型周期长，生产效率低，因此，它仅适用于成型光学性能要求高的有机玻璃镜片、不宜高温注射成型的硝酸纤维汽车驾驶盘以及一些流动性很差的热塑性塑料。

2.2.3 压注成型

2.2.3.1 压注成型原理

压注成型又称传递成型，是在压缩成型的基础上发展起来的热固性塑料的成型工艺。压注模具同压缩模具一样安放在压力机上、下工作台之间。压注成型原理如图2.2.8所示。压注成型时，将热固性塑料原料（塑料原料为粉料或预压成锭的坯料）装入闭合模具的加料室内，使其在加料室内受热塑化，如图2.2.8（a）所示；塑化后熔融的塑料在压柱压力的作用下，通过加料室底部的浇注系统进入闭合的型腔，如图2.2.8（b）所示；塑料在型腔内继续受热、受压，产生交联反应而固化成型，最后打开模具取出塑件，如图2.2.8（c）所示。

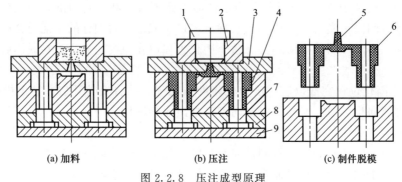

图2.2.8 压注成型原理

1—压注柱塞；2—加料室；3—上模座；4—凹模；5—浇注系统凝料；
6—制件；7—凸模；8—固定板；9—下模座

2.2.3.2 压注成型工艺过程

压注成型工艺过程和压缩成型基本相同，它们的主要区别在于：压缩成型过程是先加料后闭模，而压注成型则一般要求先闭模后加料。压注成型工艺流程框图如图2.2.9所示。

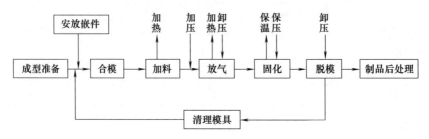

图2.2.9 压注成型工艺流程框图

2.2.3.3 压注成型特点及应用

压注成型与压缩成型有许多共同之处，两者的加工对象都是热固性塑料，但是压注成型与压缩成型相比又具有以下特点。

（1）成型周期短、生产效率高　塑料在加料室首先加热塑化，成型时塑料再以高速通过浇注系统挤入型腔，未完全塑化的塑料与高温的浇注系统相接触，使塑料升温快而均匀。同时熔料在通过浇注系统的窄小部位时受摩擦热使温度进一步提高，有利于塑料制件在型腔内迅速硬化，缩短了硬化时间，压注成型的硬化时间只相当于压缩成型的1/5~1/3。

（2）塑件的尺寸精度高、表面质量好　由于塑料受热均匀，交联硬化充分，改善了塑件的力学性能，使塑件的强度、电性能都得以提高。塑件高度方向的尺寸精度较高，且飞边很薄。

(3) 可以成型带有较细小嵌件、较深侧孔的塑件及形状较复杂的塑件　由于塑料是以熔融状态压入型腔的,因此对细长型芯、嵌件等产生的挤压力比压缩模小。

(4) 消耗原材料较多　由于浇注系统凝料的存在,并且为了传递压力需要,压注成型后总会有一部分余料留在加料室内,因此使原料消耗增多,小型塑件尤为突出。

(5) 压注成型时的收缩率比压缩成型大　一般酚醛塑料压缩成型时的收缩率为 0.8%,但压注时为 0.9%～1%。而且,由于物料在压力作用下定向流动收缩率具有方向性,因此影响塑件的精度,而对于用粉状填料填充的塑件则影响不大。

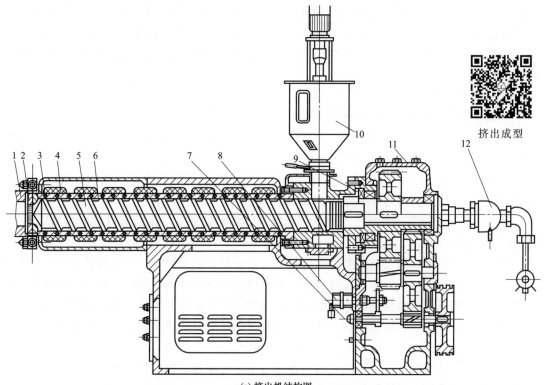

挤出成型

(a) 挤出机结构图
1—机头连接法兰;2—过滤板;3—冷却水管;4—加热装置;5—螺杆;6—料筒;
7—液压泵;8—测速电机;9—轴承;10—料斗;11—变速箱;12—螺杆冷却装置

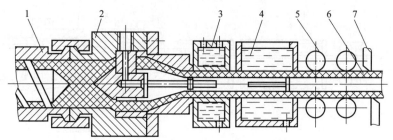

(b) 管材挤出成型原理图
1—挤出机料筒;2—机头;3—定径装置;4—冷却装置;5—牵引装置;6—塑料管;7—切割装置

图 2.2.10　管材挤出成型

(6) 压注模的结构比压缩模复杂,工艺条件要求严格　由于压注时熔料是通过浇注系统进入模具型腔成型的,因此,压注模的结构比压缩模复杂,工艺条件要求严格,特别是成型压力较高,比压缩成型的压力要大得多,而且操作比较麻烦,制造成本也大,因此,只有用压缩成型无法达到要求时才采用压注成型。

2.2.4 挤出成型

2.2.4.1 挤出成型原理

挤出成型生产塑件的类型比较多，管材、棒材、板材、片材、薄膜、电线电缆和异形截面型材等均可以采用挤出方法成型。下面以管材挤出成型为例讲述成型原理。图2.2.10（a）为挤出机结构图，图2.2.10（b）为管材挤出成型原理图。塑料从料斗加入挤出机后，在转动的螺杆的作用下将其向前输送，在向前输送的过程中，塑料受到料筒外部的加热、螺杆的剪切摩擦热的作用以及塑料之间的相互摩擦作用，使塑料塑化，从玻璃态转变为黏流态，再在螺杆的推挤压力的作用下，使处于黏流态的塑料通过挤出机机头和冷却定型装置，获得与机头截面形状适应的型材，然后经牵引装置向前牵引，最后由切割装置切断为所需长度的管材。

2.2.4.2 挤出成型工艺过程

挤出成型工艺过程一般分为塑化、成型和定型3个阶段。

① 塑料原料的塑化。即通过挤出机加热器的加热和螺杆对塑料的混合、剪切作用使粉状或粒状的固态塑料变成均匀的黏流态塑料。

② 成型。即黏流态塑料熔体在螺杆推动下，以一定的压力和速度连续通过具有一定形状的成型机头，从而获得与口模形状一致的连续型材。

③ 定型。通过适当的处理方法，如定径处理、冷却处理等，使已成型的形状固定下来，成为所需要的型材。

上述挤出过程中，塑化、成型、定型都是在同一设备内进行的，采用这种塑化方式的挤出工艺称为干法挤出。另一种是湿法挤出。湿法挤出的塑化方式是用有机溶剂将塑料充分塑化，塑化和成型是两个独立的过程。湿法挤出塑化较均匀，并避免了塑料的过度受热，但定型处理时必须脱除溶剂和回收溶剂，工艺过程较复杂，故湿法挤出的适用范围仅限于硝酸纤维素等的挤出。

具体而言，热塑性塑料的干法塑化挤出成型工艺过程包括原材料的准备、挤出成型、定型冷却、塑件的牵引、卷取和切割等几个阶段，如图2.2.11所示。

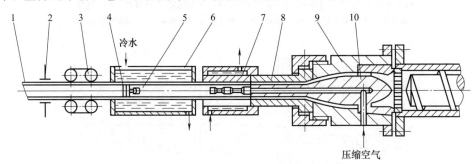

图2.2.11 挤出成型工艺过程

1—塑料管材；2—夹紧切断装置；3—牵引装置；4—塞子；5—拉杆；
6—冷却水槽；7—定径套；8—口模；9—机头体；10—芯模

（1）原材料的准备 挤出成型用的材料大部分是粒状塑料，粉状用得比较少，由于有些物料会吸收一定的水分，影响挤出成型的顺利进行，也会影响塑件质量，所以在成型前通常进行干燥处理，将原材料的水分控制在0.5%以下。原料的干燥一般在烘箱或烘房中进行。

此外，在准备阶段还要尽可能去除塑料中存在的杂质。

（2）挤出成型　将挤出机预热到规定温度后，启动电动机带动螺杆旋转输送物料，同时向挤出机料筒中加入塑料。料筒中的塑料在外加热和螺杆剪切摩擦热作用下熔融塑化，由于螺杆旋转时对塑料不断推挤，迫使塑料经过过滤板上的过滤网，由机头成型为一定口模形状的连续型材。初期的挤出物质量较差，外观也欠佳，要调整工艺条件及设备装置直到正常状态后才能投入正式生产。在挤出成型过程中，要特别注意温度和剪切摩擦热两个因素对塑件质量的影响。

（3）定型冷却　塑件在离开机头（口模）后，应立即进行定型和冷却，否则，塑件在自身重力作用下会变形，出现凹陷或扭曲现象。一般定型和冷却都是同时进行的。只有在挤出各种棒料或管材时，才有一个独立的定型过程，而挤出薄膜、单丝等不需定型，仅通过冷却即可。挤出板材与片材，有时还需经过一对压辊压平，也有定型和冷却作用。

冷却一般采用空气冷却或水冷却，冷却速度对塑件性能有很大的影响。硬质塑件不能冷却过快，否则容易造成残余内应力，会影响塑件的外观质量。软质或结晶型塑件要求及时冷却，以免变形。

（4）塑件的牵引、卷取和切割　塑件自口模挤出后，一般会因压力突然解除而发生离模膨胀现象，而冷却后又会发生收缩现象，从而使塑件的尺寸和形状发生变化。由于塑件被连续挤出，自重越来越大，如果不加以引导，会造成塑件停滞，使塑件不能顺利挤出。所以在冷却的同时，要连续、均匀地将塑件引出，这就是牵引。牵引过程由挤出机的辅机——牵引装置完成。牵引速度要与挤出速度相适应，一般牵引速度略大于挤出速度。

经过牵引装置的塑件根据使用要求在切割装置上裁剪（如棒、管、板、片等）或在卷取装置上绕制成卷（如薄膜、单丝、电线电缆等）。

应当指出的是，有些塑件（如薄膜）有时需要进行后处理，以提高尺寸稳定性。

2.2.4.3　挤出成型特点及应用

挤出成型工艺与其他塑料成型工艺相比，具有以下特点：

① 生产过程连续、生产率高、成本低、经济效益显著。

② 塑件的几何形状简单，横截面形状不变，所以模具结构也较简单，制造维修方便。

③ 塑件内部组织均匀紧密，尺寸稳定准确。

④ 适应性强，除氟塑料外，所有的热塑性塑料都可采用挤出成型，部分热固性塑料也可采用挤出成型。变更机头（口模），制件的截面形状和尺寸可相应改变，这样就能挤出各种不同规格的塑料制件。

⑤ 投资少、收效快。挤出工艺所用设备结构简单，操作方便，应用广泛。挤出成型是塑料制件的重要成型方法之一，在塑件的成型生产中占有重要的地位。大部分热塑性塑料都能用于挤出成型，成型的塑件均为具有恒定截面形状的连续型材。管材、棒材、板材、薄膜、电线电缆和异形截面型材等可以采用挤出成型方法成型，还可以用挤出方法进行混合、塑化、造粒和着色等。

2.2.5　气动成型

气动成型是利用气体的动力作用代替部分模具的成型零部件来成型塑件的方法，主要包括中空成型、真空成型及压缩空气成型。

（1）中空成型　中空成型又称为吹塑成型，是制造瓶类、桶类、罐类、箱类等中空制件的方法。成型时，先用挤出机或注射机挤出或注射出处于高弹态的型坯，然后将其放入吹塑模具内，向坯料内吹入压缩空气，使中空的坯料均匀膨胀直到紧贴型腔表壁，冷却定型后开启模具则可获得具有一定形状和尺寸的制件。中空成型通常用于成型瓶、桶、球、壶类热塑性塑料制件，如图 2.2.12 所示。中空成型的方法很多，主要有注射吹塑、挤出吹塑、片材吹塑等。

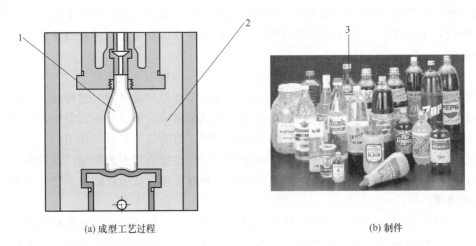

(a) 成型工艺过程　　　　　　　　　　　　(b) 制件

图 2.2.12　中空成型
1—瓶坯；2—吹塑模具；3—制件

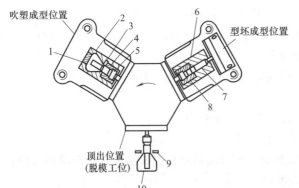

图 2.2.13　注射吹塑成型的工作原理
1—吹塑模底塞；2—吹胀的容器；3—吹塑空气通路；
4—吹塑模；5—吹塑模颈环；6—定型模；7—型坯；
8—型坯颈环；9—顶出板；10—制品

注射吹塑成型的工作原理如图 2.2.13 所示，在型坯成型位置时，注射成型系统将熔料注入模具内，型坯在芯棒上注射成型，打开模具，回转装置转位，将型坯送至吹塑模具内。吹塑模在芯棒外闭合后，通过芯棒导入空气，型坯即离开芯棒而向吹塑模壁膨胀。然后打开吹塑模具，把带有成型制件的芯棒转至脱模工位脱模。脱模后的芯棒被转回注射成型型坯成型位置，为下一个制品成型做准备。

（2）真空成型　真空成型又称为吸塑成型，是将加热的塑料片材、板材固定在模具上，用辐射加热器进行加热至软化温度，然后用真空泵把板或片材之间的空气抽掉，使板或片材紧贴于模具型腔表面上而成型为塑料制件的方法。

（3）压缩空气成型　压缩空气成型是利用压缩空气的压力，使加热软化的塑料片材压入模具型腔并紧贴在模具型腔表面上成为塑料制件的成型方法。

有时，可同时采用真空和压缩空气成型生产大深度的形状复杂的塑件。

与注射、压缩、压注成型相比，气动成型压力低，因此对模具材料要求不高，模具结构简单、成本低、寿命长。采用气动成型方法成型，利用较简单的成型设备就可获得大尺寸的塑料制件，其生产费用低、生产效率较高，是一种比较经济的成型方法。

2.3 任务实施

2.3.1 选择灯座塑件成型方式

灯座塑件选择聚碳酸酯（PC）塑料，属于热塑性塑料，制品需要大批量生产。由于压缩成型、压注成型主要用于生产热固性塑料和小批量生产热塑性塑件；挤出成型主要用以成型具有恒定截面形状的连续型材；气动成型用于生产中空的塑料瓶、罐、盒、箱类塑件。而注射成型虽然模具结构较为复杂，成本较高，但生产周期短、效率高，容易实现自动化生产，大批量生产情况下模具成本对于单件塑件成本影响很小，注射成型适合大批量生产。所以，灯座塑件宜选择注射成型生产方式。

2.3.2 确定灯座塑件成型工艺

注射成型工艺过程包括成型前的准备、注射过程及塑件后处理 3 个阶段。

（1）成型前的准备

① 对聚碳酸酯（PC）原料进行外观检验：检查原料的色泽、粒度均匀性等，要求色泽均匀、颗粒大小均匀。

② 生产开始如需改变塑料品种、调换颜色，或发现成型过程中出现了热分解或降解反应，则应对注射机料筒进行清洗。

③ 聚碳酸酯（PC）水敏性强，加工前必须干燥处理。查表 2.2.1 确定干燥条件为：干燥温度 120～130℃，干燥时间 6～8h，料层厚度小于 30mm，含水量小于 0.02%。以便除去物料中过多的水分和挥发物，防止成型后塑件出现银丝、气泡及强度显著下降现象。

④ 为了使塑料制件容易从模具内脱出，模具型腔或模具型芯还需涂上脱膜剂，根据生产现场实际条件选用硬脂酸锌、白油或硅油等。

（2）注射过程　注射过程一般包括加料、塑化、充模、保压补缩、冷却定型和脱模等步骤。

具体工艺参数由任务 4 表 2.4.1 查得。

（3）塑件后处理　聚碳酸酯（PC）易产生内应力，成型中需严格控制成型条件，成型后进行退火处理工艺。退火处理规范查表 2.2.2。

退火处理规范：处理介质为空气或油，加热温度为 125～130℃，制品厚度约 1mm，处理时间为 30～40min。

经退火的产品拿出后要放平，让它自然冷却，不可以采用冷水速冷的方法。

结论：灯座塑件所用聚碳酸酯（PC）塑料属于热塑性塑料，制品需要大批量生产。宜选择注射成型方式。注射成型工艺过程包括成型前的准备、注射成型和后处理三个阶段。成型前的准备工作主要为原材料检验、干燥处理、选用脱模剂和清洗料筒；注射成型主要包括加料、塑化、充模、保压补缩、冷却定型和脱模等步骤；后处理工作为成型后进行退火处理。

任务 3　分析塑件结构工艺

▶ 专项能力目标

（1）能合理确定塑件精度，并按国家标准标注塑件尺寸公差

(2) 会分析塑件结构的工艺性
(3) 能根据塑件结构工艺性优化塑件结构

➢ 专项知识目标

(1) 熟悉塑件尺寸公差的使用方法及相关规定
(2) 掌握塑件结构设计原则
(3) 理解塑件局部结构设计的原则

➢ 学时设计

4 学时

3.1 任务引入

塑件的结构工艺性能是指塑件成型生产的难易程度。由于塑件使用要求的不同，其种类繁多、形状各异，如图 2.3.1 所示，因此塑件的结构工艺性要求也不一样。塑件结构工艺性能合理，既可保证塑件的质量，提高生产率，又可以使模具结构简单，降低模具设计和制造成本。因此在塑件设计时应充分考虑其结构工艺性能。

(a) 塑料型材

(b) 塑料电热壶

(c) 各类电源接头

(d) 塑料热水瓶外壳

(e) 塑料桶

(f) 塑料筐

图 2.3.1　各种形状的塑料制件

本任务以灯座（图 2.1.1）和电流线圈架（图 2.5.17）为载体，使学生对塑件的结构工艺性能有充分的认识，并进而分析其结构工艺性能是否合理，对塑件的结构不合理的地方进行改进，培养学生合理设计塑件结构的能力。

下面针对该任务，学习塑件结构工艺性的相关知识。

3.2 知识链接

3.2.1 塑件设计基本原则

3.2.1.1 塑件的尺寸和精度

这里所说的尺寸是指塑件的总体尺寸。

影响塑件尺寸的因素有塑料原材料的流动性、成型设备的限制等。塑件尺寸的大小主要取决于塑料品种的流动性。在一定的设备和工艺条件下，流动性好的塑料可以成型较大尺寸的塑件；反之，成型出的塑件尺寸较小。另外，塑件尺寸还受成型设备的锁模力、模板尺寸等的限制。

从模具制造成本和成型工艺条件出发，在满足塑件使用要求的前提下，应将塑件结构设计得尽量紧凑，尺寸小一些。

塑件的尺寸精度是指所获得的塑件尺寸与产品要求尺寸的符合程度，即所获塑件尺寸的准确度。

影响塑件尺寸精度的因素很多，一是模具的制造精度和塑料收缩率的波动；二是模具的磨损程度；三是成型时工艺条件的变化、塑件成型后的时效变化和塑件的飞边等都会影响塑件尺寸精度。

为降低模具制造成本和便于模具生产制造，在满足塑件使用要求的前提下，应尽量把塑件尺寸精度设计得低一些。

很多资料认为，在引起塑件尺寸的误差中，模具制造公差和收缩率波动引起的误差各占1/3。实际上，对于小尺寸塑件，模具的制造公差和模具的磨损对塑件尺寸精度影响相对要大一些，而对于大尺寸塑件，收缩率波动是影响塑件尺寸精度的主要因素。

目前，我国已颁布了工程塑料制件尺寸公差的国家标准 GB/T 14486—2008（表2.3.1），塑件尺寸公差的代号为 MT，塑件公差等级共分为 7 级，每一级又可分为 A、B 两部分，其中 A 为不受模具活动部分影响尺寸的公差，B 为受模具活动部分影响尺寸的公差（例如，由于受水平分型面溢边厚薄的影响，压缩件高度方向的尺寸）。该标准只规定标准公差值，上、下偏差可根据塑件的配合性质来分配。

塑件公差等级的选用与塑料品种有关。根据收缩率的变动，每种塑料分 3 种精度（表2.3.2），即高精度、一般精度、低精度。

塑件的精度等级分为 7 个等级，其中 1、2 级为精密技术级，只在特殊要求下使用。未注公差尺寸通常按低精度。

塑件尺寸的上、下偏差根据塑件的性质来分配，模具行业通常按"入体原则"，轴类尺寸标为单向负偏差，孔类尺寸标为单向正偏差，中心距尺寸标为对称偏差。为了便于记忆，可以将塑件尺寸的上、下偏差的分配原则简化为"凸负凹正、中心对正"。这里"凸"代表轴类尺寸，要求标注外形尺寸，长期使用由于磨损尺寸会减少，这类尺寸应标为单向负偏差；"凹"代表孔类尺寸，要求标注内形尺寸，长期使用由于磨损尺寸会增大，这类尺寸应标为单向正偏差；"中心"代表中心距尺寸，长期使用没有磨损的一类尺寸，这类尺寸应标为对称偏差。

若给定塑件尺寸标注不符合规定，首先应对塑件尺寸标注进行转换。

例如，生产如图 2.3.2（a）所示塑件，材料为聚苯乙烯（PS），采用注射成型，大批量生产，根据模具行业规定及习惯标注塑件尺寸公差。

该塑件大部分尺寸公差已给定，但不符合规定标注形式，需转化标注形式；直径为 ϕ8mm 孔未标注公差，需查 GB/T 14486—2008 按行业习惯标注。转化后塑件图如图 2.3.2（b）所示。这里 ϕ8mm 为未注公差尺寸，查表 2.3.2 按 PS 低精度 MT5 标注。

3.2.1.2 塑件的表面质量及表面粗糙度

塑件的表面质量包括：有无斑点、条纹、凹痕、起泡、变色等缺陷，以及表面光泽性和表面粗糙度。

表 2.3.1 国家标准塑件尺寸公差（摘自 GB/T 14486—2008） mm

公差等级	公差种类	>0~3	3~6	6~10	10~14	14~18	18~24	24~30	30~40	40~50	50~65	65~80	80~100	100~120	120~140	140~160	160~180	180~200	200~225	225~250	250~280	280~315	315~355	355~400	400~450	450~500
										标注公差的尺寸公差值																
MT1	A	0.07	0.08	0.09	0.10	0.11	0.12	0.14	0.16	0.18	0.20	0.23	0.26	0.29	0.32	0.36	0.40	0.44	0.48	0.52	0.56	0.60	0.64	0.70	0.78	0.86
	B	0.14	0.16	0.18	0.20	0.21	0.22	0.24	0.26	0.28	0.30	0.33	0.36	0.39	0.42	0.46	0.50	0.54	0.58	0.62	0.66	0.70	0.74	0.80	0.88	0.96
MT2	A	0.10	0.12	0.14	0.16	0.18	0.20	0.22	0.24	0.26	0.30	0.34	0.38	0.42	0.46	0.50	0.54	0.60	0.66	0.72	0.76	0.84	0.92	1.00	1.10	1.20
	B	0.20	0.22	0.24	0.26	0.28	0.30	0.32	0.34	0.36	0.40	0.44	0.48	0.52	0.56	0.60	0.64	0.70	0.76	0.82	0.86	0.94	1.02	1.10	1.20	1.30
MT3	A	0.12	0.14	0.16	0.18	0.20	0.24	0.28	0.32	0.36	0.40	0.46	0.52	0.58	0.64	0.70	0.78	0.86	0.92	1.00	1.10	1.20	1.30	1.44	1.60	1.74
	B	0.32	0.34	0.36	0.38	0.40	0.44	0.48	0.52	0.56	0.60	0.66	0.72	0.78	0.84	0.90	0.98	1.06	1.12	1.20	1.30	1.40	1.50	1.64	1.80	1.94
MT4	A	0.16	0.18	0.20	0.24	0.28	0.32	0.36	0.42	0.48	0.56	0.64	0.72	0.82	0.92	1.02	1.12	1.24	1.36	1.48	1.62	1.80	2.00	2.20	2.40	2.60
	B	0.36	0.38	0.40	0.44	0.48	0.52	0.56	0.62	0.68	0.76	0.84	0.92	1.02	1.12	1.22	1.32	1.44	1.56	1.68	1.82	2.00	2.20	2.40	2.60	2.80
MT5	A	0.20	0.24	0.28	0.32	0.38	0.44	0.50	0.56	0.64	0.74	0.86	1.00	1.14	1.28	1.44	1.60	1.76	1.92	2.10	2.30	2.50	2.80	3.10	3.50	3.90
	B	0.40	0.44	0.48	0.52	0.58	0.64	0.70	0.76	0.84	0.94	1.06	1.20	1.34	1.48	1.64	1.80	1.96	2.12	2.30	2.50	2.70	3.00	3.30	3.70	4.10
MT6	A	0.26	0.32	0.38	0.46	0.54	0.62	0.70	0.80	0.94	1.10	1.28	1.48	1.72	2.00	2.20	2.40	2.60	2.90	3.20	3.50	3.80	4.30	4.70	5.30	6.00
	B	0.46	0.52	0.58	0.68	0.74	0.82	0.90	1.00	1.14	1.30	1.48	1.68	1.92	2.20	2.40	2.60	2.80	3.10	3.40	3.70	4.00	4.50	4.90	5.50	6.20
MT7	A	0.38	0.48	0.58	0.68	0.78	0.88	1.00	1.14	1.32	1.54	1.80	2.10	2.40	2.70	3.00	3.30	3.70	4.10	4.50	4.90	5.40	6.00	6.70	7.40	8.20
	B	0.58	0.68	0.78	0.88	0.98	1.08	1.20	1.34	1.52	1.74	2.00	2.30	2.60	2.90	3.20	3.50	3.90	4.30	4.70	5.10	5.60	6.20	6.90	7.60	8.40
										未注公差的尺寸允许偏差																
MT5	A	0.20	0.24	0.28	0.32	0.38	0.44	0.50	0.56	0.64	0.74	0.86	1.00	1.14	1.28	1.44	1.60	1.76	1.92	2.10	2.30	2.50	2.80	3.10	3.50	3.90
	B	0.40	0.44	0.48	0.52	0.58	0.64	0.70	0.76	0.84	0.94	1.06	1.20	1.34	1.48	1.64	1.80	1.96	2.12	2.30	2.50	2.70	3.00	3.30	3.70	4.10
MT6	A	0.26	0.32	0.38	0.46	0.54	0.62	0.70	0.80	0.94	1.10	1.28	1.48	1.72	2.00	2.20	2.40	2.60	2.90	3.20	3.50	3.80	4.30	4.70	5.30	6.00
	B	0.46	0.52	0.58	0.68	0.74	0.82	0.90	1.00	1.14	1.30	1.48	1.68	1.92	2.20	2.40	2.60	2.80	3.10	3.40	3.70	4.00	4.50	4.90	5.50	6.20
MT7	A	0.38	0.48	0.58	0.68	0.78	0.88	1.00	1.14	1.32	1.54	1.8	2.10	2.40	2.70	3.00	3.30	3.70	4.10	4.50	4.90	5.40	6.00	6.70	7.40	8.20
	B	0.58	0.68	0.78	0.88	0.98	1.08	1.20	1.34	1.52	1.74	2.00	2.30	2.60	2.90	3.20	3.50	3.90	4.30	4.70	5.10	5.60	6.20	6.90	7.60	8.40

表 2.3.2 常用塑件材料公差等级选用（摘自 GB/T 14486—2008）

材料代号	塑料材料		公差等级		
			标注公差尺寸		未标注公差尺寸
			高精度	一般精度	
ABS	丙烯腈-丁二烯-苯乙烯共聚物		MT2	MT3	MT5
EP	环氧树脂		MT2	MT3	MT5
PA	尼龙类塑料	无填料填充	MT3	MT4	MT6
		玻璃纤维填充	MT2	MT3	MT5
PC	聚碳酸酯		MT2	MT3	MT5
PE	聚乙烯		MT5	MT6	MT7
PF	酚醛塑料	无机填料填充	MT2	MT3	MT5
		有机填料填充	MT3	MT4	MT6
POM	聚甲醛	基本尺寸≤150mm	MT3	MT4	MT6
		基本尺寸＞150mm	MT4	MT5	MT7
PMMA	聚甲基丙烯酸甲酯		MT2	MT3	MT5
PP	聚丙烯	无填料填充	MT3	MT4	MT6
		无机填料填充	MT2	MT3	MT5
PPO	聚苯醚		MT2	MT3	MT5
PS	聚苯乙烯		MT2	MT3	MT5
PSU	聚砜		MT2	MT3	MT5
HPVC	硬质聚氯乙烯		MT2	MT3	MT5
SPVC	软质聚氯乙烯		MT5	MT6	MT7

注：表中"未标注公差尺寸"即该品种塑料的"低精度"等级公差。

塑件的表面粗糙度主要由模具成型零件的表面粗糙度决定。塑件的外观要求越高，表面粗糙度应越低。要获得塑件所需要的表面粗糙度，首先，应在模具制造方面加以保证，一般模具成型零件的表面粗糙度等级比塑件的要求低 1～2 级；其次，成型工艺也影响塑件的表面粗糙度，若成型温度过高，塑件成型后易起泡，甚至出现凹痕；原材料杂质多，塑件表面质量也会变差，表面粗糙度会变大。

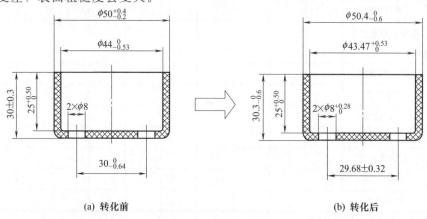

(a) 转化前   (b) 转化后

图 2.3.2 塑件零件图

注射成型塑件的表面粗糙度 Ra 通常为 $1.6\sim0.2\mu m$，对于透明的塑料制品，要求型腔和型芯的表面粗糙度相同，而不透明的塑料制品，则根据使用情况可以不同。表 2.3.3 列出了不同加工方法和不同材料所能达到的表面粗糙度数值。

表 2.3.3　不同加工方法和不同材料所能达到的表面粗糙度数值（摘自 GB/T 14234—1993）

μm

加工方法	材料		Ra 值参数范围										
			0.025	0.05	0.1	0.2	0.4	0.8	1.6	3.2	6.3	12.5	25
注射成型	热塑性塑料	聚甲基丙烯酸甲酯	—	—	—	—	—	—	—				
		丙烯腈-丁二烯-苯乙烯共聚物		—	—	—	—	—	—				
		丙烯腈-苯乙烯共聚物		—	—	—	—	—	—				
		聚碳酸酯			—	—	—	—	—				
		聚苯乙烯			—	—	—	—	—	—			
		聚丙烯				—	—	—	—				
		尼龙				—	—	—	—				
		聚乙烯				—	—	—	—				
		聚甲醛		—		—	—	—	—				
		聚砜				—	—	—	—				
		聚氯乙烯				—	—	—	—				
		聚苯醚				—	—	—	—				
		氯化聚醚				—	—	—	—				
		聚对苯二甲酸丁二醇酯				—	—	—	—				
	热固性塑料	氨基塑料					—	—	—				
		酚醛塑料					—	—	—				
		聚硅氯烷					—	—	—				
压制成型		氨基塑料					—	—	—				
		酚醛塑料					—	—	—				
		密胺塑料				—	—	—	—				
		聚硅氯烷					—	—	—				
		邻苯二甲酸二烯丙酯						—	—	—			
		不饱和聚酯						—	—	—			
		环氧塑料						—	—	—			
机械加工		有机玻璃					—	—	—	—	—		
		尼龙							—	—	—		
		聚四氟乙烯							—	—	—		
		聚氯乙烯							—	—	—		
		增强塑料							—	—	—		

注："—"代表能达到的表面粗糙度。

3.2.1.3 塑料制件的形状

塑件的形状应在满足使用要求的前提下，尽量有利于成型，应尽量避免侧凹、侧凸和侧孔，这样模具可避免采用瓣合分型或侧抽芯等复杂结构。如图 2.3.3 所示，左边结构需要采用侧抽芯或瓣合分型凹模（或凸模）的结构，改为右侧结构，则简化了模具结构，避免了瓣合分型或侧抽芯等复杂结构。

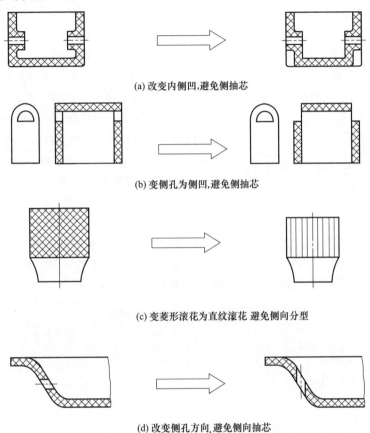

(a) 改变内侧凹，避免侧抽芯

(b) 变侧孔为侧凹，避免侧抽芯

(c) 变菱形滚花为直纹滚花 避免侧向分型

(d) 改变侧孔方向，避免侧向抽芯

图 2.3.3 改变塑件形状以利于成型的示例

当塑件的内、外侧凸凹形状较浅并允许带有圆角（或梯形斜面）时，可以采用强制脱模方式脱出塑件。这是利用有些塑件（如聚乙烯、聚丙烯、聚甲醛等塑料所制塑件）在脱模温度下具有足够弹性的特性，如图 2.3.4（a）所示塑件，但强制脱模应该满足 $(A-B)/B \leqslant 5\%$；而图 2.3.4（b）所示塑件则应该满足 $(A-B)/C \leqslant 5\%$。多数情况下，塑件的侧凹凸不可能强制脱模，此时应采用侧向分型抽芯等结构。

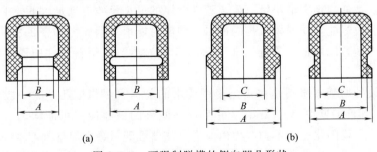

图 2.3.4 可强制脱模的侧向凹凸形状

3.2.1.4 脱模斜度

塑件在模具型腔中的冷却收缩会使它紧紧包裹住模具的型芯或其他凸起部分，为了便于从成型零件上顺利脱出塑件，以防脱模时擦伤塑件表面，与脱模方向平行的塑件表面应设计足够的斜度，称为脱模斜度。塑件脱模斜度大小与塑料的收缩率、塑件的形状、结构、壁厚及成型工艺条件都有一定的关系，一般脱模斜度取 $30'\sim 1°30'$。

塑件脱模斜度的选取应遵循以下原则。

① 塑料的收缩率大、壁厚，脱模斜度应取偏大值，反之取偏小值。

② 塑件结构比较复杂，脱模阻力就比较大，应选用较大的脱模斜度。

③ 当塑件高度不大（一般小于 2mm）时可以不设脱模斜度；对型芯长或深型腔的塑件，为了便于脱模，在满足塑件使用和尺寸公差要求的前提下，可将脱模斜度值取大些。

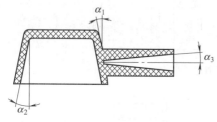

图 2.3.5 塑料制品脱模斜度的取向

④ 一般情况下，塑件内表面的脱模斜度取值可比外表面的大些，有时也根据塑件的预留位置（留于凹模或凸模上）来确定塑件内、外表面的脱模斜度。

⑤ 热固性塑料的收缩率一般较热塑性塑料的小一些，故脱模斜度也相应取小一些。

表 2.3.4 为常用塑料的脱模斜度，除在图样上特别说明，脱模斜度不包括在塑件公差范围内，标注时，内孔以小端为基准，斜度由放大的方向取得；外形以大端为基准，斜度由缩小的方向取得，如图 2.3.5 所示。

表 2.3.4 常用塑料脱模斜度

塑料名称	脱模斜度	
	型腔	型芯
聚乙烯、聚丙烯、软聚氯乙烯、聚酰胺、氯化聚醚	$25'\sim 45'$	$20'\sim 45'$
硬聚氯乙烯、聚碳酸酯、聚砜	$35'\sim 40'$	$30'\sim 50'$
聚苯乙烯、有机玻璃、丙烯腈-丁二烯-苯乙烯共聚物、聚甲醛	$35'\sim 1°30'$	$30'\sim 40'$
热固性塑料	$25'\sim 40'$	$20'\sim 50'$

3.2.1.5 壁厚

塑件壁厚的设计与塑料原料的性能、塑件结构、成型条件、塑件的质量及其使用要求都有密切的联系。壁厚过大，不仅浪费原料，还会延长冷却时间，降低生产效率，另外也容易产生表面凹陷、内部缩孔等缺陷。壁厚过小，会造成充填阻力增大，特别对于大型、复杂塑件将难于成型。塑件规定有最小壁厚值，塑件壁厚的最小尺寸应满足以下要求：具有足够的刚度和强度，脱模时能经受脱模机构的冲击，装配时能承受紧固力。表 2.3.5 为根据外形尺寸推荐的热固性塑料制件的壁厚推荐值，表 2.3.6 为热塑性塑料制件的最小壁厚及壁厚推荐值。

塑件壁厚设计的基本原则是在满足使用要求的前提下尽量取小些，一般塑件的壁厚为 $1\sim 4$mm，大型塑件的壁厚可达 8mm，并且同一塑件的壁厚应尽可能均匀一致。壁厚不均匀时塑件会因冷却或固化速度不均产生内应力，热塑性塑料会在厚壁处产生缩孔，热固性塑料会因未充分固化而造成性能差异。通常塑件壁厚的不均匀允许在一定范围内变化，对于注射及压注成型塑件，壁厚变化一般不应超过1∶3。为了消除壁厚的不均匀，设计时可考虑将厚壁部分局部挖空或在厚、薄壁交界处采用适当的半径过渡以减缓壁厚的突然变化，如图2.3.6所示。

表 2.3.5　热固性塑料制件的壁厚推荐值　　　　　　　　　　　　　　　　　　　　mm

塑料名称	塑件外形高度尺寸		
	<50	50~100	>100
粉状填料的酚醛塑料	0.7~2.0	2.0~3.0	5.0~6.5
纤维状填料的酚醛塑料	1.5~2.0	2.5~3.5	6.0~8.0
氨基塑料	1.0	1.3~2.0	3.0~4.0
聚酯玻璃纤维填料的塑料	1.0~2.0	2.4~3.2	>4.8
聚酯无机物填料的塑料	1.0~2.0	3.2~4.8	>4.8

表 2.3.6　热塑性塑料制件的最小壁厚及壁厚推荐值　　　　　　　　　　　　　　　mm

塑料名称	流程小于50mm 最小壁厚	小型塑件 推荐壁厚	中型塑料制品 推荐壁厚	大型塑料制品 推荐壁厚
尼龙	0.45	0.76	1.5	2.4~3.2
聚乙烯	0.6	1.25	1.6	2.4~3.2
聚苯乙烯	0.75	1.25	1.6	3.2~5.4
改性聚苯乙烯	0.75	1.25	1.6	3.2~5.4
有机玻璃	0.8	1.50	2.2	4~6.5
硬聚氯乙烯	1.2	1.60	1.8	4.2~5.4
聚丙烯	0.85	1.45	1.75	2.4~3.2
氯化聚醚	0.9	1.35	1.8	2.5~3.4
聚甲醛	0.8	1.4	1.6	3.2~5.4
丙烯酸类	0.7	0.9	2.4	3~6
聚苯醚	1.2	1.75	2.5	3.5~6.4
醋酸纤维素	0.7	1.25	1.9	3.2~4.8
乙基纤维素	0.9	1.25	1.6	2.4~3.2
聚砜	0.95	1.8	2.3	3~4.5

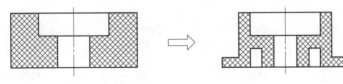

(a) 局部挖空

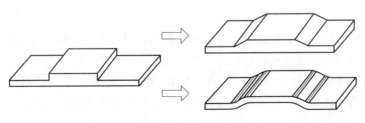

(b) 逐渐过渡和局部挖空

图 2.3.6　壁厚不均的改善

3.2.2 设计塑件结构

3.2.2.1 加强筋与防变形机构

加强筋的主要作用是在不增加塑件壁厚的情况下增加塑件的强度和刚度，避免塑件翘曲变形。布置合理的加强筋还起着改善充模流动性、减小内应力，避免产生气孔、缩孔和凹陷等缺陷的作用。图2.3.7所示为加强筋实例。图2.3.7（a）所示结构采用加强筋，可以避免因壁厚不均产生缩孔，而且不影响塑件强度。图2.3.7（b）所示平板状塑件的加强筋与料流方向平行，避免造成充模阻力过大，改善了充模流动性。

加强筋的厚度应小于塑件壁厚，并与壁圆弧过渡。加强筋尺寸如图2.3.8所示。t为塑件壁厚，加强筋高度$L=(1\sim3)t$，筋条宽$A=(1/4\sim1)t$，筋根过渡圆角$R=(1/8\sim1/4)t$，收缩角$\alpha=2°\sim5°$，筋端部圆角$r=t/8$，当$t\leqslant2$mm时，取$A=t$，加强筋端部不应与塑件支承面平齐，而应缩进0.5mm以上。

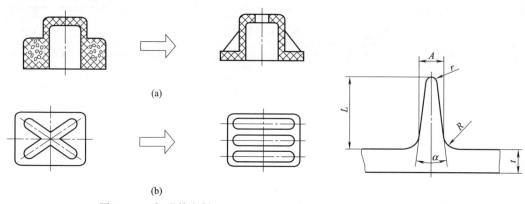

图2.3.7 加强筋实例　　　　图2.3.8 加强筋尺寸

除了采用加强筋外，对于薄壁容器或壳类塑件，可以通过适当改变结构或形状达到提高其强度、刚度和防止变形的目的，如图2.3.9所示。

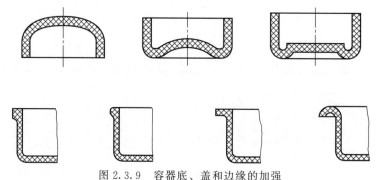

图2.3.9 容器底、盖和边缘的加强

3.2.2.2 支承面

塑件的支承面是用于放置物体的平面，为使物体放置后平稳，以塑件的整个底面作支承面是不适宜的，因为稍许的翘曲或变形就会使整个底面不平而使塑件失稳。设计塑件时通常采用凸缘或几个凸起的底脚作为支承面，如图2.3.10所示。底脚或凸缘的高度S通常取$0.3\sim0.5$mm。当底部有加强筋时，支承面的高度应略高于加强筋0.5mm，如图2.3.11所示。

3.2.2.3 圆角

带有尖角的塑件，在成型时往往会在尖角处产生局部应力集中，在受力或冲击下会发生

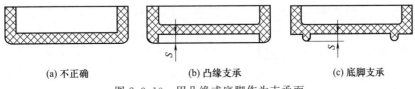

(a) 不正确　　(b) 凸缘支承　　(c) 底脚支承

图 2.3.10　用凸缘或底脚作为支承面

开裂。为了避免这种情况出现，对于塑件来说，除使用要求需要采用尖角以及模具分型面和镶块拼合所对应部位之外，其余所有内、外表面转弯处都应尽可能采用圆角过渡，以减少应力集中，并且还能增加塑强度，提高塑料熔体在型腔中的流动性，同时比较美观，模具型腔也不易产生内应力和变形。

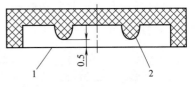

图 2.3.11　塑件底部的加强筋
1—支承面；2—加强筋

图 2.3.12 所示为塑件受力时应力集中系数与圆角半径的关系。从图中可以看出，圆角半径的大小主要取决于塑件的壁厚 δ，理想的内圆角半径在壁厚的 1/3 以上。通常塑件内壁圆角半径应是壁厚的 1/2，而外壁圆角半径可为壁厚的 1.5 倍，一般圆角半径大于 0.5mm。壁厚不等的两壁转角可按平均壁厚确定内、外圆角半径。

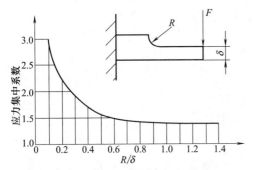

图 2.3.12　R/δ 与应力集中系数的关系

3.2.2.4　孔

塑件上的孔有通孔、盲孔、异形孔。理论上讲，这些孔均能用一定的型芯成型。

（1）通孔　通孔的成型方法与其形状和尺寸大小有关。一般有如图 2.3.13 所示的 3 种方法，图 2.3.13（a）用一端固定的型芯成型，用于较浅的孔成型，但 A 处可能产生水平飞边。图 2.3.13（b）采用对接型芯，用于较深的通孔成型，但容易使上、下孔出现偏心。通常对接直径相差 0.5~1 mm，用以消除两型芯由于制造误差同轴度的不重合而引起的上、下孔位的偏移。图 2.3.13（c）的一端固定，另一端采用导向支撑形式，使型芯有较好的强度和刚度，又能保证同轴度，运用较多，但导向部分周围（B 处）由于磨损易产生圆周纵向溢料。为防止型芯弯曲，孔深不宜太大。

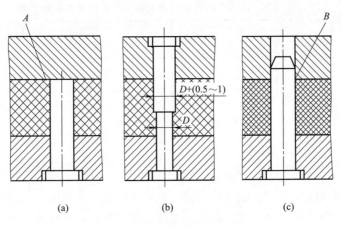

图 2.3.13　通孔的成型方法

(2) 盲孔 盲孔只能用一端固定的单支点型芯来成型,当孔径较小且很深时,成型时型芯易弯曲和折断。通常为了避免产生此类情况,注射成型或压注成型时,孔深应不超过孔径的 4 倍;压缩成型时,孔深应不超过孔径的 2.5 倍。当孔径较小深度又太大时,只能在成型后用机械加工的方法加工孔,这时,如成型时在钻孔的位置上压出定位浅坑,则会给后续加工带来很大方便。

(3) 异形孔（形状复杂的孔） 图 2.3.14 所示斜孔或复杂形状孔可采用相应的拼合型芯来成型,以避免侧向抽芯。

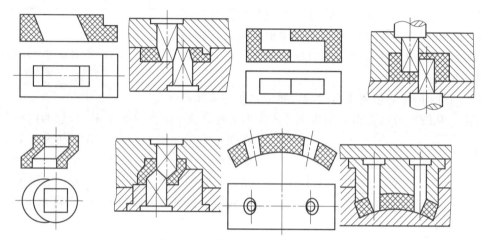

图 2.3.14 特殊孔型芯的拼合方式

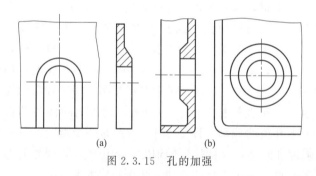

(a) (b)

图 2.3.15 孔的加强

孔的位置应设计在不削弱塑件强度的地方,在孔之间和孔与边缘之间应留有足够的距离。表 2.3.7 列出了热固性塑料制件孔间距、孔边距与孔径的关系。热塑性塑料按热固性塑料的 75% 取值。塑件上的固定用孔和其他受力孔周围可设计出如图 2.3.15 所示的凸边来加强。

表 2.3.7 热固性塑料制件孔间距、孔边距与孔径的关系　　mm

孔径	孔与边壁最小距离(孔边距)	孔与孔之间剩下的净距离(孔间距)	孔径	孔与边壁最小距离(孔边距)	孔与孔之间剩下的净距离(孔间距)
1.6	2.4	3.6	6.4	6.4	11.1
2.4	2.8	4.8	8.0	8.0	14.3
3.2	4.0	6.4	9.5	8.7	18.2
4.8	5.5	8.0	12.8	11.1	22.2

注:两孔径不一致时,则以小孔径查表。

3.2.2.5 螺纹

塑料制品上的螺纹可以直接用模具成型,也可以用后续的机械加工成型。对于经常拆装或受力较大的螺纹则应采用金属螺纹嵌件。塑件上螺纹的设计应注意以下几点。

① 由于塑料螺纹的强度仅为金属螺纹强度的 1/10～1/5,所以,塑件上螺纹应选用螺牙

尺寸较大者,螺纹直径小时不宜采用细牙螺纹,否则会影响其使用强度。另外,塑料螺纹的精度也不能要求太高,一般低于3级。塑料螺纹选用范围见表2.3.8。

表 2.3.8　塑料螺纹选用范围

螺纹公称直径/mm	螺纹种类				
	公制标准螺纹	1级细牙螺纹	2级细牙螺纹	3级细牙螺纹	4级细牙螺纹
3以下	+	—	—	—	—
3～6	+	—	—	—	—
6～10	+	+	—	—	—
10～18	+	+	+	—	—
18～30	+	+	+	+	—
30～50	+	+	+	+	+

注:"+"表示能选用的螺纹;"—"表示不能选用的螺纹。

② 塑料螺纹在成型过程中,由于螺距容易变化,因此一般塑料螺纹的螺距不应小于0.7mm,注射成型螺纹直径不得小于2mm,压缩成型螺纹直径不得小于3mm。

③ 当不考虑螺纹螺距收缩率时,塑件螺纹与金属螺纹的配合长度不能太长,一般不大于螺纹直径的1.5倍(或7～8牙),否则会降低与之相旋合螺纹间的可旋入性,还会产生附加应力,导致塑件螺纹的损坏及连接强度的降低。

④ 为增加螺纹的强度,防止最外圈螺纹可能产生的崩裂或变形,始端和末端都应留出一定距离,通常大于0.2mm,如图 2.3.16 所示。同时,始端和末端螺纹入扣处应为三角过渡,不要突然开始和结束,须留有一定的过渡段l,其数值按表2.3.9选取。

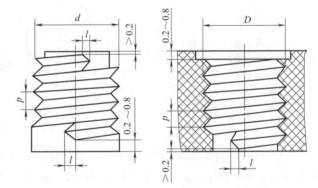

图 2.3.16　塑料螺纹始端和末端的过渡结构

表 2.3.9　塑件上螺纹始末端的过渡长度　　　　　　　　　　　mm

螺纹直径	螺距 p		
	<0.5	0.5～1	>1
	始末部分长度尺寸 l		
≤10	1	2	3
10～20	2	2	4
20～34	2	4	6
34～52	3	6	8
>52	3	8	10

⑤ 在同一螺纹型芯或型环上有前后两段螺纹时,应使两段螺纹的旋向相同、螺距相等,以简化脱模。否则需采用两段型芯或型环组合在一起的形式,成型后再分段旋下。

3.2.2.6　嵌件

(1) 嵌件的用途　嵌入塑料制件内,与塑件形成不可拆卸的连接的金属或非金属零件称为嵌件。塑件中镶入嵌件的目的是增强塑料制件局部的强度、硬度、耐磨性、导电性、导磁性；或增加制品的尺寸和形状的稳定性，提高精度；降低塑料的消耗以及满足其他各种要求。嵌件的材料有金属、玻璃、木材和已成型的塑料等，其中金属嵌件用得最为普遍。

(2) 嵌件的形式　图 2.3.17 所示为几种常见的金属嵌件。其中图 2.3.17 (a) 所示为圆筒形嵌件；图 2.3.17 (b) 所示为圆柱形嵌件；图 2.3.17 (c) 所示为片状嵌件，它常用作塑料制品内的导体和焊片等；图 2.3.17 (d) 所示为细杆状贯穿嵌件，它常用在汽车方向盘塑料制品中，加入金属细杆可以提高方向盘的强度和硬度；图 2.3.17 (e) 为有机玻璃表壳中嵌入 ABS 塑料，属于非金属嵌件。

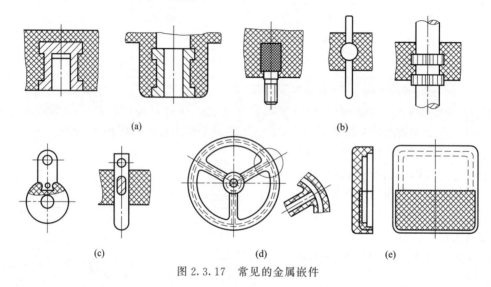

图 2.3.17　常见的金属嵌件

(3) 带嵌件的塑料制件的设计要点　设计带嵌件的塑料制件时，应注意的主要问题是嵌件在塑件中固定的可靠性、嵌件周围塑料层的厚度和成型过程中嵌件在模具中定位的稳定性。

① 嵌件在塑件中的固定。为了使嵌件牢靠地固定在塑料制品中，防止嵌件受力时在塑料制品内转动或拔出，结构有以下几种：图 2.3.18 (a) 所示为最常用的菱形滚花固定；图 2.3.18 (b) 所示为直纹滚花固定；图 2.3.18 (c) 所示为薄壁管状嵌件将端部翻边以便固定；图 2.3.18 (d) 所示为切口、打眼或局部折弯来固定片状嵌件；图 2.3.18 (e) 所示为针状嵌件采用砸扁其中一段或折弯的办法固定。

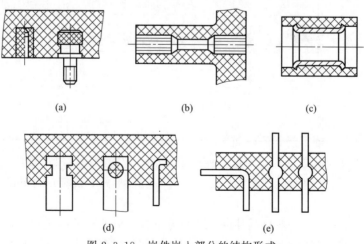

图 2.3.18　嵌件嵌入部分的结构形式

② 嵌件周围塑料层的厚度。由于金属嵌件冷却时尺寸的变化值与塑料的收缩值相差很大，致使嵌件周围产生较大的应力，造成塑件变形甚至开裂。因此，一方面应尽量选用与塑料线胀系数相近的金属作嵌件；另一方面应使嵌件的周围塑料层具有足够的厚度。酚醛塑料及类似的热固性塑料的圆柱形或套管形嵌件，嵌件周围塑料层厚度设计可参考表 2.3.10。热塑性塑料注射成型时，应将大型嵌件预热到接近于物料温度。对于应力难以消除的塑料，可先在嵌件周围被覆一层高聚物弹性体或在成型后通过退火处理来降低应力。嵌件的顶部也应有足够厚的塑料层，否则嵌件顶部塑件表面会出现鼓包或裂纹。

表 2.3.10　金属嵌件周围塑料层厚度　　　　　　　　mm

图例	金属嵌件直径 D	周围塑料层最小厚度 t	顶部塑料层最小厚度 t_1
	≤4	1.5	0.8
	4~8	2.0	1.5
	8~12	3.0	2.0
	12~16	4.0	2.5
	16~25	5.0	3.0

③ 嵌件在模具中的定位。放入模具内的金属嵌件在成型过程中会受到高压熔体流的冲击，可能发生位移或变形，同时塑料还可能挤入嵌件上预留的孔或螺纹线中，影响嵌件的使用。因此，嵌件必须可靠定位，牢固地固定在模具内。图 2.3.19、图 2.3.20 为螺纹嵌件在模内的固定形式。

图 2.3.19 所示为外螺纹嵌件在模内的固定形式。图 2.3.19（a）利用嵌件上的光杆部分和模具配合；图 2.3.19（b）利用凸肩与模具形成配合，既增加了嵌件的稳定性，又可以阻止塑料流入螺纹中；图 2.3.19（c）采用凸出圆环，可在成型时被压紧在模具上形成密封环，阻止了塑料的溢入。

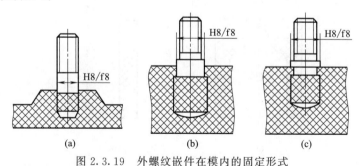

图 2.3.19　外螺纹嵌件在模内的固定形式

图 2.3.20 所示为内螺纹嵌件在模内的固定形式。图 2.3.20（a）为嵌件直接插在模内的光杆上；图 2.3.20（b）为以一凸出的台阶与模具上的孔相配合，增加了定位的稳定性和密封性；图 2.3.20（c）为以模具上的凸出圆环和内螺纹嵌件相配合的形式；图 2.3.20（d）采用内部台阶与模具上的插入杆配合。对于通孔螺纹嵌件，多采用将嵌件拧在具有外螺纹的杆件上再插入模具，当注射压力不大且螺纹牙很细小（M3.5 以下）时也可直接插在模具的光杆上，此时，塑料可能挤入一小段螺纹牙缝内，但不会妨碍多数螺纹牙。

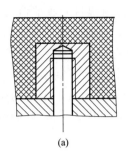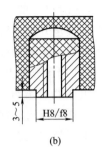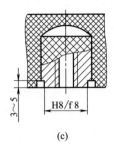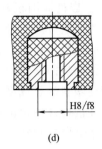

图 2.3.20 内螺纹嵌件在模内的固定形式

当嵌件为细长杆状或嵌件过长时，为防止嵌件受到塑料熔体的压力产生位移或弯曲变形，应在模具内设置支柱，如图 2.3.21 所示。对于薄壁型嵌件，可在塑料的流动方向上打孔以减小嵌件的受力，如图 2.3.21（c）所示。

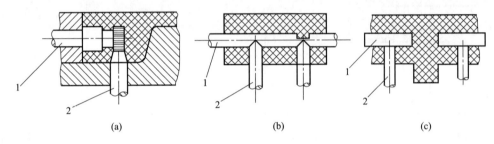

图 2.3.21 细长嵌件在模内的固定
1—嵌件；2—支柱

3.2.2.7 铰链

利用某些塑料（如聚丙烯）的分子高度取向的特性，可将带盖容器的盖子和容器通过铰链结构直接成型为一个整体，这样既省去了装配工序，又可避免金属铰链的生锈。常见塑料铰链截面形式如图 2.3.22 所示。

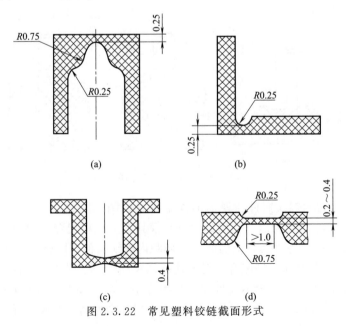

图 2.3.22 常见塑料铰链截面形式

铰链的设计要点为：

① 铰链部分厚度应减薄，一般为 0.2～0.4mm，且其厚度必须均匀一致，壁厚的减薄处应以圆弧过渡。

② 铰链部分的长度不宜过长，否则折弯线不在一处，影响闭合效果。

③ 在成型过程中，熔体流向必须垂直于铰链轴线方向，以使大分子沿流动方向取向，且脱模后应立即折弯数次。

3.2.2.8 标记和符号

塑件上常有标记和符号，如生产厂名、产品商标、图案、数字等。一般而言，标记和符号应放在分型面的平行方向上，并有适当的脱模斜度。塑件上的标记、符号有凸形和凹形两种。当塑件上的标记、符号为凸形时，模具上就相应地为凹形，如图 2.3.23（a）所示，它在制模时比较方便，可直接在成型零件上用机械、手工雕刻或电加工等方法成型。但凸形的塑件标记和符号容易损坏。当塑件上的标记、符号为凹形时，模具上就相应地为凸形，如图 2.3.23（b）所示，它在制模时要将标记符号周围的金属去掉，这是很不经济的，制造起来也比较困难。为了便于成型零件表面的抛光及避免标记、符号的损坏，一般尽量在有标记、符号的地方于模具上镶上相应的镶块成型出凹坑，在凹坑中设计凸形标记、符号，如图 2.3.23（c）所示。

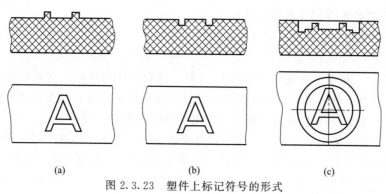

图 2.3.23 塑件上标记符号的形式

塑件上标记的凸出高度不小于 0.2mm，线条宽度不小于 0.3mm，两条线的间距不小于 0.5mm，标记的脱模斜度一般为 5°～10°。

3.3 任务实施

下面通过对灯座及电流线圈架塑件结构工艺性的分析训练，提高学生对塑件结构工艺性的分析能力。

3.3.1 分析灯座塑件结构工艺

（1）分析塑件尺寸精度 该塑件尺寸精度无特殊要求，所有尺寸均为自由尺寸，查相关模具手册或表 2.3.2 可知聚碳酸酯（PC）塑料未标注尺寸公差等级为 MT5，查表 2.3.1 后按照"入体原则"标注主要尺寸公差如下（单位均为 mm）。

塑件外形尺寸：$3_{-0.2}^{0}$、$8_{-0.28}^{0}$、$R5_{-0.248}^{0}$、$\phi 69_{-0.86}^{0}$、$\phi 70_{-0.86}^{0}$、$\phi 127_{-1.28}^{0}$、$\phi 133_{-1.28}^{0}$、$\phi 170_{-1.6}^{0}$、$\phi 137_{-1.28}^{0}$。

塑件内形尺寸：$\phi 8_{0}^{+0.28}$、$\phi 30_{0}^{+0.50}$、$\phi 32_{0}^{+0.56}$、$\phi 60_{0}^{+0.74}$、$\phi 63_{0}^{+0.74}$、$\phi 64_{0}^{+0.74}$、$\phi 114_{0}^{+1.16}$、$\phi 121_{0}^{+1.28}$、$\phi 128_{0}^{+1.28}$、$\phi 131_{0}^{+1.28}$、$\phi 164_{0}^{+1.6}$、$R2_{0}^{+0.2}$。

塑件孔尺寸：$\phi 2^{+0.2}_{0}$、$\phi 5^{+0.24}_{0}$、$\phi 8^{+0.24}_{0}$、$\phi 10^{+0.32}_{0}$、$\phi 12^{+0.32}_{0}$、$\phi 164^{+1.6}_{0}$、$\phi 137^{+1.28}_{0}$。
塑件中心距尺寸：34 ± 0.28、96 ± 0.50。

（2）分析塑件表面质量　查表2.3.3可知，聚碳酸酯（PC）注射成型时，表面粗糙度Ra在$0.050\sim 1.6\mu m$之间。而该塑件表面粗糙度无要求，取为$Ra=0.80\mu m$，而塑件内部没有较高的表面粗糙度要求。

（3）分析形状　该塑件的外形为回转体，在塑件内壁有4个高2.2mm、长11mm的内凸台，因此，塑件不易取出，模具上需要考虑设计侧抽芯机构。

（4）脱模斜度　查表2.3.4可知，材料为聚碳酸酯（PC）时，其型腔脱模斜度一般为$35'\sim 40'$，型芯脱模斜度一般为$30'\sim 50'$。

（5）分析壁厚　该塑件壁厚均匀，经查符合最小壁厚要求。

（6）分析孔　该塑件型腔较大，有尺寸不等的孔，经查表2.3.7，孔边距、孔间距满足最小距离要求。

该塑件无金属嵌件、铰链结构，无文字、符号及标记等，故不需进行此类结构分析。

结论：通过以上分析可知，该塑件结构属于中等复杂程度，结构工艺性合理，不需对塑件的结构进行修改；塑件尺寸精度中等，对应的模具零件的尺寸加工容易保证。注射时在工艺参数控制得较好的情况下，塑件的成型要求可以得到保证。

3.3.2　分析电流线圈架塑件结构工艺

（1）分析塑件的尺寸精度　该零件重要尺寸"12.1"、"15.1"、"15"等为1、2级，次重要尺寸"13.5"、"17"、"10.5"、"14"等为3级（表2.3.1）。查表2.3.2，聚丙烯（PP）高级精度为MT3，而零件重要尺寸要求1、2级，建议与用户协调，在满足使用要求的前提下降低精度，如果不行，则要严格控制影响塑件精度的各个因素，如通过严格控制成型过程中聚丙烯（PP）的收缩率的波动，提高模具成型零件的制造精度等。

（2）分析表面质量　该零件的表面除要求没有缺陷、毛刺，内部不得有导电杂质外，没有特别的表面质量要求。查表2.3.3可知，聚丙烯（PP）注射成型时，表面粗糙度的范围Ra在$0.1\sim 1.6\mu m$之间。而该塑件表面粗糙度无要求，取为$Ra=1.6\mu m$。对应模具成型零件工作部分表面粗糙度Ra为$0.4\sim 0.8\mu m$，比较容易实现。

（3）分析形状　该塑件总体形状为长方形，在宽度方向的侧面有凹槽和凸台，且对称分布。为满足使用要求，塑件形状必须有侧凹、侧凸，模具无法避免侧向分型与抽芯。但侧凹、侧凸的形状并不复杂且尺寸精度要求不高，故模具结构并不会太复杂，侧抽芯机构的精度不需太高，容易实现，塑件属于中等复杂程度。

（4）分析脱模斜度　查表2.3.4可知，材料为聚丙烯（PP）时，其型腔脱模斜度一般为$25'\sim 45'$，型芯脱模斜度为$20'\sim 45'$。而该塑件为开口薄壳类零件，深度较浅且大圆弧过渡，脱模很容易，因而可以不考虑脱模斜度。

（5）分析壁厚　壁厚最大处为1.3mm，最小处为0.95mm，壁厚差为0.35mm，较均匀，有利于零件的成型。

（6）分析孔　该塑件有两个13.5mm×12mm通孔，间距32mm，经查表2.3.7，孔边距、孔间距满足最小距离要求。

（7）分析圆角　该塑件对圆角没有提出要求，结构工艺性较差，不利于塑件的成型。建议与用户协调，在满足使用要求的前提下在料流转角处增设圆角。如果不行，模具成型零件应采用组合式结构，避免应力集中。

该塑件无金属嵌件、铰链结构，无文字、符号及标记等，故不需进行此类结构分析。

结论：通过以上分析可知，该塑件结构属于高精度、中等复杂程度。要严格控制影响塑件精度的各个因素，如通过严格控制成型过程中聚丙烯（PP）的收缩率的波动、提高模具成型零件的制造精度等。塑件精度和圆角设计欠合理，其他结构工艺性较为合理，侧向凸台和侧孔需用侧向分型抽芯机构成型。

任务 4　确定塑件成型工艺参数

> 专项能力目标

(1) 能正确确定塑件成型工艺参数。

(2) 正确分析和判断影响塑件质量的因素，并能够提出相应改进措施。

> 专项知识目标

(1) 掌握塑件成型工艺参数的含义。

(2) 理解各工艺参数确定的依据。

(3) 了解温度、压力、时间对塑件质量的影响。

> 学时设计

4 学时

4.1　任务引入

根据灯座塑件（图 2.1.1）使用要求，任务 1 分析与选择了成型塑件所用的塑料，任务 2 确定了塑件成型工艺过程。要保证成型工艺过程顺利进行和获得优质塑件，必须确定塑料的成型工艺参数，即由塑料原料变为成品制件的过程中，温度（料筒温度、喷嘴温度、模具温度等）多少摄氏度为合适？压力（塑化压力、注射压力、保压压力等）多大为合理？时间（成型周期）多长为好？这就是本任务需要完成的内容。

下面针对该任务，学习塑料注射成型工艺参数确定方面的相关知识。

4.2　知识链接

在塑件的生产中，工艺条件的选择和控制是保证成型工艺过程顺利进行和塑件质量的关键因素，注射成型最主要的工艺条件是温度、压力和时间。

4.2.1　温度

在注射成型中需要控制的温度有料筒温度、喷嘴温度和模具温度等。其中，料筒温度、喷嘴温度主要影响塑料的塑化和流动，模具温度主要影响塑料的流动和冷却定型。

4.2.1.1　料筒温度

料筒温度是指料筒表面的加热温度。料筒温度是决定塑料塑化质量的主要依据。料筒温度过高，塑料可能会发生分解。料筒温度过低，熔体流动性差，塑件易产生缺料、熔接痕等缺陷。

选择料筒温度时应考虑的因素如下。

① 塑料的黏流温度或熔点。对于非结晶型塑料，料筒温度应控制在塑料的黏流温度以上，对于结晶型塑料应控制在熔点以上，但均不能超过塑料的分解温度。

② 聚合物的相对分子质量及其分布。同一种塑料，平均相对分子量愈高、分布愈窄，则熔体黏度愈大，料筒温度应高一些；反之，料筒温度应低一些。

③ 注射机类型。生产同一塑件时，柱塞式注射机的料筒温度一般要比螺杆式高 10～20℃。

④ 塑件和模具的结构。对于结构复杂、型腔较深、薄壁以及带有嵌件的塑件，料筒温度应高一些；反之应低一些。

另外，料筒的温度分布，通常从料斗（后端）到喷嘴（前端）是由低到高，以利于塑料温度平稳地上升，达到均匀塑化的目的。料筒通常分三段加热，第一段是靠近料斗处的固体输送段，温度要低一些，料斗座还需用冷却水冷却，以防止物料"架桥"并保证较高的固体输送效率；第二段为压缩段，是物料处于压缩状态并逐渐熔融，该段温度设定一般比所用塑料的熔点或黏流温度高出 20～25℃；第三段为计量段，物料在该段处于全熔融状态，该段温度设定一般要比第二段高出 20～25℃，以保证物料处于熔融状态。螺杆式注射机螺杆的剪切摩擦热有助于塑化，前端温度可略低于中段，以防止塑料的过热分解。

4.2.1.2　喷嘴温度

喷嘴具有加速熔体流动、调整熔体温度和使物料均化的作用。在注射过程中，喷嘴与模具直接接触，由于喷嘴本身热惯性很小，与较低温度的模具接触后，会使喷嘴温度很快下降，导致熔料在喷嘴处冷凝而堵塞喷嘴孔或模具的浇注系统，而且冷凝料注入模具后也会影响制品的表面质量及性能，所以，喷嘴温度需要严格控制。

喷嘴温度通常要略低于料筒的最高温度。一方面，这是为了防止熔体产生"流涎"现象；另一方面，由于塑料熔体在通过喷嘴时，产生的摩擦热使熔体的实际温度高于喷嘴温度，若喷嘴温度过高，会使塑料发生分解，反而影响制品的质量。

料筒和喷嘴温度还与其他工艺条件有一定关系。当注射压力较低时，应适当提高料筒温度，以保证塑料流动；反之，若料筒温度偏低就需较高的注射压力。通常在成型前通过"对空注射法"或"塑件的直观分析法"来进行选择调整，以便从中确定最佳的料筒温度和喷嘴温度。

4.2.1.3　模具温度

模具温度是指与制品接触的模腔表面的温度。它对塑料熔体的充型能力、塑件的内在性能和外观质量影响很大。模具温度高，塑料熔体的流动性就好，塑件的密度和结晶度就会提高，但塑件的收缩率和塑件脱模后的翘曲变形会增加，塑件的冷却时间会延长，生产率下降。

模具温度通过调温系统来控制。一般通过冷却或加热的方法对模具实现温度调整，也可靠熔料注入模具自然升温和自然散热达到平衡而保持一定的模温。但无论采用哪种方法，对塑料熔体而言都是冷却，因此模具温度必须低于塑料的玻璃化温度或工业上的热变形温度，才能使塑料熔体凝固定型和脱模。

模具温度取决于塑料的特性（有、无结晶性）、制件的结构及尺寸、制件的性能要求及其成型工艺条件（熔料温度、注射速度、注射压力、成型周期）等。选择模具温度还要考虑制件的壁厚。壁厚大的，模温一般应较高，以便于流动、减小内应力和防止制件出现凹陷等缺陷。

模具温度的选择与设定对制品的性能有很大的影响：适当提高模具温度，可增加熔体流动长度，提高制品表面光洁度、结晶度和密度，减小内应力和充模压力；但由于冷却时间延长，生产率会降低，且制品的收缩率会增大。

4.2.2　压力

注射成型过程中的压力包括塑化压力、注射压力和保压压力，它们直接影响塑料的塑化和塑件质量。

(1) 塑化压力　塑化压力又称螺杆背压，是指采用螺杆式注射机时，螺杆头部熔料在螺杆转动后退时对螺杆的压力。预塑时，只有螺杆头部的熔体压力克服了螺杆后退时的系统阻力后，螺杆才能后退。一般操作中，塑化压力应在保证塑件质量的前提下越低越好，其具体数值随所用塑料的品种而异，它的大小可以通过液压系统中的溢流阀来调整，一般为6～20MPa。对于热敏性塑料［如聚氯乙烯（PVC）、聚甲醛（POM）、聚三氟氯乙烯（PCTFE）等］、熔体黏度大的塑料［如聚碳酸酯（PC）、聚砜（PSF）、聚苯醚（PPO）等］和熔体黏度很低的塑料［如聚酰胺（PA）］，应低些。

(2) 注射压力　注射压力是指注射时注射机柱塞或螺杆头部对塑料熔体所施加的压力。注射压力的作用是克服塑料熔体从料筒流向模具型腔的流动阻力，给予熔体一定的充模速度及对熔体进行压实、补缩。这些作用不仅与制品的质量、产量有密切联系，而且还受塑料品种、注射成型机类型、制品和模具的结构及其他工艺参数等的影响。

注射压力的大小取决于塑料品种、注射机类型、模具结构、塑料制品的壁厚和流程及其他工艺条件，尤其是浇注系统的结构和尺寸。

对于一般热塑性塑料，注射压力一般为40～130MPa；对于玻璃纤维增强的聚砜、聚碳酸酯等压力则要高些。

(3) 保压压力　保压是指在模腔充满后，对模具内熔体进行压实、补缩的过程。处于该阶段的注射压力称为保压压力。

实际生产中，保压压力，可与注射压力相等，一般稍低于注射压力。当保压压力较高时，制品的收缩率减小，表面光洁度、密度增加，熔接强度提高，制品尺寸稳定。缺点是脱模时制品中的残余应力较大，易产生溢边。

4.2.3　时间（成型周期）

完成一次注射成型过程所需的时间称为成型周期，它包括以下几部分。

(1) 合模时间　模具闭合的时间。

(2) 注射时间　柱塞或螺杆前进的时间。

(3) 保压时间　柱塞或螺杆停留在前进位置的时间。

(4) 模内冷却时间　保压结束至开模以前的时间（柱塞后撤或螺杆后退的时间均在其中）。

(5) 其他时间　开模、脱模、喷涂脱模剂、安放嵌件等的时间。

由于成型周期直接影响劳动生产率和设备利用率，因此，生产中应在保证制品质量的前提下，尽量缩短成型周期中各有关时间。

在整个成型周期中，以注射时间和模内冷却时间的设定最重要，它们对制品的质量起决定性作用。注射时间一般为3～5s；保压时间是对型腔内塑料的压实时间，在整个注射时间内所占的比例较大，通常为20～25s，特厚塑件可长达5～10min。在浇口冻结前，保压时间的多少影响塑件密度和尺寸精度。保压时间的长短与塑件的结构尺寸、料温、模温以及主流道和浇口的大小等有关。如果主流道和浇口的尺寸合理、工艺条件正常，通常以塑件收缩率波动范围最小的压实时间为最佳值。模内冷却时间主要取决于塑件的厚度、塑料的热性能和结晶性能以及模具温度等。模内冷却时间的长短应以脱模时塑件不产生变形为原则，一般为30～120s。模内冷却时间过长，不仅延长生产周期，降低生产效率，对复杂塑件还会造成脱模困难。成型周期中的其他时间则与生产过程连续化和自动化的程度等有关。

常用的热塑性塑料注射成型工艺参数见表2.4.1。

表 2.4.1 常用的热塑性塑料注射成型工艺参数

名称		硬聚氯乙烯	软聚氯乙烯	低密度聚乙烯	高密度聚乙烯	聚丙烯 PP	共聚聚丙烯 PP	玻璃纤维增强聚丙烯 GRPP	聚苯乙烯 PS	改性聚苯乙烯 HIPS	丙烯腈-丁二烯-苯乙烯共聚物		
											ABS	耐热级 ABS	阻燃级 ABS
	代号	HPVC	SPVC	LDPE	HDPE	PP	PP	GRPP	PS	HIPS	ABS		
材料	收缩率/%	0.5~0.7	1~3	1.5~4	1.3~3.5	1~2.5	1~2	0.6~1	0.4~0.7	0.4~0.7	0.4~0.7	0.4~0.7	0.4~0.7
	密度/(g/cm³)	1.35~1.45	1.16~1.35	0.910~0.925	0.941~0.965	0.90~0.91	0.91	—	1.04~1.06	—	1.02~1.16	1.02~1.16	1.02~1.16
设备	类型	螺杆式	螺杆式	螺杆式	螺杆式	螺杆式	螺杆式	螺杆式	螺杆式	螺杆式	螺杆式	螺杆式	螺杆式
	螺杆转速/(r/min)	20~40	40~80	60~100	40~80	30~80	30~60	30~60	40~80	40~80	30~60	30~60	20~50
	喷嘴形式	直通式	直通式	直通式	直通式	直通式	直通式	直通式	直通式	直通式	直通式	直通式	直通式
温度/℃	料筒一区	150~160	140~150	140~160	150~160	150~170	160~170	160~180	140~160	150~160	150~170	180~200	170~190
	料筒二区	165~170	155~165	150~170	170~180	180~190	180~200	190~200	170~180	170~190	180~190	210~220	200~210
	料筒三区	170~180	170~180	160~180	180~200	190~205	190~220	210~220	180~190	180~200	200~210	220~230	210~220
	喷嘴	150~170	145~155	150~170	160~180	170~190	180~221	190~200	160~170	170~180	180~190	200~220	180~190
	模具	30~60	30~40	30~45	30~50	40~60	40~70	30~80	30~50	20~50	50~70	60~85	50~70
压力	注射压力/MPa	80~130	40~80	60~100	80~100	60~100	70~120	80~120	60~100	60~100	60~100	85~120	60~100
	保压压力/MPa	40~60	20~30	40~50	50~60	50~60	50~80	50~80	30~40	30~50	40~60	50~80	40~60
时间/s	注射	2~5	1~3	1~5	1~5	1~5	1~5	2~5	1~3	1~5	2~5	3~5	3~5
	保压	10~20	5~15	5~15	10~30	5~10	5~15	5~15	10~15	5~15	5~10	15~30	15~30
	冷却	10~30	10~20	15~20	15~25	10~20	10~20	10~20	5~15	5~15	5~15	15~30	15~30
	周期	20~55	10~38	20~40	25~60	15~35	15~30	15~40	20~30	15~30	15~30	30~60	30~60
后处理	方法								红外线烘箱		红外线烘箱	红外线烘箱	
	温度/℃								70~80		70	70~90	70~90
	时间/h								2~4		0.3~1	0.3~1	0.3~1
备注									材料预干燥 0.5h 以上	材料预干燥 0.5h 以上	材料预干燥 0.5h 以上	材料预干燥 0.5h 以上	材料预干燥 0.5h 以上

续表

名称		丙烯腈-氯化聚乙烯-苯乙烯共聚物	丙烯腈-苯乙烯共聚物	聚甲基丙烯酸甲酯		聚甲醛		聚碳酸酯		玻璃纤维增强聚碳酸酯	聚砜	改性聚砜	玻璃纤维增强聚砜
代号		ACS	AS(SAN)	PMMA	PMMA	POM	POM	PC	PC	GRPC	PSU	改性PSU	GRPSU
材料	收缩率/%	0.5~0.8	0.4~0.7	0.5~1.0	0.5~1.0	2~3	2~3	0.5~0.8	0.5~0.8	0.4~0.6	0.4~0.8	0.4~0.8	0.3~0.5
	密度/(g/cm³)	1.07~1.10	—	1.17~1.20	1.17~1.20	1.41~1.43	—	1.18~1.20	1.18~1.20	—	1.24	—	1.34~1.40
设备	类型	螺杆式	螺杆式	柱塞式	螺杆式	柱塞式	螺杆式	柱塞式	螺杆式	螺杆式	螺杆式	螺杆式	螺杆式
	螺杆转速/(r/min)	20~30	20~50	—	20~30	—	20~40	—	20~40	20~30	20~30	20~30	20~30
	喷嘴形式	直通式	直通式	直通式	直通式	直通式	直通式	直通式	直通式	直通式	直通式	直通式	直通式
温度/°C	料筒一区	160~170	170~180	180~200	180~200	170~180	170~180	260~290	240~270	260~280	280~300	260~270	290~300
	料筒二区	180~190	210~230	210~240	190~230	180~200	180~200	270~300	260~290	270~310	300~350	280~300	310~330
	料筒三区	170~180	200~210	180~210	180~210	170~190	170~190	270~290	240~280	260~290	290~310	260~280	300~320
	喷嘴	160~180	180~190	180~200	180~200	170~180	170~180	240~250	230~250	240~270	280~290	250~260	280~300
	模具	50~60	50~70	40~80	40~80	80~100	80~100	90~110	90~110	90~110	130~150	80~100	130~150
压力	注射压力/MPa	80~120	80~120	80~130	80~120	80~120	80~120	100~140	80~130	100~140	100~140	100~140	100~140
	保压压力/MPa	40~50	40~50	40~60	40~60	40~60	40~60	50~60	40~60	40~60	40~50	40~50	40~50
时间/s	注射	1~5	2~5	3~5	1~5	2~5	2~5	1~5	1~5	2~5	1~5	1~5	2~7
	保压	15~30	15~30	10~20	10~20	15~30	20~40	20~80	20~80	20~60	20~80	20~50	20~50
	冷却	15~30	15~30	15~30	15~30	20~40	20~40	20~50	20~50	20~50	20~50	20~40	20~40
	周期	40~70	40~70	35~55	35~55	40~80	40~80	40~120	40~120	40~110	50~130	40~100	40~100
后处理	方法	红外线烘箱	红外线烘箱	红外线烘箱	红外线烘箱	红外线烘箱	红外线烘箱	红外线烘箱	红外线烘箱	红外线烘箱	热风烘箱	热风烘箱	热风烘箱
	温度/°C	70~80	70~90	60~70	60~70	140~150	140~150	100~110	100~110	100~110	170~180	70~80	170~180
	时间/h	2~4	2~4	2~4	1~4	1	1	8~12	8~12	8~12	2~4	1~4	2~4
备注		材料预干燥 0.5h以上	材料预干燥 0.5h以上	材料预干燥 1h以上	材料预干燥 1h以上	材料预干燥 2h以上	材料预干燥 2h以上	材料预干燥 6h以上	材料预干燥 6h以上	材料预干燥 6h以上	材料预干燥 2~4h	材料预干燥 2~4h	材料预干燥 2~4h

4.3 任务实施

确定图 2.1.1 所示灯座塑件的成型工艺参数,并编制注射成型工艺卡片。

注射成型工艺参数的选择可查表 2.4.1。

采用螺杆式塑料注射机,螺杆转速为 20~40r/min,采用直通式喷嘴。

4.3.1 温度

料筒三区:240~280℃;料筒二区:260~290℃;料筒一区:240~270℃;喷嘴:230~250℃;模具:90~110℃。

4.3.2 压力

注射压力:80~130MPa;保压压力:40~60MPa。

4.3.3 时间(成型周期)

注射时间:1~5s;保压时间:20~80s;冷却时间:20~50s;成型周期:40~120s。

4.3.4 后处理

退火处理:处理介质为空气或油,加热温度为 125~130℃,制品厚度约 1mm,处理时间为 30~40min。

该制件的注射成型工艺卡片见表 2.4.2。

表 2.4.2 灯座注射成型工艺卡片(范例)

(厂名)		塑料注射成型工艺卡片		资料编号		
车间				共 页		第 页
零件名称	灯座	材料牌号	PC	设备型号		XS-ZY-500
装配图号		材料定额		每模制件数		1件
零件图号		单件质量	240.20g	工装号		
零件草图				设备		红外线烘箱
				材料干燥	温度/℃	120~130
					时间/h	6~8
				料筒温度/℃	料筒一区	240~270
					料筒二区	260~290
					料筒三区	240~280
					喷嘴	230~250
				模具温度/℃		90~110
				时间/s	注射	1~5
					保压	20~80
					冷却	20~50
				压力/MPa	注射压力	80~130
					保压压力	40~60
					背压	2~4
后处理	温度/℃	125~130		时间定额/min	辅助	0.5
	时间/min	30~40			单件	1~2
检验						
编制	校对		审核	组长	车间主任	检验组长	编制

注:注射成型工艺卡片可以参考各个企业的表格填写,一般各个企业都有自己的规定表格。

4.4 知识拓展——分析注射成型制件缺陷与成因

4.4.1 注射成型制件的常见缺陷

注射成型制件的质量分为内部质量和外部质量两个方面。

① 内部质量即性能质量，包括制品内部组织结构形态（如结晶、取向等）、制品的密度、制品的物理力学性能、熔接强度以及与塑料收缩特性有关的制件尺寸和形状精度等。

② 外部质量即表面质量，它包括表面粗糙度、表观缺陷等，常见的表观缺陷有凹陷、缩孔、气孔、流纹、暗斑、暗纹、发白、剥层、烧焦、变形翘曲、没有光泽、颜色不均、浇口裂纹、表面龟裂以及溢料、飞边等。

内部质量影响制品的性能，表面质量影响制品的价值。由于制品表面质量是内部质量的反映，因此，要保证注射成型制品的质量，必须从控制制品内部质量着手。

注射成型制品的质量与注射成型时的温度、压力和时间三大工艺因素以及模具条件有关。因此，内、外部质量之间并不是相互独立无关的，经常是多种因素综合作用的结果。

塑料制品的成型过程是一个综合过程，其中任何一个环节和因素控制不当都会使制品质量受到影响。

在注射成型过程中，影响制品质量的原因大致可归纳为以下几个方面：模具设计及制造精度、成型工艺条件、成型材料、制件设计、注射机、成型前后的环境等。

4.4.2 注射成型制件常见缺陷的解决办法

注射成型制件常见缺陷的解决办法见表 2.4.3。

表 2.4.3 注射成型制件常见缺陷的解决办法

常见问题	解 决 办 法
塑料充填不足	调节供料量→增大注射压力→延长冷却时间→升高模具温度→增加注射速度→增加排气孔→增大浇道与浇口尺寸→延长冷却时间→缩短浇道长度→延长注射时间→检查喷嘴是否堵塞
塑件脱模困难	降低注射压力→缩短注射时间→延长冷却时间→降低模具温度→抛光模具表面→增大脱模斜度→减小镶块处间隙
尺寸稳定性差	改变料筒温度→延长注射时间→增大注射压力→改变螺杆背压→升高模具温度→降低模具温度→调节供料量→减小回料比例
表面波纹	调节供料量→升高模具温度→延长注射时间→增大注射压力→提高物料温度→增大注射速度→增大浇道与浇口的尺寸
塑件翘曲和变形	降低模具温度→降低物料温度→延长冷却时间→降低注射速度→降低注射压力→增加螺杆背压→缩短注射时间
塑件脱皮分层	检查塑料种类和级别→检查材料是否污染→升高模具温度→物料干燥处理→提高物料温度→降低注射速度→缩短浇道长度→减小注射压力→改变浇口位置→采用大孔喷嘴
银丝斑纹	降低物料温度→物料干燥处理→增大注射压力→增大浇口尺寸→检查塑料的种类和级别→检查塑料是否污染
表面光泽差	物料干燥处理→检查材料是否污染→提高物料温度→增大注射压力→升高模具温度→抛光模具表面→增大浇道与浇口的尺寸
凹痕	调节供料量→增大注射压力→延长注射时间→降低物料速度→降低模具温度→增加排气孔→增大浇道与浇口尺寸→缩短浇道长度→改变浇口位置→降低注射压力→增大螺杆背压
气泡	物料干燥处理→降低物料温度→增大注射压力→延长注射时间→升高模具温度→降低注射速度→增大螺杆背压
主浇道粘模	抛光主浇道→喷嘴与模具中心重合→降低模具温度→缩短注射时间→延长冷却时间→检查喷嘴加热圈→抛光模具表面→检查材料是否污染

续表

常见问题	解 决 办 法
塑件溢料	降低注射压力→增大锁模力→降低注射速度→降低物料温度→降低模具温度→重新校正分型面→降低螺杆背压→检查塑件投影面积→检查模板平直度→检查模具分型面是否锁紧
熔接痕	升高模具温度→提高物料温度→增加注射速度→增大注射压力→增加排气孔→增大浇道与浇口尺寸→减少脱模剂用量→减少浇口个数
塑件强度下降	物料干燥处理→降低物料温度→检查材料是否污染→升高模具温度→降低螺杆转速→降低螺杆背压→增加排气孔→改变浇口位置→降低注射速度
裂纹	升高模具温度→缩短冷却时间→提高物料温度→延长注射时间→增大注射压力→降低螺杆背压→嵌件预热→缩短注射时间
黑点及条纹	降低物料温度→喷嘴重新对正→降低螺杆转速→降低螺杆背压→采用大孔喷嘴→增加排气孔→增大浇道与浇口尺寸→降低注射压力→改变浇口位置

任务5 选择注射成型设备

> **专项能力目标**

(1) 能合理选择注射成型设备

(2) 会初步判定所选择注射成型设备与模具的适应性

> **专项知识目标**

(1) 了解注射机的分类、工作原理及技术参数

(2) 掌握注射模具与成型设备的匹配关系

> **学时设计**

4 学时

5.1 任务引入

注射模是安装在设备上进行生产的。注射成型所用的设备为注射成型机,简称注塑机或注射机。注射成型在生产实践中应用广泛,与之相应的注射机也由单一品种向系列化、标准化、自动化、专用化、高速、高效、节能、省料方向发展,成为塑料机械制造业中增长速度最快、产量最高的品种之一。注射机的种类很多,合理选择与模具相适应的注射机,才能使注射成型顺利进行和保证塑件质量。合理选择成型设备首先需要了解注射机的结构、分类和主要参数等方面的内容。

本任务以灯座(图2.1.1)和电池盒盖(图2.5.1)为载体,培养学生合理选择成型设备的能力。

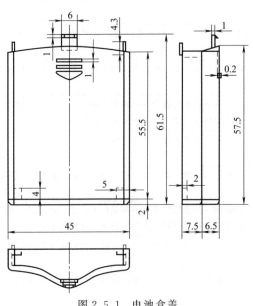

图 2.5.1 电池盒盖

5.2 知识链接

5.2.1 注射机的结构

一台通用型注射机主要包括注射系统、合模系统、液压与电气控制系统三部分，其他还包括加热冷却系统、润滑系统、安全保护与监测系统等，如图 2.5.2 所示。

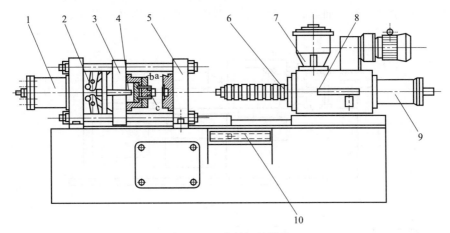

图 2.5.2 注射机的结构
1—锁模液压缸；2—锁模机构；3—移动模板；4—顶杆；5—固定模板；6—料筒及加热器；
7—料斗；8—定量供料装置；9—注射缸；10—控制台

注射系统的作用是使塑料均匀地塑化成熔融状态，并以足够的速度和压力将一定量的熔料注射入模腔内。注射系统主要包括料斗、料筒、加热器、计量装置、螺杆（柱塞式注射机为柱塞和分流梭）及其驱动装置、喷嘴等。

合模系统亦称锁模装置，其主要作用是保证成型模具的可靠闭合，实现模具的开、合动作以及顶出制品。合模系统主要由前、后固定模板、移动模板、拉杆、合模油缸、连杆机构、调模机构以及制品推出机构等组成。锁模可采用液压机械联合作用方式，也可采用全液压式；推出机构也有机械式和液压式两种，液压式推出有单点推出和多点推出。

液压传动和电气控制系统的作用是保证注射成型机按工艺过程预定的要求（如压力、温度、速度及时间）和动作程序，准确、有效地工作。液压传动系统是注射机的动力系统，电气控制系统则是控制各个液压缸完成开启、闭合、注射和推出等动作的系统。

5.2.2 注射机的分类

注射机的种类繁多，为了便于识别和应用，必须对其进行分类，目前主要有以下几种分类方法。

5.2.2.1 按机器外形特征分类

按机器外形特征分为卧式、立式、角式和多模注射成型机四种。

（1）卧式注射机 如图 2.5.3（a）所示，其注射成型装置与合模装置的轴线呈水平排列。与立式注射成型机相比具有机身低，便于操作，制品依自重脱落，可实现自动化操作等优点。但也有模具安装麻烦；嵌件易倾倒落下；机器占地面积大等不足。目前，该形式的注射成型机使用最广、产量最大，是国内、外注射成型机的最基本形式。

（2）立式注射机 如图 2.5.3（b）所示，其注射成型装置与合模装置的轴线呈竖直排列。优点是：易于安放嵌件、占地面积小、模具拆装方便。缺点是：机身较高，加料不便；

重心不稳易倾倒；制品不能自动脱落，需人工取出，难于实现自动化操作。因此，立式注塑机主要用于生产注塑量在 $60cm^3$ 以下、多嵌件的制品。

（3）角式注射机 如图 2.5.3（c）所示，其注射成型装置与合模装置的轴线相互成垂直排列，注射时，熔料从模具分型面进入型腔。该类注射成型机的优、缺点介于立式和卧式注射机之间，特别适用于成型中心不允许留有浇口痕迹的制品。目前，国内小型机械传动的注射成型机多属于这一类，而大、中型注射成型机一般不采用这一形式。

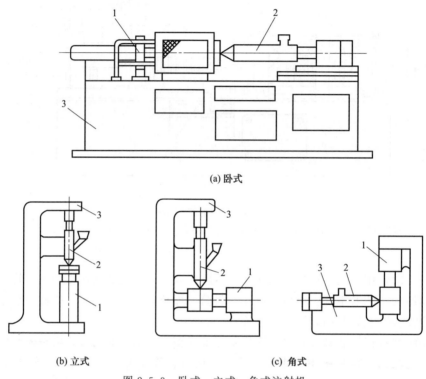

图 2.5.3 卧式、立式、角式注射机
1—合模装置；2—注射装置；3—机身

（4）多模注射机 多模注射机是一种多工位操作的特殊机型，图 2.5.4 所示为转盘式多

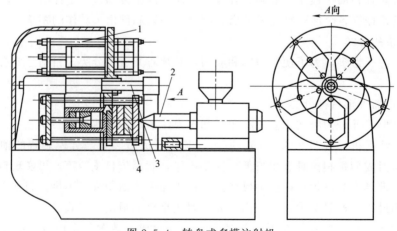

图 2.5.4 转盘式多模注射机
1—锁模机构；2—料筒；3—固定轴；4—模具

模注射机,其特点是合模装置采用了转盘式结构,工作时模具 4 绕固定轴 3 旋转,依次工作。此类注射机充分发挥了注射装置的塑化能力,缩短了生产周期,提高了生产效率,适合于加工冷却定型时间长或安放嵌件需较长时间的大批量塑料制品。但因合模系统庞大、复杂,合模装置的锁模力往往较小。这种注射机在塑胶鞋底等大批量生产制品中应用较多。

5.2.2.2 按机器加工能力（大小规格）分类

按机器加工能力分类（指机器的注射量和锁模力），可将注射机分为 5 类,见表 2.5.1。

表 2.5.1 按注射机的加工能力分类

类型	微型	小型	中型	大型	超大型
锁模力/kN	<160	160～2000	2000～4000	5000～12500	>16000
理论注射量/cm³	<16	16～630	800～3150	4000～10000	>16000

5.2.2.3 按塑化方式分类

按塑化方式不同,注射机主要分为螺杆式和柱塞式两大类。

（1）螺杆式注射机 螺杆的作用是送料、压实、塑化和传压。当螺杆在料筒内旋转时,逐步将塑料压实、排气。一方面在料筒的传热及螺杆与塑料之间的剪切摩擦发热的作用下,塑料逐步熔融塑化,另一方面螺杆不断将塑料推向料筒前端。熔体存积在料筒顶部与喷嘴之间,螺杆本身受到熔体的压力而缓缓后退。当存积的熔体达到预定的注射量时,螺杆停止转动,并在液压油缸的驱动下向前移动,将熔体注入模具型腔中去。

螺杆式塑化部件结构原理

（2）柱塞式注射机 如图 2.5.5 所示,柱塞 5 在料筒 2 内仅做往复运动,将熔融塑料注入模具 1。分流梭 6 是装在料筒靠前端的中心部分,形如鱼雷的金属部件,其作用是将料筒内流经该处的塑料分成薄层,使塑料分流,以加快热传递。同时塑料熔体分流后,在分流梭表面流速增加,剪切速率加大,剪切发热使料温升高、黏度下降,塑料得到进一步混合和塑化。

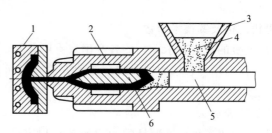

图 2.5.5 柱塞式注射机成型原理图
1—模具;2—料筒;3—料斗;4—塑料;
5—柱塞;6—分流梭

柱塞式塑化部件结构原理

塑料在料筒内受到料筒壁和分流梭两方面传来的热量加热而塑化成熔融状态。由于塑料的导热性很差,如果塑料层太厚,则它的外层熔融塑化时,内层尚未塑化,若要使塑料的内层也熔融塑化,塑料的外层就会因受热时间过长而分解,因此,柱塞式结构不宜用于加工流动性差、热敏性强的塑料制品,而且注射量不宜过大,通常为 30～60g。

立式注射机和角式注射机多为注射量在 60cm³ 以下的小型柱塞式结构,而卧式注射机的结构多为螺杆式结构。

与柱塞式注射机相比较,螺杆式注射成型具有以下特点。

① 塑化效果好。由于螺杆转动的剪切和料筒加热复合作用,使得塑料的混合比较均匀,提高了塑化效果,成型工艺也得到了较大改善,因而能注射成型较复杂、高质量的塑件。

② 注射量大。由于螺杆注射机塑化效果好、塑化能力强,可以快速塑化。对于热敏性

和流动性差的塑料，以及大、中型塑料制品，一般可用螺杆式注射机注射成型。

③ 生产周期短、效率高。

④ 容易实现自动化生产。

⑤ 设备价格较高。

5.2.2.4　按合模装置的特征分类

按合模装置的特征可分为液压式（图2.5.6）、液压机械式（图2.5.7）和机械式。

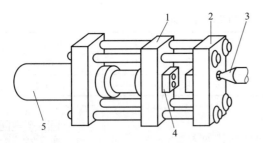 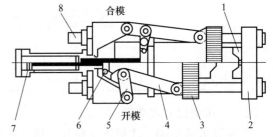

图 2.5.6　液压式合模装置　　　　　　图 2.5.7　液压机械式合模装置
1—移动模板；2—固定模板；3—喷嘴；　　1—模具；2—固定模；3—移动模板；4—前连杆；5—后
4—模具；5—锁模缸　　　　　　　　　　连杆；6—十字连杆；7—锁模缸；8—调模拉杆

液压式合模装置是利用液压动力与液压元件等来实现模具的启闭及锁紧的，在大、中、小型机上都已得到广泛应用。液压机械式是液压和机械相联合来实现模具的启闭及锁紧的，常用于中小型机。机械式合模装置是利用电动机械、机械传动装置等来实现模具的启闭及锁紧的，目前应用较少。

5.2.3　注射机规格及其技术参数

对注射成型机的规格表示，虽然各个国家有所差异，但总结起来，主要有注射量、合模力（锁模力）、注射量与合模力同时表示三种方法。国际上趋于用注射量与锁模力同时来表示注射机的主要特征。

5.2.3.1　注射量表示法

该法是以注射成型机标准螺杆的80％理论注射容量（cm^3）为注射成型机的注射量。但由于此容量是随设计注射成型机时所取的注射压力即螺杆直径而改变，同时，注射量与加工物料的性能和状态有密切的关系。因此，采用注射量表示法，并不能直接判断出两台注射成型机的规格、大小。我国以前生产的注射成型机就是用此法表示的。

我国常用的卧式注射机型号有：XS-Z-30、XS-ZY-60、XS-ZY-500 等。其中 XS 表示塑料成型机械；Z 表示注射成型；Y 表示螺杆式（无 Y 表示柱塞式）；30、60、500 等表示注射机的最大注射量（cm^3 或 g）。

5.2.3.2　锁模力表示法

该法是以注射成型机的最大合模力来表示注射成型机的规格。由于合模力不会受到其他取值的影响而改变，可直接反映出注射成型机成型制品面积的大小，因此采用合模力表示法直观、简单。但由于合模力并不能直接反映出注射成型制品体积的大小，所以此法不能表示出注射成型机在加工制品时的全部能力及规格的大小，使用起来还不够方便。

5.2.3.3　锁模力与注射量表示法

这是注射成型机的国际规格表示法。该法是以理论注射量作分子，合模力作分母（即注射容量/合模力）。具体表示为 SZ-□/□，S 表示塑料机械，Z 表示注射成型机。如 SZ-200/

1000，表示塑料注射成型机（SZ），理论注射量为 200cm³，合模力为 1000kN。

注射成型机的主要技术参数有注射量、注射压力、注射速率、塑化能力、锁模力、合模装置的基本尺寸、开合模速度、空循环时间等。这些参数是设计、制造、购置和使用注射成型机的依据。

常用国产注射机主要技术规格见表 2.5.2。

5.2.4 校核注射机工艺参数

每副模具都只能安装在与其相适应的注射机上方能进行生产。因此，模具设计时应了解模具和注射机之间的关系，了解注射机的技术规范，使模具和注射机相互匹配。否则，注射过程无法正常进行。

5.2.4.1 校核最大注射量

最大注射量是指注射机对空注射的条件下，注射螺杆或柱塞做一次最大注射行程时注射装置所能达到的最大注射量。设计模具时，应满足注射成型塑件所需的总注射量小于所选注射机的最大注射量。注射成型塑件所需的总注射量是指注射机每个成型周期向模具内注入的熔体体积或质量，包括模内浇注系统和飞边所用的熔体量。若最大注射量小于制品所需注射量，就会造成制品的形状不完整或内部组织疏松，制品强度下降等缺陷；而注射量过大，注射机利用率降低，浪费电能，而且可能导致塑料分解。另外，由于各种塑料的密度、压缩比不同，注射机最大注射能力要下降 10%～35%，因此选择注射机时，通常保证制品所需注射量小于或等于注射机允许的最大注射量的 80%，即

$$m = nm_s + m_j \leqslant km_{max}$$

式中　m——注射成型塑件所需的总注射量（包括制品、浇注系统及飞边在内），cm³ 或 g；

　　　n——型腔数；

　　　m_s——单个塑件的体积或质量，cm³ 或 g；

　　　m_j——浇注系统及飞边的体积或质量，cm³ 或 g；

　　　k——最大注射量的利用系数，一般取 0.8；

　　　m_{max}——注射机的最大注射量，cm³ 或 g。

一般，仅对最大注射量进行校核。但对热敏性塑料，如果每次注射量太小，塑料在料筒内停留时间会过长，导致塑料高温分解，从而降低制品质量和性能，因此，应注意注射机的最小注射量。最小注射量通常应大于额定注射量的 20%。

5.2.4.2 校核锁模力

注射时塑料熔体进入型腔内仍然存在较大的压力，它会使模具从分型面胀开。为了平衡塑料熔体的压力，锁紧模具，保证塑件的质量，注射机必须提供足够的锁模力。它同注射量一样，也反映了注射机的加工能力，是一个重要参数。胀模力等于塑件和浇注系统在分型面上不重合的投影面积之和乘以型腔内熔体的平均压力。它应小于注射机的额定锁模力 F_0，这样才能使注射时不发生溢料和胀模现象，即满足下式：

$$F = (nA_s + A_j)p \leqslant F_0$$

式中　F——注射压力在型腔内所产生的作用力；

　　　F_0——注射机的额定锁模力；

　　　A_s——单个塑件在模具分型面上的投影面积，mm²；

　　　A_j——浇注系统在模具分型面上的投影面积，mm²；

　　　p——型腔内熔体的平均压力，MPa，见表 2.5.3。

表 2.5.2 常用国产注射机主要技术规格

技术规格	XS-ZS-22	XS-Z-30	XS-Z-60	XS-ZY-125	G54-S200/400	SZY-300	XS-ZY-500	XS-ZY-1000	SZY-2000	XS-ZY-400
额定注射量/cm³	30　20	30	60	125	200~400	320	500	1000	2000	4000
螺杆直径/mm	25　20	28	38	42	55	60	65	85	110	130
注射压力/MPa	75　115	119	122	120	109	77.5	145	121	90	106
注射行程/mm	130	130	170	115	160	150	200	260	280	370
注射方式	双柱塞式（双色）	柱塞式	柱塞式	柱塞式	螺杆式	螺杆式	螺杆式	螺杆式	螺杆式	螺杆式
锁模力/kN	250	250	500	900	2540	1500	3500	4500	6000	10000
最大成型面积/cm²	90	90	130	320	645		1000	1800	2600	3800
最大开合模行程/mm	160	160	180	300	260	340	500	700	750	1100
模具最大厚度/mm	180	180	200	300	406	355	450	700	800	1000
模具最小厚度/mm	60	60	70	200	165	285	300	300	500	700
喷嘴圆弧半径/mm	12	12	12	12	18	12	18	18	18	
喷嘴孔直径/mm	2	2	4	4	4		3,5,6,8	7.5	10	
顶出形式	两侧设有顶出，中心设有顶出，机械顶出	两侧设有顶出，中心设有顶出，机械顶出	两侧设有顶出，中心设有顶出，机械顶出	两侧设有顶出，机械顶出		中心及上、下两侧设有顶出，机械顶出	中心液压顶出，两侧顶杆机械顶出	中心液压顶出，两侧顶杆机械顶出	中心液压顶出，两侧顶杆机械顶出	中心液压顶出，两侧顶杆机械顶出
动定模固定板尺寸/mm	250×280	250×280	330×340	428×458	532×634	620×520	700×850	900×1000	1180×1180	1050×950
拉杆空间/mm	235	235	190×300	260×290	290×368	400×300	540×440	650×550	760×700	
合模方式	液压-机械	液压-机械	液压-机械	液压-机械	液压-机械	液压-机械	液压-机械	两次动作液压式	液压-机械	两次动作液压式
液压泵 流量/(L/min)	50	50	70　12	100　12	170　12	103.9　12.1	200　25	200　18　1.8	175.8×12|14.2	50
液压泵 压力/MPa	6.5	6.5	6.5	6.5	6.5	7.0	6.5	14	14	20
电动机功率/kW	5.5	5.5	11	11	18.5	17	22	5.5　5.5	40　40	17　17
螺杆驱动功率/kW				4	5.5	7.8	7.5	13	23.5	30
加热功率/kW	1.75		2.7	5	10	6.5	14	16.5	21	37
机器外形尺寸/mm	2340×800×1460	2340×850×1460	3160×850×1550	3340×750×1550	4700×1400×1800	5300×940×1815	6500×1300×2000	7670×1740×2380	10908×1900×3430	11500×3000×4500

表 2.5.3　型腔内熔体的平均压力

制品特点	平均压力 p/MPa	举　例
容易成型的制品	24.5	聚乙烯、聚丙烯、聚苯乙烯等壁厚均匀的日用品、容器等
一般制品	29.4	在较高的温度下,成型薄壁容器类制品
中等黏度的塑料和有精度要求的制品	34.2	丙烯腈-丁二烯-苯乙烯共聚物、聚甲基丙烯酸甲酯等精度要求较高的工程结构件,如壳体、齿轮等
高黏度塑料,高精度、难于充模的制品	39.2	用于机器零件上高精度的齿轮或凸轮等

型腔内熔体压力的大小及其分布与很多因素有关,如塑料流动性、注射机类型、喷嘴形式、模具流道阻力、注射压力、熔体温度、模具温度、注射速度、塑料制品壁厚与形状、流程长度和保压时间等。在工程实际中,可用型腔内熔体的平均压力来校核,见表 2.5.3。由表中可以看出熔体经过注射机的喷嘴和模具的浇注系统后,其压力损失很大,型腔的平均成型压力通常只有注射压力的 0.2～0.4 倍。

当型腔压力 p 确定后,则有注射机最大成型面积的校核公式

$$A_z = nA_s + A_j \leqslant A_0$$

式中　A_z——塑料制品及浇注系统在分型面上的投影面积之和,mm;

　　　A_s——单个塑件在模具分型面上的投影面积,mm^2;

　　　A_j——浇注系统在模具分型面上的投影面积,mm^2;

　　　A_0——注射机允许的最大成型面积,$A_0 = F_0/p$,mm^2。

5.2.4.3　校核注射压力

塑料成型时所需的注射压力与注射机类型、喷嘴形式、塑料流动性、浇注系统及型腔的流动阻力等因素有关。注射压力的校核是核定注射机的额定注射压力能否满足塑件成型的需要。只有在注射机额定的注射压力内才能调整出某一制件所需要的注射压力,因此注射机的额定注射压力要大于该制件所要求的注射压力,即满足:

$$p_z \leqslant p_0$$

式中　p_0——注射机的最大注射压力（表 2.5.2）,MPa;

　　　p_z——塑料制品成型时所需的注射压力（表 2.4.1）,MPa。

目前,可借助注射模模拟计算机软件,对注射成型过程进行模拟,获得注射压力的预算值。

5.2.4.4　校核安装部分的相关尺寸

由于不同型号和尺寸的注射机,其安装模具部位的形状和尺寸各不相同。为了使注射模能顺利地安装在注射机上,并生产出合格的塑料制品,设计模具时必须校核注射机上与模具安装有关的尺寸,校核的内容通常包括主流道衬套尺寸、定位圈尺寸、模具最大厚度和最小厚度、模板上安装螺孔尺寸等。

(1) 主流道衬套尺寸　为了保证注射成型时在主流道衬套处不形成死角,无熔料存积,并便于主流道凝料的脱模,注射机喷嘴前端孔径 d 和球面半径 r 与模具主流道衬套的小端直径 D 和球面半径 R（图 2.5.8）应满足下列关系:

$$R = r + (1 \sim 2)\text{mm}$$
$$D = d + (0.5 \sim 1)\text{mm}$$

图 2.5.8（c）所示结构不合理的,图 2.5.8（d）所示结构才是合理的。

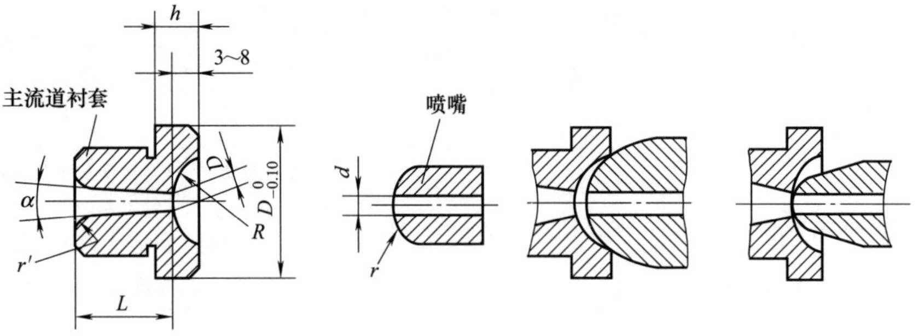

图 2.5.8 主流道衬套及其与注射机喷嘴的关系

角式注射机喷嘴多为平面，模具主流道始端与喷嘴相接触处也应制成平面。

（2）定位圈尺寸　模具定模板上定位圈是凸出的（图 2.5.9 中 a 处），其应与注射机固定模板上的定位孔（图 2.5.9 中 b 处）采用较松动的间隙配合（H11/h11）或留有 0.1mm 的间隙，以保证模具主流道中心线与注射机喷嘴中心线重合，否则将产生"流涎"现象，并造成流道凝料脱模困难。小型模具定位圈的高度为 8～10mm，大型模具定位圈的高度为 10～15mm。

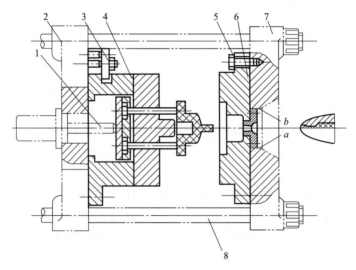

图 2.5.9　模具与注射机的关系

1—注射机顶杆；2—注射机移动模板；3—压板；4—动模；5—螺钉；
6—定模；7—注射机固定模板；8—注射机拉杆

（3）模具外形尺寸与注射机装模空间的关系　模具外形尺寸包括模具的长度、宽度和厚度。模具厚度是指注射模的动、定模闭合后，动、定模板外表面间的距离，又称为模具闭合高度。注射机的动模和定模固定板之间的距离都具有一定的调节量 ΔH，因此，对安装使用的模具厚度有一定的限制。注射机规定的模具最大与最小厚度是指模板闭合后达到规定锁模力时动模板和定模板的最大与最小距离。如图 2.5.10 所示，实际模具厚度 H_m 必须在注射机允许安装的最大厚度 H_{max} 及最小厚度 H_{min} 之间，即满足下式：

$$H_{min} \leqslant H_m \leqslant H_{max}$$
$$H_{max} = H_{min} + \Delta H$$

式中 H_m——模具闭合高度，mm；
$H_{\min}$——注射机允许模具最小厚度，mm；
$H_{\max}$——注射机允许模具最大厚度，mm；
ΔH——注射机调模机构可调整长度，mm。

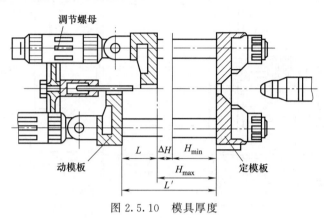

图 2.5.10 模具厚度

若不满足上式将不可能获得规定的锁模力。

实际生产过程中，如果模具闭合高度 H_m 小于注射机允许安装最小厚度 $H_{\min}$ 值，可以通过增设垫板予以调整，使其满足校核公式：$H_{\min} \leqslant H_m \leqslant H_{\max}$。

为使模具安装时可以穿过拉杆空间而在动、定模固定板上固定，模具的长度与宽度应与注射机拉杆间距相适应，如图 2.5.11 所示。

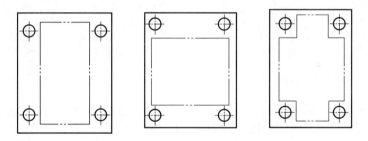

图 2.5.11 模具外形尺寸与注射机拉杆间距的关系

(4) 动、定模固定板上安装尺寸 注射机动、定模固定板形状如图 2.5.12、图 2.5.13 所示。模具在注射机动、定模固定板上的安装有螺钉直接固定和螺钉压板压紧两种方式，螺钉或压板数目通常为 2~4 个。

压板方式具有较大的灵活性，只要在模具固定板需安放压板的外侧附近有螺孔即可；当用螺钉直接固定时，动模和定模固定板上的螺孔尺寸和位置应分别与注射机动模板和定模板上的螺孔尺寸和位置完全吻合。对于重量较大的大型模具，用螺钉直接固定比较安全。

5.2.4.5 校核开模行程

开模行程指模具开合过程中动模固定板的移动距离，因此也叫合模行程。当模具厚度确定后，开模行程的大小直接影响模具所能成型的制品高度。开模行程太小，模具不能成型高度较大的制品，否则，成型后的制品无法从动、定模之间脱出。因此，为了便于取出塑件，要求模具开模后有足够的开模距离，而注射机的开模行程是有限的，因此模具设计时必须进

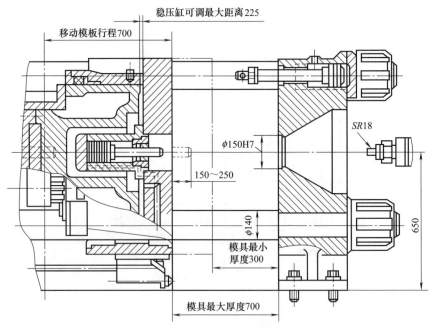

图 2.5.12 卧式注射机模板位置

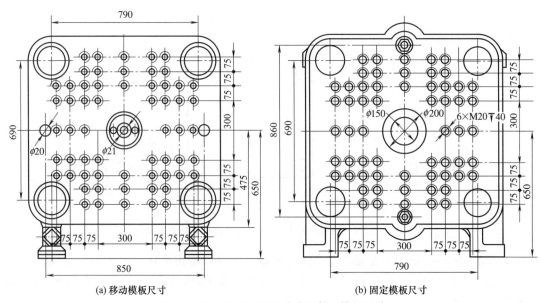

(a) 移动模板尺寸　　　　　　　　　　(b) 固定模板尺寸

图 2.5.13　XS-ZY-1000 卧式注射机模板尺寸

行注射机开模行程的校核。

对于带有不同形式的锁模机构的注射机，其最大开模行程有的与模具厚度有关，有的则与模具厚度无关。下面就分别加以讨论。

(1) 注射机最大开模行程与模具厚度无关时的校核　对于具有液压-机械合模机构的注射机（如 XS-Z-30、XS-ZY-60、XS-ZY-350、XS-ZY-350、XS-ZY-1000 等），其最大开模行程与连杆机构（或移模缸）的最大行程有关，不受模具厚度影响，故校核时只需使注射机最大开模行程大于模具所需的开模距离即可，即

$$S_{max} \geqslant S$$

式中 S_{max}——注射机最大开模行程，mm；
　　　S——模具所需开模距离，mm。

（2）注射机最大开模行程与模具厚度有关时的校核　对于角式注射机（如 XS-ZY-250 型）和全液压式合模机构的注射机，其最大开模行程等于注射机移动模板（动模）与固定模板（定模）之间的最大开模行程减去模具闭合高度，故校核可按下式：

$$S_k - H_m \geqslant S$$

式中 S_k——注射机移动模板与固定模板之间的最大距离，mm；
　　　H_m——模具闭合高度，mm。

可见，开模行程校核的关键在于求出模具所需开模距离 S，根据模具结构类型的不同讨论下列几种情况。

① 单分型面注射模。如图 2.5.14 所示，模具所需开模距离为

$$S = H_1 + H_2 + (5 \sim 10) \text{mm}$$

式中 H_1——塑料脱模需要的顶出距离，mm；
　　　H_2——塑件厚度（包括浇注系统凝料），mm。

② 双分型面注射模。如图 2.5.15 所示，模具所需开模距离需增加中间板（流道板）与固定模板间为取出浇注系统凝料所需分开的距离 a，故模具所需开模距离为

$$S = H_1 + H_2 + a + (5 \sim 10) \text{mm}$$

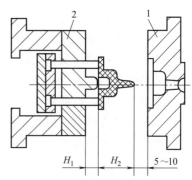

图 2.5.14　单分型面注射模开模行程的校核
1—定模；2—动模

③ 利用开模动作完成侧向分型抽芯。当模具的侧向分型抽芯是依靠开模动作来实现时，还需根据侧向分型或抽芯的抽拔距离来确定开模行程。如图 2.5.16 所示的斜导柱侧向抽芯机构，为完成侧向抽芯距离，所需的开模距离设为 H_c。模具所需开模距离按下述两种情况进行确定：

当 $H_c > H_1 + H_2$ 时，取 $S = H_c + (5 \sim 10)$ mm；当 $H_c < H_1 + H_2$ 时，取 $S = H_1 + H_2 + (5 \sim 10)$ mm。

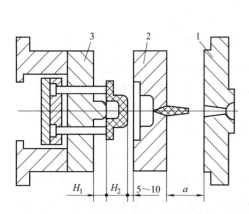

图 2.5.15　双分型面注射模开模行程的校核
1—定模；2—流道板；3—动模

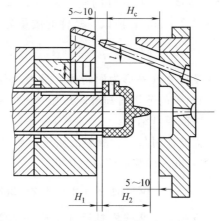

图 2.5.16　斜导柱侧抽芯机构注射模开模行程的校核

斜导柱侧抽芯开模行程

5.2.4.6 校核顶出装置

各种型号注射机顶出装置的结构形式、最大顶出距离是不同的。设计模具时,必须了解注射机顶出装置类别、顶杆直径和顶杆位置。国产注射机的顶出装置大致可分以下几类。

① 中心顶杆机械顶出,如卧式 XS-ZY-160。

② 两侧双顶杆机械顶出,如卧式 XS-ZY-30、XS-ZY-125。

③ 中心顶杆液压顶出与两侧双顶杆机械顶出联合作用,如卧式 XS-ZY-250、XS-ZY-500 等。

④ 中心顶杆液压顶出与其他开模辅助油缸联合作用,如 XS-ZY-1000。

在以中心顶杆顶出的注射机上使用的模具,应对称地固定在移动模板上,以便注射机的顶杆顶出在模具的推板中心位置上,而在以两侧双顶杆顶出的注射机上使用的模具,模具推板的长度应足够长,以便使注射机的顶杆能顶到模具的推板上。

模具设计时需根据注射机顶出装置的形式、顶杆的直径、位置和顶出距离,校核其与模具脱模机构是否相适应。

5.3 任务实施

初选注射机规格通常依据注射机允许的最大注射量、锁模力及塑件外观尺寸等因素确定。习惯上以其中一个作为设计依据,其余作为校核依据。本任务以成型灯座(图 2.1.1)为例,选择成型所需注射机规格。

5.3.1 选择成型灯座塑件成型设备

5.3.1.1 依据最大注射量初选设备

通常保证制品所需注射量小于或等于注射机允许的最大注射量的 80%,否则就会造成制品的形状不完整、内部组织疏松或制品强度下降等缺陷;而过小,注射机利用率偏低,浪费电能,而且塑料长时间处于高温状态会导致塑料分解和变质,因此,应注意注射机能处理的最小注射量,最小注射量通常应大于额定注射量的 20%。

① 计算塑件的体积

$$V_s = 200.17 \text{cm}^3$$

② 计算塑件的质量。计算塑件的质量是为了选择注射机及确定模具型腔数。由手册查得 PC 塑料密度 $\rho = 1.2 \text{g/cm}^3$,所以,塑件的质量为

$$M_s = V_s \rho = 200.17 \times 1.2 = 240.2 \text{ (g)}$$

根据塑件形状及尺寸(外形为回转体,最大直径为 $\phi 170 \text{mm}$、高度为 133mm,尺寸较大)。同时对塑件原材料的分析得知聚碳酸酯(PC)熔体黏度大,流动性较差,所以灯座塑件成型采用一模一腔的模具结构。

塑件成型每次需要注射量(含凝料的质量,初步估算为 10g)为 250g。

③ 计算每次注射进入型腔的塑料总体积

$$V = M/\rho = 250/1.2 = 208.33 \text{ (cm}^3\text{)}$$

根据注射量,查表 2.5.2 或模具设计手册初选螺杆式注射机,选择 XS-ZY-500 型,满足注射量小于或等于注射机允许的最大注射量的 80% 的要求。查得设备主参数,见表 2.5.4。

表 2.5.4　XS-ZY-500 型螺杆式注射机主要技术参数

项　目	设备参数	项　目	设备参数
额定注射量/cm³	500	喷嘴圆弧半径/mm	18
螺杆直径/mm	65	最大开合模行程/mm	500
注射压力/MPa	104	最大模厚/mm	450
注射行程/mm	200	最小模厚/mm	300
锁模力/kN	3500	拉杆空间/mm	1000
喷嘴孔直径/mm	5		

5.3.1.2　依据最大锁模力初选设备

当熔体充满模腔时，注射压力在模腔内所产生的作用力会使模具沿分型面胀开，为此，注射机的锁模力必须大于模腔内熔体对动模的作用力，以避免发生溢料和胀模现象。

① 单个塑件在分型面上投影面积 A_s 为

$$A_s \approx 22698 \text{mm}^2$$

② 由于采用一模一件的模具结构，所以成型时塑料熔体在分型面上投影面积 A_z 为

$$A_z \approx A_s \approx 22698 \text{mm}^2$$

③ 成型时塑料熔体对动模的作用力 F 为

$$F = A_z p = 22698 \times 39.2 = 889.8 \text{（kN）}$$

p 为型腔内熔体的平均压力，查表 2.5.3 得塑件型腔所需的平均成型压力 $p=39.2$MPa。

④ 初选注射机。根据锁模力必须大于模腔内熔体对动模的作用力的原则查表 2.5.2 或模具设计手册，初选 XS-ZY-500 型卧式螺杆式注射机，其主要技术参数见表 2.5.4。

5.3.2　选择电池盒盖塑件成型设备与编制成型工艺

成型电池盒盖要求材料为丙烯腈-丁二烯-苯乙烯共聚物（ABS），大批量生产，试完成以下工作任务。

5.3.2.1　分析原材料 ABS 的性能

（1）分析材料使用性能　查表 2.1.4 及相关资料可知：丙烯腈-丁二烯-苯乙烯共聚物（ABS）属热塑性非结晶型塑料，无毒、无味，呈微黄色或白色的不透明粒料，成型的制件有较好的光泽，密度为 $1.08\sim1.2\text{g/cm}^3$。丙烯腈-丁二烯-苯乙烯共聚物（ABS）的热变形温度比聚苯乙烯、聚氯乙烯、尼龙等都高，尺寸稳定性较好，具有一定的化学稳定性和良好的介电性能，经过调色可配成任何颜色。

丙烯腈-丁二烯-苯乙烯共聚物（ABS）的缺点是耐热性不高，连续工作温度为 70℃ 左右，热变形温度为 93℃ 左右，且耐候性差，在紫外线作用下易变硬发脆。

（2）分析材料成型工艺性能　查表 2.1.3 及相关资料可知：丙烯腈-丁二烯-苯乙烯共聚物（ABS）属无定形塑料，流动性中等；在升温时黏度增高，所以成型压力较高，故制件上的脱模斜度宜稍大；ABS 易吸水，成型加工前应进行干燥处理，预热干燥 $80\sim85$℃，时间 $2\sim4$h；丙烯腈-丁二烯-苯乙烯共聚物（ABS）易产生熔接痕，模具设计时应注意尽量减小浇注系统对料流的阻力；在正常的成型条件下，其壁厚、熔料温度对收缩率影响极小，在要求制件精度高时，模具温度可控制在 $50\sim60$℃，而在强调制件光泽和耐热时，模具温度应

控制在 60～80℃；如需解决夹水纹，需提高材料的流动性，采取高料温、高模温或者改变浇口位置等方法；成型耐热级或阻燃级材料，生产 3～7 天后模具表面会残存塑料分解物，导致模具表面发亮，需对模具进行及时清理，同时模具表面需增加排气位置。

(3) 总结　电池盒盖制作为某电器产品配套零件，要求具有足够的强度和耐磨性能，中等精度，外表面无瑕疵、美观、性能可靠。采用丙烯腈-丁二烯-苯乙烯共聚物（ABS）材料，产品的使用性能基本能满足要求，但在成型时，要注意选择合理的成型工艺，成型加工前应进行干燥处理，成型时采用较高压力。

5.3.2.2　确定成型方式及成型工艺流程

(1) 选择塑件成型方式　制件所选材料为丙烯腈-丁二烯-苯乙烯共聚物（ABS），属于热塑性塑料，制品需要大批量生产。由于压缩成型、压注成型主要用于生产热固性塑件和小批量生产热塑性塑件；挤出成型主要用以成型具有恒定截面形状的连续型材；气动成型用于生产中空的塑料瓶、罐、盒、箱类塑件。故虽然注射成型模具结构较为复杂，成本较高，但生产周期短、效率高，容易实现自动化生产，大批量生产模具成本对于单件制品成本影响不大。所以，图 2.5.1 所示电池盒盖塑件应选择注射成型生产。

(2) 确定注射成型工艺过程　注射成型工艺过程包括成型前的准备、注射过程及塑件后处理三个过程。

① 成型前的准备。

a. 对丙烯腈-丁二烯-苯乙烯共聚物（ABS）原料进行外观检验，检查原料的色泽、粒度均匀度等，要求色泽均匀、细度均匀度。

b. 丙烯腈-丁二烯-苯乙烯共聚物（ABS）是吸湿性强的塑料，成型前应进行充分的预热干燥，查表 2.2.1 得，湿度应小于 0.1%，建议干燥条件为 80～85℃，2～4h，除去物料中过多的水分和挥发物，以防止成型后塑件出现气泡和银丝等缺陷。

c. 生产开始如需改变塑料品种、调换颜色，或发现成型过程中出现了热分解或降解反应，则应对注射机料筒进行清洗。

d. 为了使塑料制件容易从模具内脱出，模具型腔或模具型芯还需涂上脱膜剂，根据生产现场实际条件选用硬脂酸锌、白油或硅油等。

② 注射过程一般包括加料、塑化、充模、保压补缩、冷却定型和脱模等步骤。

具体工艺参数查表 2.4.1。

③ 塑件后处理。由于塑件壁厚较薄，精度要求不高，在夏季对电池盒盖塑件不需进行后处理，冬季湿潮环境下有个别塑件发现翘曲变形，采用退火处理工艺。查表 2.2.2 得：处理介质，空气或水；加热温度，80～100℃；处理时间，16～20min。

5.3.2.3　确定成型工艺参数并编制成型工艺卡片

注射成型工艺条件的选择可查表 2.4.1。

采用螺杆式塑料注射机，螺杆转速为 30～60r/min，采用直通式喷嘴。

(1) 温度　料筒一区：150～170℃；料筒二区：180～190℃；料筒三区：200～210℃；喷嘴：180～190℃；模具：50～70℃。

(2) 压力　注射压力：60～100MPa；保压压力：40～60MPa。

(3) 时间（成型周期）　注射时间：2～5s；保压时间：5～10s；冷却时间：5～15s；成型周期：15～30s。

该制件的注射成型工艺卡片见表 2.5.5。

表 2.5.5　电池盒盖注射成型工艺卡片

（厂名）		塑料注射成型工艺卡片		资料编号		
车间				共　　页	第　　页	
零件名称	电池盒盖	材料牌号	ABS	设备型号	XS-ZY-30	
装配图号		材料定额		每模制件数	2	
零件图号		单件质量	7.372g	工装号		
				材料干燥	设备	红外线烘箱
					温度/℃	80～85
					时间/h	2～4
				料筒温度/℃	料筒一区	150～170
					料筒二区	180～190
					料筒三区	200～210
					喷嘴	180～190
				模具温度/℃		50～70
				时间/s	注射	2～5
					保压	5～10
					冷却	5～15
				压力/MPa	注射压力	60～100
					保压压力	40～60
					背压	2～6
后处理	温度/℃	红外线烘箱80～100		时间定额/min	辅助	0.5
	时间/h	16～20			单件	0.5～1
检验						
编制		校对	审核	组长	车间主任	检验组长

5.3.2.4　分析制件的结构工艺性

制件总体形状为长方形薄壳类零件，基本尺寸为 45mm×57.5mm。壁厚2mm，在端部凸台上有一个三角形倒扣，高1mm，端部两侧各有一外凸块 4.3mm×0.3mm，外表面有深度为 0.2mm 的凹槽，底部两侧对称分布有 4mm×5mm×2mm 的内凸台，成型时需要考虑侧抽芯机构。

（1）塑件的尺寸精度　该塑件未标注尺寸公差，查表 2.3.2 可知，重要的尺寸如"45""57.5""55.5"的精度为 MT3 级，次重要尺寸如"4.3""5""6"等的，精度为 MT5 级，按照"入体原则"标注塑件公差（公差标注略）。

（2）塑件的表面粗糙度　查表 2.3.3 可知，丙烯腈-丁二烯-苯乙烯共聚物（ABS）注射成型时，表面粗糙度 Ra 在 $0.025～1.6\mu m$ 之间，而该塑件表面粗糙度无要求，取为 $0.8\mu m$，对应模具成型零件工作部分表面粗糙度 Ra 应为 $0.2～0.4\mu m$。

（3）形状　该塑件有一个 4mm×5mm 内凸台，因而需要采用侧向抽芯成型侧孔，由于在壳体内部，建议采用斜顶杆侧向抽芯机构以简化模具结构。

（4）脱模斜度　查表 2.3.4 可知，材料为丙烯腈-丁二烯-苯乙烯共聚物（ABS）的塑件，其型腔脱模斜度一般为 35′～1°30′，型芯脱模斜度为 30′～40′，而该塑件为开口薄壳类零件,深度较浅且大圆弧过渡,脱模容易,因而不需考虑脱模斜度。

(5) 壁厚 塑件的厚度较薄且均匀,为 2mm,利于塑件的成型。

(6) 加强筋 该塑件高度较小,壁厚适中,使用过程承受压力不大,可不设加强筋。

(7) 圆角 该塑件内、外表面连接处有圆角,有利于塑件的成型。

该塑件无金属嵌件、铰链结构,无文字、符号及标记等,故不需进行此类结构分析。

结论:通过以上分析可知,该塑件结构属于中等复杂程度,结构工艺性合理,不需对塑件的结构进行修改;塑件尺寸精度中等,对应的模具零件的尺寸加工容易保证。注射时在工艺参数控制得较好的情况下,塑件的成型质量可以得到保证。

5.3.2.5 确定成型设备规格

初选注射机规格通常依据注射机允许的最大注射量、锁模力及塑件外观尺寸等因素确定。习惯上将其中一个作为设计依据,其余都作为校核依据。

(1) 依据最大注射量初选设备

① 单个塑件体积

$$V_s = 7.1574 \text{cm}^3$$

② 单个塑件质量。查相关模具设计手册得丙烯腈-丁二烯-苯乙烯共聚物(ABS)塑料密度 $\rho=1.03\text{g/cm}^3$,则单个塑件的质量为

$$M_s = V_s \rho = 7.1574 \times 1.03 = 7.372 \text{ (g)}$$

③ 由于塑件尺寸较小,基本尺寸为 45mm×57.5mm,为长方形薄壳类零件,生产中通常选用一模两腔,加上凝料的质量(初步估算约 8g),故塑件成型每次需要注射量为

$$M = 2M_s + 8 = 2 \times 7.372 + 8 \approx 23 \text{ (g)}$$

④ 根据注射量,查表 2.5.2 选择 XS-Z-30 型柱塞式注射机,满足注射量小于或等于注射机允许的最大注射量的 80%,设备主要技术参数见表 2.5.6。

表 2.5.6 XS-Z-30 型柱塞式注射机主要技术参数

项目	设备参数	项目	设备参数
额定注射量/cm³	30	喷嘴孔直径/mm	4
螺杆直径/mm	28	拉杆空间/mm	235
注射压力/MPa	119	最大开合模行程/mm	160
注射行程/mm	130	最大模厚/mm	180
锁模力/kN	250	最小模厚/mm	60
喷嘴圆弧半径/mm	12		

(2) 依据最大锁模力初选设备 当熔体充满模腔时,注射压力在模腔内所产生的作用力会使模具沿分型面胀开,为此,注射机的锁模力必须大于模腔内熔体对动模的作用力,以避免发生溢料和胀模现象。

① 单个塑件在分型面上投影面积 A_s 为

$$A_s \approx 2610 \text{mm}^2$$

② 选用一模两腔，初步估算凝料在分型面上投影面积约 600mm²，则成型时熔体塑料在分型面上投影面积 A_z 为

$$A_z = 2A_s + A_j 2 \times 2610 + 600 = 5820 \text{ (mm}^2\text{)}$$

③ 成型时熔体塑料对动模的作用力 F 为

$$F = A_z p = 5820 \times 34.2 = 199.0 \text{ (kN)}$$

查表 2.5.3 可知成型丙烯腈-丁二烯-苯乙烯共聚物（ABS）塑件型腔所需的平均成型压力 $p = 34.2$MPa。

④ 根据锁模力必须大于模腔内熔体对动模的作用力的原则查表 2.5.2，选择 XS-Z-30 型柱塞式注射机，设备主要技术参数见表 2.5.6。

思考与练习

1. 塑料一般由哪些成分组成？各自起什么作用？
2. 常用塑料如何分类？
3. 塑料主要有哪些使用性能？
4. 什么是塑料的收缩性？影响制件收缩性的因素有哪些？
5. 热塑性塑料、热固性塑料的成型工艺性各自包括哪些？
6. 注射成型工艺过程包括哪些阶段？
7. 试指出塑料注射成型的工艺特点。
8. 简述管材挤出成型的工艺原理。
9. 制件的退火处理有何作用？
10. 影响塑件尺寸精度的因素有哪些？
11. 什么是塑件的脱模斜度？脱模斜度选取应遵循哪些原则？
12. 什么是嵌件？嵌件设计时应注意哪些问题？
13. 绘出通孔成型三种形式的结构简图。
14. 为什么设计塑件时壁厚应尽量均匀？
15. 注射成型需要控制的温度主要有哪些？
16. 注射成型过程中的压力主要包括哪些？
17. 注射成型过程中的时间（成型周期）包括哪几部分？
18. 注射成型制件常见的缺陷有哪些？
19. 通用注射机由哪些部分组成？
20. 注射模具是否与所使用注射机相互适应，应该从哪几个方面进行校核？
21. 注射机的规格表示方法有几种？
22. 试指出型号"XS-ZY-125"、"XS-Z-60"的含义？
23. 试指出型号"SZ-200/1000"的含义？
24. 试分析如图 2.5.17 所示电流线圈架制件所选用材料增强聚丙烯（GRPP）的使用性能和成型工艺性能（GRPP 性能查相关塑料材料手册或模具设计手册）；确定电流线圈架塑件的注射成型工艺参数并分析说明电流线圈架制件（大批量生产）成型工艺过程。

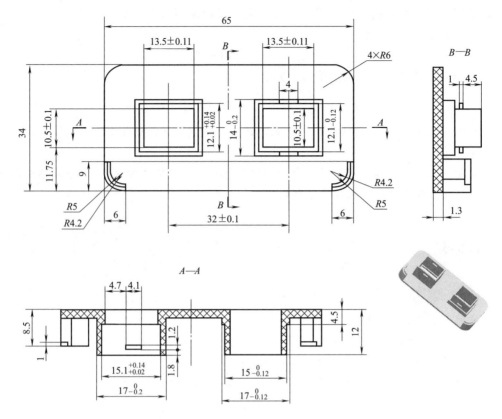

技术要求:

1. 倾角处允许 $R_{max}=0.5$ mm。
2. $A—A$ 视图中尺寸为 "4.1"、"1.2" 处为两个通孔。
3. 零件表面不得有毛刺。
4. 内部不得有导电杂质。
5. 材料: 增强聚丙烯。

图 2.5.17 电流线圈架零件图

项目 3
设计注射模

➢ **能力目标**
（1）能独立设计简单结构的注射模
（2）分析典型塑料注射模具的动作原理
（3）合理选择注射成型设备

➢ **知识目标**
（1）掌握注射模具八大部分的基本设计理论
（2）熟悉典型塑料注射模具动作原理
（3）了解注射机的分类、工作原理及技术参数

➢ **素质目标**
（1）能设计简单结构的注射模
（2）会校核注射模和注射机的匹配关系

任务 1　注射模具结构及选用标准模架

➢ **专项能力目标**
（1）分析典型注射模具的基本动作原理
（2）合理选择注射模架

➢ **专项知识目标**
（1）掌握典型注射模具的基本结构、组成和特点
（2）熟悉注射模具基本结构零部件的功能
（3）掌握典型注射模具的动作原理
（4）理解模架的分类和各类标准模架的应用范围

➢ **学时设计**
4 学时

1.1　任务引入

注射成型必须依赖于注射模和注射机才能够实现，注射成型在生产实践中应用广泛，注射模的应用种类繁多。

在注射模具的基本组成中，模架已经标准化，设计时只需选择出合适的模架即可。

本任务以电池盒盖为载体，训练学生合理选择标准模架，熟悉塑料注射成型模具种类和典型塑料注射成型模具的结构特点。

1.2 知识链接

1.2.1 注射模具的分类及组成

1.2.1.1 注射模具的分类

注射成型生产中所用的模具称为注射模具,简称注射模。注射模有很多种分类方法,通常可按以下几种方式进行分类。

(1) 按成型的塑料材料的性质,可分为热塑性塑料注射模具和热固性塑料注射模具。

(2) 按所用注射机的类型,可分为立式注射机用注射模具、卧式注射机用注射模具、角式注射机用注射模具。

(3) 按注射模具结构特征,可分为单分型面注射模具、双分型面注射模具、侧向分型与抽芯注射模具、带有活动镶件的注射模具、定模设置推出机构的注射模具、自动卸螺纹注射模具和热流道注射模具等。

(4) 按浇注系统的形式,可分为普通浇注系统注射模具、热流道浇注系统注射模具。

(5) 按成型技术,可分为精密注射模具、气辅成型注射模具、双色注射模具、低发泡注射模具等。

1.2.1.2 注射模具的组成

注射模具的种类繁多,其结构是由注射机的形式和塑件的复杂程度等决定的。但无论其复杂程度如何,注射模均由动、定模两大部分构成。其中定模部分安装在注射机的固定模板上,动模部分安装在注射机的移动模板上,由注射机的合模系统带动动模部分运动,完成动、定模的开合及塑件的推出。

按模具上各个部分所起的作用,可将注射模分为以下几个部分(图 3.1.1)。

(1) 成型零部件 成型零部件是指组成模具型腔,直接与塑料熔体接触,成型塑件的零部件。通常由型芯、凹模、镶件等组成。凸模(型芯)形成塑件的内表面形状,凹模(型腔)形成塑件的外表面形状。合模后凸模和凹模便构成了模具的模腔。在图 3.1.1 所示的模具中,模腔是由动模板 1、定模板 2、凸模 7 等组成的。

(2) 浇注系统 浇注系统是熔融塑料在压力作用下充填模具型腔的流道。浇注系统由主流道、分流道、浇口及冷料穴等组成,它对塑料熔体在模内的流向和状态、排气溢流、模具的压力传递起着重要作用,直接影响塑件能否成型及塑件质量的好坏。

(3) 导向机构 为了确保动、定模之间的正确导向与定位,需要在动、定模部分采用导柱、导套(图 3.1.1 中的 8、9)或在动、定模部分设置互相吻合的内、外锥面导向。此外,大中型模具还要采用推出机构导向,推出机构的导向通常由推板导柱和推板导套(图 3.1.1 中的 16、17)所组成。

(4) 侧向分型与抽芯机构 当塑件上有侧向的凹凸形状或侧孔时,模具上就需要由侧向的凸模或成型块来成型。在模具分型或塑件被推出之前,必须先拔出侧向凸模(侧向型芯)或侧向成型块,然后才能顺利脱模。带动侧向型芯和侧向成型块抽出和复位的机构称为侧向抽芯机构,见图 3.1.3。

(5) 推出机构 推出机构是将成型后的塑件和浇注系统凝料从模具中推出的装置。一般情况下,推出机构由推杆、复位杆、推杆固定板、推板、主流道拉料杆及推板导柱和推板导套等组成。如图 3.1.1 中的推出机构由推板 13、推杆固定板 14、拉料杆 15、推板导柱 16、推板导套 17、推杆 18 和复位杆 19 组成。

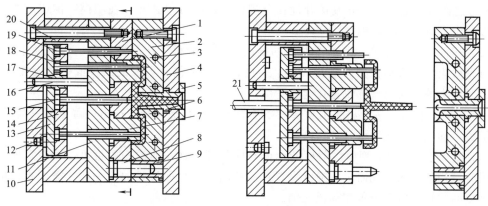

图 3.1.1 注射模的结构

1—动模板；2—定模板；3—冷却水道；4—定模座板；5—定位圈；6—浇口套；7—凸模（型芯）；8—导柱；9—导套；
10—动模座板；11—支承板；12—限位柱；13—推板；14—推杆固定板；15—拉料杆；16—推板导柱；
17—推板导套；18—推杆；19—复位杆；20—垫块；21—注射机顶杆

（6）温度调节系统　为了满足注射工艺对模具的温度要求，必须对模具的温度进行控制，所以模具常常设有冷却或加热的温度调节系统。模具需冷却时，常在模内开设冷却水道通冷水冷却（图 3.1.1 中的 3），需辅助加热时则通热水或热油或在模内或模具周围设置电加热元件加热。

（7）排气系统　排气系统是在注射过程中，为将型腔内的空气、浇注系统内的空气及塑料在成型过程中产生的挥发性气体排出去而开设的气流通道。通常是在分型面处开设排气槽，有的也可利用活动零件的间隙排气。

（8）支承零部件　用来安装固定或支承其他各部分结构的零部件，如图 3.1.1 中的定模座板 4、动模座板 10、支承块 11 和垫块 20 等。

支承零部件与导向机构组装构成注射模具的基本骨架，称为模架，模架已经标准化。

此外，对于一些大型深壳状塑料制品，脱模时制品内腔表面与型芯表面之间形成真空，制品难以脱模，需要设置引气装置。具体见任务 2 中引气系统设计。

1.2.2　注射模具结构

1.2.2.1　单分型面注射模

单分型面注射模是注射模中最简单的结构形式，又称二板式注射模，这种模具在动模板和定模板之间有一个分型面，根据结构需要，这种模具可以设计成单型腔模具，也可以设计成多型腔模具，典型结构如图 3.1.1 所示，其工作原理及过程如下。

单分型面注射模

开模时，动模后退，模具从分型面分开，塑件包紧在型芯上随动模部分一起向左移动而脱离凹模，同时，浇注系统凝料在拉料杆 15 的作用下，和塑料制件一起向左移动。移动一定距离后，当注射机的顶杆顶到推板 13 时，脱模机构开始动作，推杆 18 推动塑件从型芯上脱下来，浇注系统凝料同时被拉料杆 15 推出。然后人工将塑料制件及浇注系统凝料从分型面取出。闭模时，在导柱 8 和导套 9 的导向定位作用下，动、定模闭合。在闭合过程中，定模板 2 推动复位杆 19 使脱模机构复位。准备下一次注射。

这种模具是注射模中最基本的一种形式，对成型塑件的适应性很强，应用十分广泛。设计这类模具的注意事项如下。

(1) 选择分流道位置　分流道开设在分型面上，它可单独开设在动模一侧或定模一侧，也可以开设在分型面的两侧。

(2) 塑件的留模方式　由于注射机的推出机构一般设置在动模一侧，为了便于塑件推出，分型后应尽量将塑件留在动模一侧。为此，一般将包紧力大的凸模或型芯设在动模一侧，包紧力小的凸模或型芯设置在定模一侧。

(3) 设置拉料杆　为了将主流道浇注系统凝料从模具浇口套中拉出，避免下一次成型时堵塞流道，动模一侧必须设有拉料杆。

(4) 设置导柱　单分型面注射模的合模导柱既可设置在动模一侧也可设置在定模一侧，根据模具结构的具体情况而定，通常设置在型芯凸出分型面最长的那一侧。需要指出的是，标准模架的导柱一般都设置在动模一侧。

(5) 推杆的复位　推杆有多种复位方法，常用的机构有复位杆复位和弹簧复位两种形式。

总之，单分型面的注射模是一种最基本的注射模结构，根据具体塑件的实际要求，单分型面的注射模也可增添其他部件，如嵌件、螺纹型芯或活动型芯等，在这种基本形式的基础上可演变出其他各种复杂的结构。

1.2.2.2　双分型面注射模

双分型面注射模有两个分型面，如图 3.1.2 所示。$A—A$ 分型面是定模边的一个分型面，该分型面是为了取出浇注系统凝料；$B—B$ 分型面为动、定模之间的分型面，从该分型面取出塑件。与单分型面模具相比较，双分型面注射模在定模部分增加了一块可移动的中间板 12，所以也叫三板式注射模。此类模具常用于点浇口进料的单腔或多腔模具。

双分型面注射模工作原理和过程如下：合模及注射过程同单分型面模具一样。开模时，动模部分向后移动，由于弹簧 7 的作用，迫使中间板与动模一起后移，使模具首先在 $A—A$ 分型面处分型，主流道凝料随之从浇口套 10 中拉出；当限位销 6 后移一定距离后与定距拉板 8 左端接触，使中间板 12 停止移动，动模继续后移，$B—B$ 分型面开始分型，由于塑件包紧在型芯 9 上，浇注系统凝料就在浇口处被拉断，与塑件分离，然后在 $A—A$ 分型面自然脱落或人工取出；动模继续后移，当动模移动一定距离后，注射机的顶杆推动推板 16 时，推出机构开始工作，塑件由推件板 4 从型芯 9 上推出，塑件在 $B—B$ 分型面自行落下。

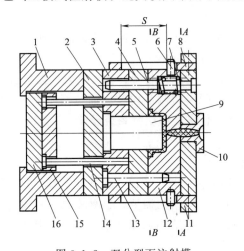

图 3.1.2　双分型面注射模
1—模脚；2—支承板；3—动模板（型芯固定板）；
4—推件板；5—导柱；6—限位销；7—弹簧；
8—定距拉板；9—型芯；10—浇口套；11—定模板；12—中间板；13—导柱；14—推杆；
15—推杆固定板；16—推板

双分型面注射模

双分型面注射模在定模部分必须设置顺序定距分型装置。图 3.1.2 所示的结构为弹簧分型拉板定距式，此外还有多种形式，其工作原理和过程均基本相同，所不同的是定距方式和实现 A—A 先分型的措施不一样。

由于双分型面注射模在开模过程中要进行两次分型，必须采取顺序定距分型机构，即定模部分先分开一定距离，然后主分型面分型。一般 A—A 分型面分型距离为

$$S=S'+(3\sim5)\text{mm}$$

式中　S——$A—A$ 分型面分型距离，mm；

　　　S'——浇注系统凝料在开模方向上的长度，mm。

双分型面注射模的结构复杂、制造成本较高，适用于点浇口形式浇注系统的注射模。

1.2.2.3　侧向分型与抽芯注射模

当塑件有侧孔、侧凸或侧凹时，模具上应设有侧向分型抽芯机构。斜导柱侧向分型与抽芯注射模是一种比较常用的侧向分型与抽芯结构形式，如图 3.1.3 所示。侧向分型与抽芯结构由挡块 5、螺母 6、弹簧 7、滑块拉杆 8、锁紧楔 9、斜导柱 10、侧型芯滑块 11 等组成。

斜导柱侧向分型与抽芯注射模的工作过程和原理：开模时，动模部分向后移动，在开模力的作用下，侧型芯滑块 11 随动模后退的同时，斜导柱驱动侧型芯滑块 11 在动模板 4 的导滑槽内向外侧移动，即实现侧抽芯，直至侧型芯滑块 11 与塑件完全脱开。抽芯动作完成时，侧型芯滑块 11 则由定位装置（螺母 6、弹簧 7、滑块拉杆 8）等限制在挡块 5 上，塑件则包紧在型芯 12 上随动模后移；当动模移动一定距离后，注射机的顶杆推到推板 20 时，推出机构开始工作，塑件则会被推出。闭模时，斜导柱驱动侧型芯滑块 11 向内侧移动，合模结束，侧型芯则完全复位，最后锁紧楔 9 将其锁紧。

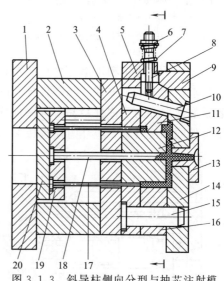

图 3.1.3　斜导柱侧向分型与抽芯注射模

1—动模座板；2—垫块；3—支承板；4,16—动模板；
5—挡块；6—螺母；7—弹簧；8—滑块拉杆；9—锁紧楔；
10—斜导柱；11—侧型芯滑块；12—型芯；13—浇口套；
14—定模板；15—导柱；17—推杆；18—拉料杆；
19—推杆固定板；20—推板

斜导柱侧向分型与抽芯机构注射模根据斜导柱与滑块的组合形式不同可以有以下 4 种形式：斜导柱安装在定模，滑块设置在动模；斜导柱安装在动模，滑块设置在定模；斜导柱与滑块同时安装在动模；斜导柱与滑块同时安装在定模。

斜导柱侧向分型与抽芯机构注射模的特点是结构紧凑，抽芯动作安全可靠，加工制造方便，因而广泛使用在需侧向抽芯的注射模中。

1.2.2.4　带有活动镶块和嵌件的注射模

由于塑件上的某些特殊结构要求，注射模需设置可活动的成型零部件，如活动凸模、活动凹模、活动镶块、活动螺纹型芯或型环等，这些成型零部件称为活动镶块，镶块是构成模具的零件。

如图 3.1.4 所示，塑件内侧的凸台，采用活动镶块 3 成型。开模时，塑件与流道凝料同时留在活动镶块 3 上，随动模一起向后移动，当动模和定模分开到一定距离后，由推出机构的推杆 9 将活动镶块 3 随同塑件一起推出模外，然

活动镶块

后在模外由人工或其他装置将塑件与镶块分离。这种模具要求推杆 9 完成推出动作后能先复位，为此在推杆上安装了弹簧，以便在合模前将活动镶块重新装入动模，进行下一次注射成型，型芯座 4 上的锥孔保证了镶块定位的准确、可靠。这类模具的生产效率不高，常用于小批量或试生产。

在塑料制品内嵌入的其他零件，形成不可卸的连接，称为嵌件。塑件中嵌入嵌件是为了增强塑料制品局部的强度、硬度、耐磨性、导电性、导磁性，增加制品的尺寸和形状的稳定性，提高精度，或是为了降低塑料的消耗以及满足其他各种要求。嵌件的材料有金属、玻璃、木材和已成型的塑料等。

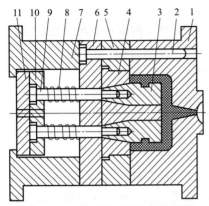

图 3.1.4 带有活动镶块的注射模
1—定模座板（兼凹模）；2—导柱；3—活动镶块；
4—型芯座；5—动模板；6—支承板；7—模脚；
8—弹簧；9—推杆；10—推杆固定板；11—推板

图 3.1.5 所示为带粉末冶金嵌件的塑料齿轮注射模。为了嵌件的准确定位，以保证塑件同轴度要求，粉末冶金嵌件 5 与嵌件杆 6 的配合精度要求较高。为了使塑件被推管 7 推出型腔后容易取出，并为了嵌件容易套入嵌件杆，嵌件与嵌件杆末端的配合间隙应大些。同时为了保证塑件同轴度要求，应注意定模板 2、动模板 17 等零件上相关型孔的位置精度要求。

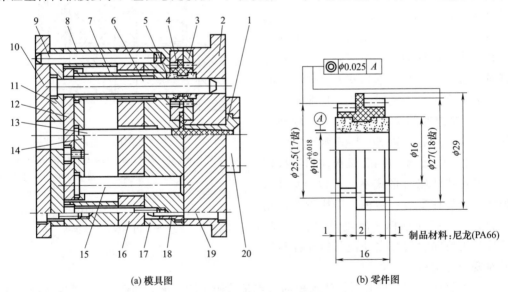

(a) 模具图　　　　　(b) 零件图

图 3.1.5 带粉末冶金嵌件的塑料齿轮注射模
1—主流道衬套；2—定模板；3,4—型腔镶件；5—粉末冶金嵌件；6—嵌件杆；7—推管；8—垫块；9—圆柱销；
10—动模座板；11—固定板；12—推板；13—拉料杆；14—推杆固定板；15—复位杆；16—支承板；
17—动模板；18—导套；19—导柱；20—定位圈

另外需要指出的是，嵌件是塑件的一部分，附加给塑件一些特殊的功能。活动镶块是构成模具成型零件的一部分，为简化模具结构而设计。二者在成型前都要装入模具，成型后连同塑件一起推出模外。脱模后镶块必须与塑件分离重新装入模具，嵌件是塑件的一部分，留在塑件中。

当模具上带有活动镶块或制品上带有嵌件时，为了保证活动镶块和嵌件在注射成型过程中不发生位移，在设计这类模具时，应认真考虑活动镶块和嵌件的固定与定位问题。

1.2.2.5　角式注射机用注射模

角式注射机用注射模是一种特殊形式的注射模，又称直角式注射模。这类模具的结构特点是主流道、分流道开设在分型面上，而且主流道截面的形状一般为圆形或扁圆形，注射方向与合模方向垂直，特别适合于一模多腔、塑件尺寸较小的注射模具，模具结构如图 3.1.6 所示。开模时塑件包紧在型芯 10 上，与主流道凝料一起留在动模一侧，并向后移动，经过一定距离以后推出机构开始工作，推件板 11 将塑件和浇注系统凝料从模内推出。为防止注射机喷嘴与主流道端部的磨损和变形，主流道的端部一般镶有镶块 7，镶块常淬硬。

1.2.2.6　自动卸螺纹的注射模

对于成型带内、外螺纹塑件的注射模，可以把螺纹型芯和型环设计成活动镶件，也可以采用在模具上设计自动卸螺纹结构，此时应将螺纹型芯和螺纹型环设置成可转动的零件，利用注射机的往复运动或旋转运动，使专门的原动机件（如电动机、液压电动机等）的传动装置与模具连接，开模后带动螺纹型芯或螺纹型环转动，使制品脱出。

直角式自动脱螺纹注射模

图 3.1.7 所示为直角式注射机上使用的自动卸螺纹注射模。螺纹型芯的旋转由注射机开合模的丝杠带动，使模具与制品分离。为了防止螺纹型芯与制品一起旋转，一般要求制品外形具有防转结构。图 3.1.7 是利用制品顶面的凸出图案来防止制品随螺纹型芯转动，以便制品与螺纹型芯分开。开模时，在分型面 $A-A$ 分开的同时，螺纹型芯 7 由注射机开合模的丝杠带动而旋转，从而拧出制品，此时制品暂时还留在型腔内不动。当螺纹型芯在制品内尚有一个螺距时，定距螺钉 4 使分型面 $B-B$ 分开，制品即被带出型腔，继续开模（开合模丝杠继续旋转），制品全部脱离螺纹型芯和型腔。

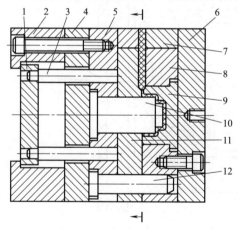
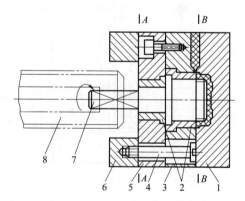

图 3.1.6　角式注射机用注射模
1—推板；2—垫块；3—推杆；4—支承板；5—型芯固定板；6—定模座板；7—镶块；8—定模板；9—凹模；10—型芯；11—推件板；12—导柱

图 3.1.7　直角式注射机上使用的自动卸螺纹注射模
1—定模座板；2—衬套；3—动模板；4—定距螺钉；5—支承板；6—垫块；7—螺纹型芯；8—注射机合模

1.2.2.7　定模设置推出机构的注射模

推出机构通常设置在动模一侧，故模具开模后，要求塑件留在动模一侧，但有时因制品的特殊要求或受制品形状的限制，开模后制品将留在定模上（或有可能留在定模上），则应

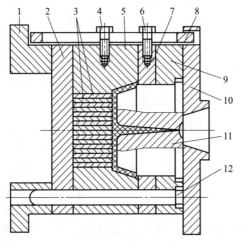

定模设置推出机构的注射模

图 3.1.8 定模一侧设推出机构的注射模
1—模脚；2—支承板；3—成型镶块；4,6—螺钉；
5—动模板；7—推件板；8—拉板；9—定模板；
10—定模座板；11—型芯；12—导柱

在定模一侧设置推出机构，一般采用拉板或拉杆形式。如图 3.1.8 所示，制品为塑料衣刷，其形状特殊，开模后制品留在定模上。在定模一侧设置推件板 7，开模时由设在动模一侧的拉板 8 带动推件板 7，将制品从型芯 11 上强制脱下。

1.2.2.8 热流道注射模

热流道注射模通过加热或绝热的方式，让流道里的塑料始终处于一种熔融状态，在每次注射成型后，只需取出制品，而流道的料不取出，实现了无废料加工，大大节约了塑料用量，并且有利于成型压力的传递，保证产品质量，缩短成型周期，提高了劳动生产率，同时容易实现自动化操作。图 3.1.9 所示为热流道注射模，塑料从注射机喷嘴 21 进入模具后，在流道中被加热保温，使其仍保持熔融状态，每一次注射完毕，只有型腔内的塑件冷凝成型，取出塑件后又可继续注射。这种模具结构较复杂，造价高，模温控制要求严格，仅适用于大批量生产的场合。

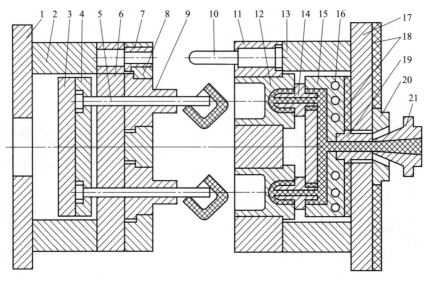

图 3.1.9 热流道注射模
1—动模座板；2,13—垫块；3—推板；4—推杆固定板；5—推杆；6—支承板；7—导套；8—动模板；
9—凸模；10—导柱；11—定模板；12—凹模；14—喷嘴；15—热流道板；16—加热器孔道；
17—定模座板；18—绝热层；19—浇口套；20—定位圈；21—注射机喷嘴

1.2.3 选用标准模架

为了提高模具质量，缩短模具制造周期，组织专业化生产，我国于 1988 年完成了《塑料注射模中小型模架》和《塑料注射模大型模架》等国家标准的制定，后经多次修正、完善，并由国家技术监督局审批、发布实施。在设计时，只需根据塑料零件的结构、尺寸及使用情况进行选用即可。选择标准模架，可以简化模具的设计与制造，大大节约模具制造时间和费用，同时可以提高模具中易损零件的互换性，便于模具的维修，而且能在标准模架的基础上实现模具制图的标准化、模具结构的标准化以及工艺规范的标准化。

需要指出的是，模具的标准化在不同的国家和地区存在一些差别，主要是在品种和名称上有区别，但模架的结构基本上是一样的。

1.2.3.1 模架标准

我国塑料注射模架的国家标准有两个，即《塑料注射模中小型模架及技术条件》（GB/T 12556—2006）和《塑料注射模大型模架及技术条件》（GB/T 12555—2006）。

模架与镶件

（1）中小型模架标准（GB/T 12556—2006） 国家标准中规定，中小型模架的模板周界尺寸范围为不超过 560mm×900mm。按照结构特征分为基本型 4 种和派生型 9 种，以定、动模座板有肩或无肩划分，共 26 各模架品种。这些模具规格基本上覆盖了注射容量为 $10\sim4000cm^3$ 注射机用的各种中小型热塑性和热固性塑料注射模具。

① 基本型。基本型有 A1、A2、A3、A4 共 4 个品种，如图 3.1.10 所示。基本型是以直浇口为主的模架，其功能及通用性强，是标准模架中具有代表性的结构。基本型模架的组成、功能及用途见表 3.1.1。

② 派生型。派生型分为 P1～P9 共 9 个品种，如图 3.1.11 所示，派生型模架以点浇口、多分型面为主，适用于多动作的复杂注射模。派生型模架的组成、功能及用途见表 3.1.2。

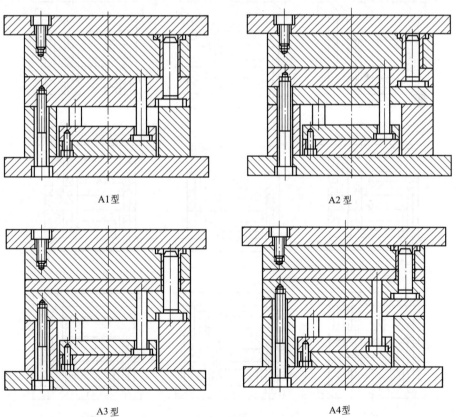

图 3.1.10 基本型中小型注射模架示意图

表 3.1.1 基本型模架的组成、功能及用途

型 号	组成、功能及用途
中小型模架 A1 型（大型模架 A 型）	定模采用两块模板，动模采用一块模板，无支承板，用推杆推出制件的机构组成模架。适用于立式与卧式注射机，分型面一般设在合模面上，可设计成多型腔注射模具
中小型模架 A2 型（大型模架 B 型）	定模和动模均采用两块模板，有支承板，用推杆推出制件的机构组成模架。适用于立式与卧式注射机，用于直浇道，采用斜导柱侧向抽芯、单型腔成型，其分型面可在合模面上，也可设置斜滑块垂直分型脱模式机构的注射模
中小型模架 A3、A4 型（大型模架 P1、P2 型）	A3 型(P4 型)的定模采用两块模板，动模采用一块模板，它们之间设置一块推件板连接推出机构，用以推出制件，无支承板 A4 型(P2 型)的定模和动模均采用两块模板，它们之间设置一块推件板连接推出机构，用以推出制件，有支承板 A3、A4 型均适用于立式与卧式注射机，脱模力大，适用于薄壁壳体类制件，以及表面不允许留有顶出痕迹的制件

注：根据使用要求选用导向零件及其安装形式。

表 3.1.2 派生型模架的组成、功能及用途

型 号	组成、功能及用途
中小型模架 P1～P4 型（大型模架 P3、P4 型）	P1～P4 型由基本型 A1～A4 型对应派生而成，结构形式上的不同点在于去掉了 A1～A4 型定模板上的固定螺钉，使定模部分增加了一个分型面，多用于点浇口形式的注射模。其功能和用途符合 A1～A4 型的要求
中小型模架 P5 型	由两块模板组合而成，主要适用于直接浇口、简单整体型腔结构的注射模
中小型模架 P6～P9 型	其中 P6 与 P7，P8 与 P9 是互相对应的结构，P7 和 P9 相对于 P6 和 P8 只是去掉了定模座板上的固定螺钉。这些模架均适用于复杂结构的注射模，如定距分型自动脱落浇口式注射模等

注：派生型 P1～P4 型模架组合尺寸系列和组合要素均与基本型相同。

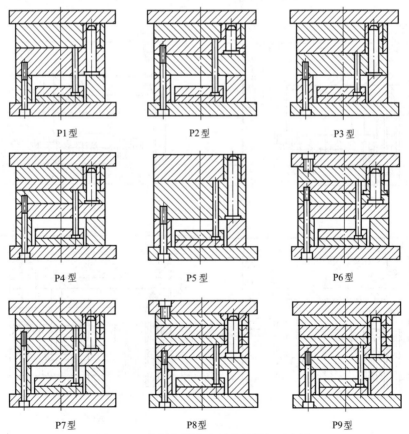

图 3.1.11　派生型中小型注射模架示意图

（2）大型模架标准（GB/T 12555—2006） 国家标准中规定，大型模架的周界尺寸范围为（630mm×630mm）～（1250mm×2000mm），适用于大型热塑性塑料注射模。模架品种有：由 A 型、B 型组成的基本型（图 3.1.12）和由 P1～P4 组成的派生型（图 3.1.13），共 6 个品种。A 型同中小型模架中的 A1 型，B 型同中小型模架中的 A2 型。大型模架的组成、功能及用途见表 3.1.1 和表 3.1.2。

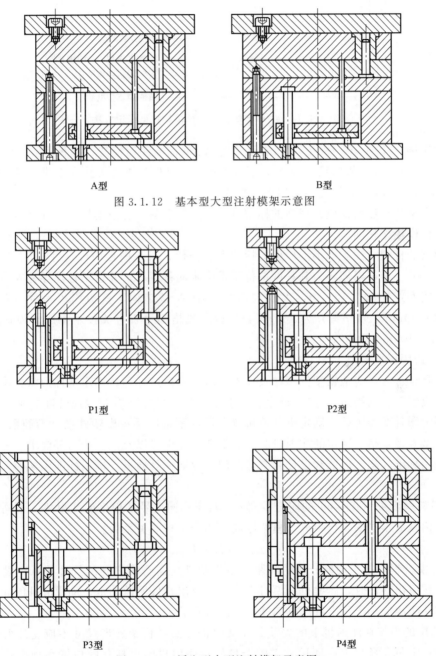

A型　　　　　　　　　　　　　　　B型

图 3.1.12　基本型大型注射模架示意图

P1型　　　　　　　　　　　　　　　P2型

P3型　　　　　　　　　　　　　　　P4型

图 3.1.13　派生型大型注射模架示意图

1.2.3.2　模架的标记方法

由于模架已经标准化，在设计注射模时，只需根据塑料零件的结构、尺寸及使用情况进行选用，标记出模架规格代号即可。

（1）中小型塑料注射模模架规格的标记方法　中小型塑料注射模模架规格的标记方法如图 3.1.14 所示。其中导柱安装形式用代号"Z"和"F"来表示，"Z"表示正装形式，即导柱安装在动模，导套安装在定模；"F"表示反装形式，即导柱安装在定模，导套安装在动模。

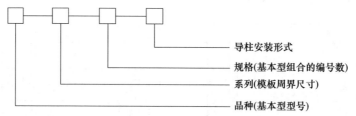

图 3.1.14　中小型塑料注射模模架规格标记方法

标注实例：A2-100　160-03-Z，表示采用 A2 型标准注射模架，模板周界尺寸（$B×L$）为 100mm×160mm，规格编号为 03，可查表得（规格编号查有关技术手册）模板厚度分别为 12.5mm，20mm，导柱安装采用正装形式。

（2）大型塑料注射模模架规格的标记方法　大型塑料注射模模架的尺寸组合原则与中小型塑料注射模模架相同。

其规格的标记方法和中小型模架的标记方法类似，只是模板周界尺寸（$B×L$）表示时少写一个"0"，也可以理解为其长度单位不是毫米而是厘米，并且不标注导柱安装方式。

标注实例：A-80　125-26，表示采用基本型 A 型结构，模板周界尺寸（$B×L$）为 800mm×1250mm，规格编号为 26，可查表得（规格编号查有关技术手册）模板厚度分别为 160mm，100mm。

1.2.3.3　选用标准模架

在模具设计时，应根据塑件图样及技术要求，分析、计算、确定塑件形状类型、尺寸范围（型腔投影面积的周边尺寸）、壁厚、孔形及孔位、尺寸精度及表面性能要求和材料性能等，以制定塑件成型工艺，确定进料口位置、塑件重量以及每模塑件数（型腔数），并选定注射机的型号及规格。选定的注射机必须满足塑件注射量以及成型压力等要求。另外，还必须正确选用标准模架，以节约设计和制造时间，保证模具质量。选用标准模架的程序及要点如下。

① 模架厚度 H 和注射机的闭合距离 L。对于不同型号及规格的注射机，不同结构形式的锁模机构具有不同的闭合距离。模架厚度与闭合距离的关系为：

$$L_{\min} \leqslant H \leqslant L_{\max}$$

② 开模行程与定、动模分开的间距与顶出塑件所需行程之间的尺寸关系。设计时需计算确定，在取出塑件时，注射机开模行程应大于取出塑件所需的定、动模分开的间距，而模具顶出塑件距离应小于顶出液压缸的额定顶出行程。

③ 选用的模架在注射机上的安装。安装时需注意：模架外形尺寸不应受注射机拉杆间距的影响；定位孔径与定位环尺寸需配合良好；注射机定出杆孔的位置和顶出行程是否合适；喷嘴孔径和球面半径是否与模具的浇口套孔径和凹球面尺寸相配合；模架安装孔的位置和孔径与注射机的移动模板、固定模板上的相应螺孔相配。

④ 选用模架应符合塑件及其成型工艺的技术要求。为保证塑件质量和模具的使用性能

及可靠性，需对模架组合零件的力学性能，特别是其强度和刚度进行准确校核与计算，以确定动、定模板及支承板的长、宽、厚度尺寸，从而正确地选定模架的规格。

模架选择步骤如下。

(1) 确定模架组合形式　根据制件成型所需要的结构来确定模架的组合形式。

(2) 确定型腔侧壁厚度和支承板厚度　确定模板的壁厚的方法有：理论计算法、根据经验公式（表 3.1.3）或经验数据来计算或确定。支承板或型腔底板厚度可查表 3.1.4 来确定。

表 3.1.3　型腔侧壁厚度 S 的经验数据

型腔压力/MPa	型腔侧壁厚度 S/mm
<29（压缩）	$0.14l+12$
<49（压缩）	$0.16l+15$
<49（注射）	$0.20l+17$

注：型腔为整体，$l>100$mm 时，表中值需乘以 0.85～0.90。

表 3.1.4　支承板或型腔底板厚度 h 的经验数据　　　　mm

B	h		
	$b≈L$	$b≈1.5L$	$b≈2L$
<102	$(0.12～0.13)b$	$(0.1～0.11)b$	$0.08b$
102～300	$(0.13～0.15)b$	$(0.11～0.12)b$	$(0.08～0.09)b$
300～500	$(0.15～0.17)b$	$(0.12～0.13)b$	$(0.09～0.1)b$

注：当压力 $p>49$MPa、$L≥1.5b$ 时，取表中数值乘以 1.25～1.35；当压力 $p<49$MPa、$L≥1.5b$ 时，表中数值乘以 1.5～1.6。

(3) 计算型腔模板周界尺寸　如图 3.1.15 所示，整体式模板尺寸可按以下公式计算。

型腔模板的长度：　$L=S'+A+t+A+S'$

型腔模板的宽度：　$N=S+B+t+B+S$

式中　L——型腔模板长度；
　　　N——型腔模板宽度；
　　　A——型腔长度；
　　　B——型腔宽度；
S'，S——模板长度、宽度方向侧壁厚度；
　　　t——型腔间壁厚，一般取壁厚 S 尺寸的 1/3 或 1/4。

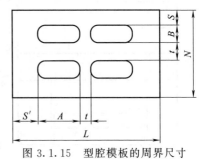

图 3.1.15　型腔模板的周界尺寸

(4) 确定模板周界尺寸　由 (3) 计算出的模板周界尺寸不太可能与标准模板的尺寸相等，所以必须将计算出的数据向标准尺寸"靠拢"，一般向较大值修整。另外，在修整时需考虑到在模板长、宽位置上应有足够的空间安装其他零件，如果不够的话，需要增加模板长度和宽度尺寸。

(5) 确定模板厚度 根据型腔深度得到模板厚度，并按照标准尺寸进行修整。

(6) 选择模架尺寸 根据确定下来的模具周界尺寸，配合模板所需要厚度，查标准选择模架。

(7) 检验所选模架 对所选模架还需检查模架与注塑机之间的关系，如闭合高度、开模空间等，如不合适，则需重新选择。

1.2.4 设计模架结构零部件

1.2.4.1 模架的主要零件组成

模架是注射模的骨架和基体，它将模具的各个部分有机地联系为一个整体。注射模的模架通常由两大部分组成，导向机构和支承零部件，具体通常包括定模座板、定模板、动模板、推板、垫板、动模座板及导柱、导套等零件，如图3.1.16所示。塑料模的模架零件起安装、导向、固定和支承作用。

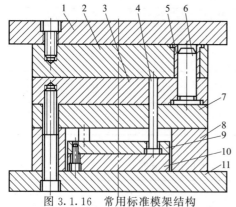

图 3.1.16 常用标准模架结构
1—定模座板；2—定模板；3—动模板；4—推杆；
5—导套；6—导柱；7—垫板；8—垫块；9—推杆固定板；10—推板；11—动模座板

1.2.4.2 设计支承零部件

注射模具的支承零部件是用来安装、固定和支承其他零件的，典型注射模支承零部件组成如图3.1.17所示。

(1) 动模座板和定模座板 注射模上与成型设备连接的模板称为座板，又称底板或模座。为保证注射机喷嘴中心与注射模浇口套中心重合，注射模定模座板上的定位圈与注射机定模板的定位孔有配合要求。定模座板、动模座板在注射机上安装时要可靠，常用螺栓或压板紧固，如图3.1.18所示。

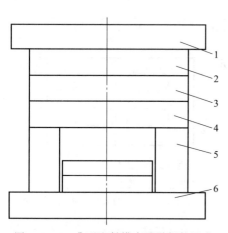

图 3.1.17 典型注射模支承零部件组成
1—定模座板；2—定模板；3—动模板；
4—垫板；5—垫块；6—动模座板

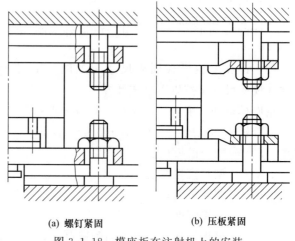

(a) 螺钉紧固　　(b) 压板紧固

图 3.1.18 模座板在注射机上的安装

注射模的动模座板和定模座板尺寸可参照GB/T 4169.8—2006中A型选用。

(2) 动模板和定模板 动模板和定模板在注射模中的作用是安装和固定成型零部件、导柱、导套等，所以又称动模固定板和定模固定板。动模板和定模板与型芯或凹模的基本连接方式如图 3.1.19 所示。为了保证凹模、型芯等零件固定稳固，动模板和定模板应有足够的厚度。

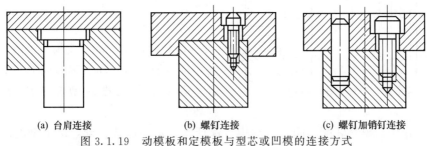

(a) 台肩连接　　　(b) 螺钉连接　　　(c) 螺钉加销钉连接

图 3.1.19　动模板和定模板与型芯或凹模的连接方式

动模板和定模板的尺寸可参照标准 GB/T 4169.8—2006 中 B 型选用。

(3) 支承板　支承板又称垫板，常垫在固定板的背面。它的作用是防止凸模（型芯）、凹模、导柱或导套等零件脱出，增强这些零件的稳固性并承受型芯和凹模等传递来的成型压力。支承板与固定板的连接方式如图 3.1.20 所示。

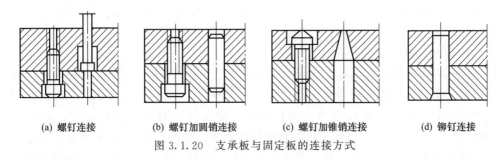

(a) 螺钉连接　　(b) 螺钉加圆销连接　　(c) 螺钉加锥销连接　　(d) 铆钉连接

图 3.1.20　支承板与固定板的连接方式

支承板应具有足够的强度和刚度，以承受成型压力而不过量变形，它的强度和刚度计算方法与型腔底板的计算方法相似。

支承板的尺寸可参照标准 GB/T 4169.8—2006 选用。

(4) 支承块　支承块又称垫块。它的作用是使动模支承板与动模座板之间形成推出机构运动的空间，或调节模具总高度以适应成型设备上模具安装空间对模具总高度的要求。

支承块与支承板和座板的组装常用销钉定位、螺钉连接。所有支承块的高度应一致，否则会由于动、定模轴线不重合造成导柱、导套局部过度磨损。

支承块的尺寸可参照标准 GB/T 4169.6—2006 选用。

另外，对于大型模具，为了增强动模的刚度，可在动模支承板和动模座板之间采用支承柱，如图 3.1.21 所示。这种支承柱起辅助支承作用。如果推出机构设有导向装置，则导柱也能起到辅助支承作用。

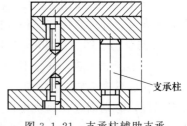

图 3.1.21　支承柱辅助支承

支承柱的尺寸可参照有关标准 GB/T 4169.6—2006 选用。

1.2.4.3　设计导向机构

导向机构主要有导柱导向和锥面定位两种形式，导向机构是保证动、定模或上、下模合模时，正确定位和导向的零件。导柱导向机构定位精度不高，不能承受大的侧压力；锥面定

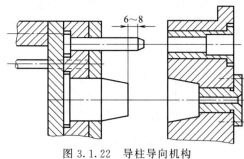

图 3.1.22　导柱导向机构

位机构定位精度高，能承受大的侧压力，但导向作用不大。通常采用的是导柱导向形式，如图 3.1.22 所示。导柱导向的主要零件是导柱和导套。

(1) 作用

① 导向作用。动、定模合模时，首先是导向零件接触，引导动、定模或上、下模准确闭合，避免型芯先进入型腔造成成型零件的损坏。

② 定位作用。模具装配和闭合过程中，保证动、定模位置正确，保证型腔的形状和尺寸精度。

③ 承受一定的侧向压力。塑料熔体在充型过程中可能产生单向侧向压力或受成型设备精度低的影响，工作过程中导柱将承受一定的侧向压力。当侧向压力很大时，不能仅靠导柱来承担，还需增设锥面定位机构。

(2) 设计导柱　导柱的结构形式随模具结构大小及塑料制件生产批量的不同而不同。塑料注射模常用的标准导柱有带头导柱、单端固定有肩导柱和双端固定有肩导柱，如图 3.1.23 所示。

导柱的设计一般应注意以下问题。

① 根据模具的形状和大小，一副模具一般需要 2～4 个导柱。对于小型模具，无论是圆形或矩形的，通常只用两个直径相同且对称分布的导柱，如图 3.1.24 (a)、图 3.1.24 (d) 所示。如果模具的凸模与型腔合模有方位要求，则用两个直径不同的导柱，如图 3.1.24 (b)、图 3.1.24 (e) 所示；也可采用不对称导柱形式，如图 3.1.24 (c) 所示。对于大中型模具，为了简化加工工艺，可采用 3 个或 4 个直径相同的导柱，分布位置不对称或导柱位置对称，但中心距不同，如图 3.1.24 (f) 所示。

② 导向零件应合理地均匀分布在模具的周围或靠近边缘的部位，其中心至模具边缘应有足够的距离，以保证模具的强度，防止压入导柱和导套时发生变形。

③ 导柱的前端部应制成锥台形或半球形的先导部分，锥角为 20°～30°，以引导导柱顺利地进入导向孔，如图 3.1.22 所示。

④ 导柱应具有坚硬耐磨的表面，坚韧而不易折断的内芯。可采用 T8A 淬火，硬度 52～56HRC，或 20 钢渗碳淬火，渗碳层深 0.5～0.8mm，硬度 56～60HRC。

⑤ 导柱与导套的配合形式有多种，如图 3.1.25 所示。在小批量生产时，带头导柱通常不需要导套，导柱直接与模板导向孔配合，如图 3.1.25 (a) 所示，也可以与导套配合，如图 3.1.25 (b)、图 3.1.25 (c) 所示。带头导柱一般用于简单模具。有肩导柱一般与导套配合使用，如图 3.1.25 (d)、图 3.1.25 (e) 所示，导套外径与导柱固定端直径相等，便于导柱固定孔和导套固定孔的加工。如果导柱固定板较薄，可采用双端固定有肩导柱，其固定部分有两段，分别固定在两块模板上，如图 3.1.25 (f) 所示。有肩导柱一般用于大型或精度要求高、生产批量大的模具。根据需要，导柱的导滑部分可以加工出油槽。导柱和模板固定孔之间的配合通常为 H7/k6，导柱和导向孔之间的配合通常为 H7/f7。

(3) 设计导套　注射模常用的标准导套有直导套 (GB/T 4169.2—2006) 和带头导套 (GB/T 4169.3—2006) 两大类，如图 3.1.26 所示。直导套的固定方式如图 3.1.27 所示，

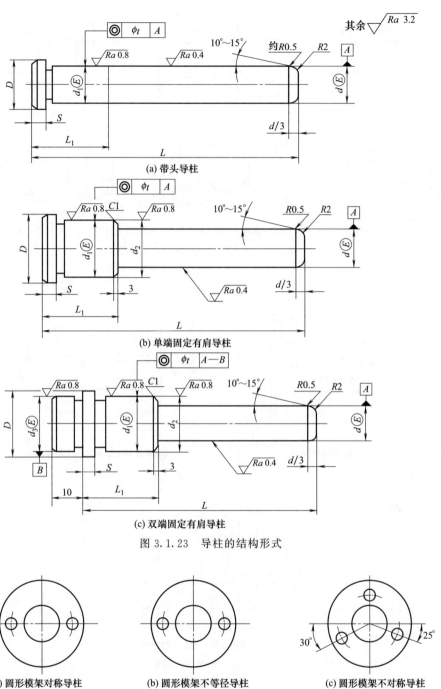

(a) 带头导柱

(b) 单端固定有肩导柱

(c) 双端固定有肩导柱

图 3.1.23 导柱的结构形式

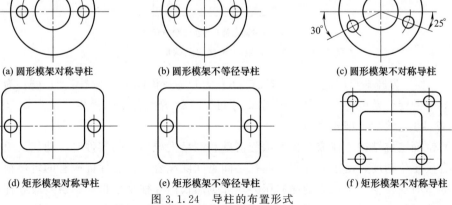

(a) 圆形模架对称导柱　(b) 圆形模架不等径导柱　(c) 圆形模架不对称导柱

(d) 矩形模架对称导柱　(e) 矩形模架不等径导柱　(f) 矩形模架不对称导柱

图 3.1.24 导柱的布置形式

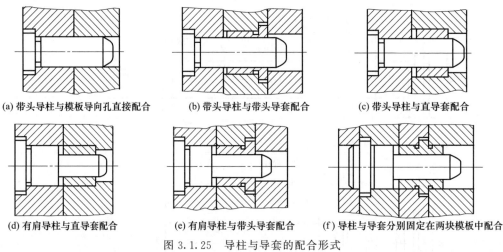

图 3.1.25　导柱与导套的配合形式

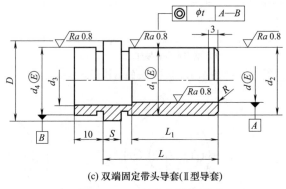

图 3.1.26　导套的结构形式

图 3.1.27（a）为开缺口固定，图 3.1.27（b）为开环形槽固定，图 3.1.27（c）为侧面开孔固定。导套的配合精度为：直导套通常采用 H7/r6 过盈配合镶入模板，带头导套采用 H7/m6 或 H7/k6 过渡配合镶入模板。

（4）锥面定位结构　在成型大型深腔薄壁和高精度或偏心的塑件时，动、定模之间应有较高的合模定位精度，由于导柱与导向孔之间是间隙配合，无法保证应有的定位精度。另外在注射成型时往往会产生很大的侧向压力，如仍然仅由导柱来承担，容易造成导柱的弯曲变形，甚至使导柱卡死或损坏，因此还应增设锥面定位机构，如图 3.1.28 所示。

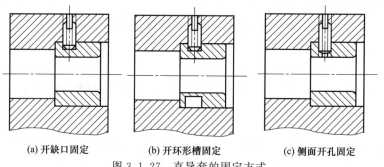

(a) 开缺口固定　　　(b) 开环形槽固定　　　(c) 侧面开孔固定

图 3.1.27　直导套的固定方式

斜面镶条定位形式

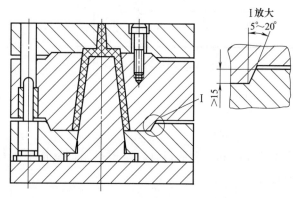

图 3.1.28　锥面定位机构

锥面定位形式 1

锥面定位形式 2

1.3　任务实施

1.3.1　选择电池盒盖模架

1.3.1.1　确定模架组合形式

根据前面分析，电池盒盖塑件为薄壳类塑件，一模两腔，采用侧浇口，因此可以选用图 3.1.10 中 A1～A4 单分型面模架，考虑到企业现有大量数控加工设备，采用镶件型芯，镶件型芯底部需要支承板，查表 3.1.1 可知 A2 模架可以满足要求。

由表 3.1.1 可知，A2 模架具有以下结构特征：定模和动模均采用两块模板，有支承板；适用于立式与卧式注射机，用于直浇道，可采用斜导柱侧向抽芯成型，其分型面可在合模面上。

1.3.1.2　确定型腔侧壁厚度和支承板厚度

丙烯腈-丁二烯-苯乙烯共聚物（ABS）塑料注射成型型腔内熔体的平均压力为 34.2MPa，型腔采用一模两腔，型腔在分型面上投影尺寸为 163mm×45mm，即长度 $l=163$mm。根据模具设计手册的侧壁厚度经验公式可得：

$$S = 0.20l + 17 = 50 \text{ (mm)}$$

式中　S——模板的侧壁厚度，mm；

l——型腔在分型面上的投影长度。

因 $l>100$mm，故实际模板的壁厚为 $(0.85\sim0.90)S$，即 $42\sim44$mm，初选 $S=42.5$mm。

支承板厚度查表 3.1.4，由于 $b=45$mm<102mm，所以支承板厚度：$h=(0.12\sim0.13)l=5.4\sim5.9$mm。

可作为模具规格选定的参考依据。

(1) 计算型腔模板周界尺寸　如图 3.1.29 所示，整体式模板尺寸可以确定如下。

型腔模板的长度：　　　$L = 163 + 2S = 163 + 85 = 248$（mm）

型腔模板的宽度：　　　　　　$N = 45 + 2S = 130$（mm）

(2) 确定模板周界尺寸　根据计算结果，查 GB/T 12556—2006 标准模板的尺寸，将计算出的数据修整。确定模板周界尺寸为 160mm×250mm，如图 3.1.29 所示。

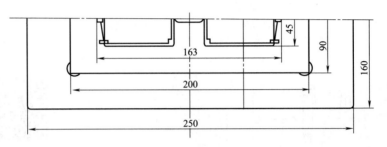

图 3.1.29　模板尺寸

1.3.1.3　确定模板厚度

电池盒盖塑件为薄壳类塑件，塑件高度为 14mm，型腔设计在定模一侧，型腔深度大于 20mm 即可，模板厚度按照标准尺寸进行修整。

1.3.1.4　选择模架类型

根据已确定下来的模板周界尺寸，配合模板所需要厚度查 GB/T 12556—2006，初选模架规格为 A2-160　250-26-Z。模架具体尺寸如图 3.1.30 所示。

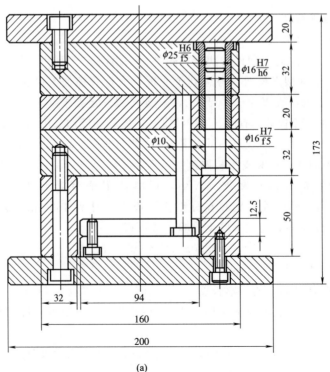

(a)

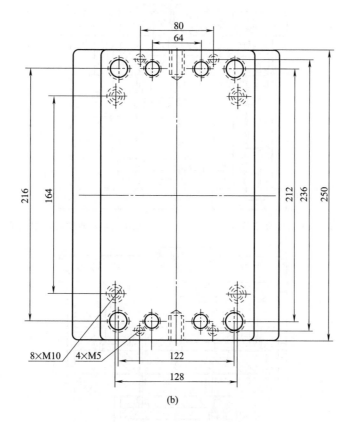

图 3.1.30 电池盒盖模架尺寸

1.3.1.5 检验所选模架

前已分析,成型电池盒盖制件初选 XS-Z-30 型柱塞式注射机,设备主要技术参数见表 2.5.6。校核所选模架与注塑机之间的关系,见表 3.1.5。

表 3.1.5 模架与注塑机之间关系的校核

设备参数		模架规格		校核结论
最大开合模行程/mm	160	取件所需空间/mm	52	适合
最大模厚/mm	180	模具闭合高度/mm	174	适合
最小模厚/mm	60			

结论:选用标准模架规格:A2-160 250-26-Z 可以满足要求。

1.3.2 选择模架案例

图 3.1.31 所示为用大型标准模架(B 型)设计直流道斜导柱侧抽芯注射模结构的实例。

图 3.1.32 所示为用中小型模架(P4 型)设计点浇口弹簧分型拉板定距双分型注射模结构的实例。

图 3.1.33 所示为用中小型模架 A4 型设计生产灯座制件注射模结构的实例。

图 3.1.34 所示为用中小型模架 A3 型设计生产电流线圈架制件点浇口弹簧分型拉板定距双分型注射模结构的实例。

图 3.1.35 所示为用中小型模架 A2 型设计生产电池盒盖制件注射模结构的实例。

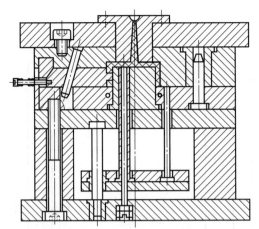

图 3.1.31 用大型标准模架（B型）设计直流道斜导柱侧抽芯注射模的实例

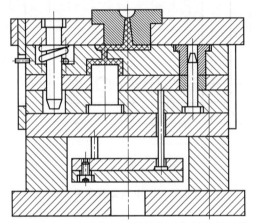

图 3.1.32 用中小模架（P4型）设计点浇口弹簧分型拉板定距双分型注射模结构的实例

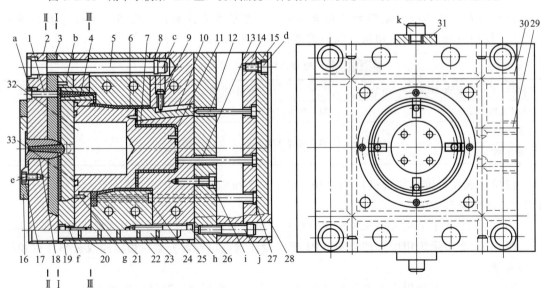

图 3.1.33 用中小型模架 A4 型设计生产灯座制件注射模结构的实例

1—拉料杆；2—定模板；3—脱浇口板；4—浇口套；5—限位杆；6,24—型芯；7—大型芯；8—垫圈；9—限位钉；10—滑块；11—小型芯；12,13—推杆；14—推杆固定板；15—推板；16—镶圈；17—定位圈；18—浇口套；19—压板；20—导套；21—固定板；22—型腔板；23—导柱；25—导滑板；26—支承板；27—复位杆；28—模脚；29—水嘴；30—水堵；31—拉块；32—隔水板；33—O形密封圈；a,c~f,h~k—螺钉；b,g—销

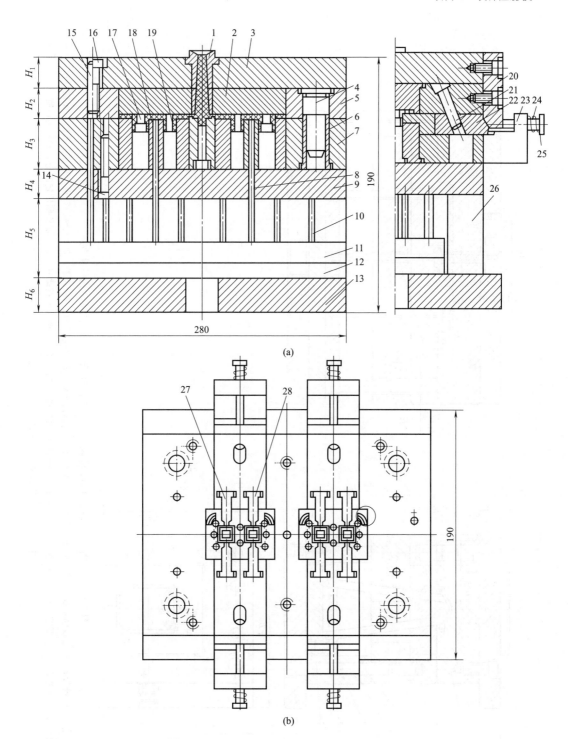

图 3.1.34 用中小型模架 A3 型设计生产电流线圈架制件点浇口
弹簧分型拉板定距双分型注射模结构的实例

1—浇口套；2—上凹模镶块；3—定模座板；4—导柱；5—上固定板；6—导套；7—下固定板；8—推杆；
9—支承板；10—复位杆；11—推杆固定板；12—推板；13—动模座板；14,16,25—螺钉；15—销钉；
17,19—型芯；18—下凹模镶块；20—楔紧块；21—斜销；22—侧抽芯滑块；
23—限位挡块；24—弹簧；26—垫块；27,28—侧型芯

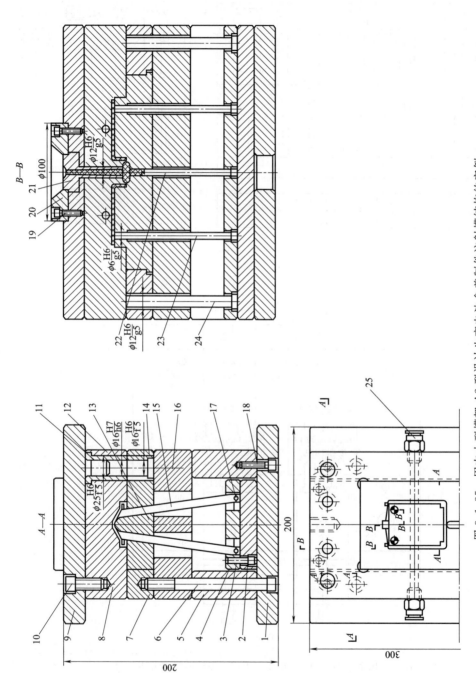

图 3.1.35 用中小型模架 A2 型设计生产电池盒盖制件注射模结构的实例

1—下模固定板；2—推板；3—推板固定螺钉；4—顶杆固定板；5—支承板；6—固定板；7—型芯座框；8—型腔；9—上模固定板；10—上模固定板螺钉；11—导套；12—导柱；13—型芯；14—动模板；15—斜顶杆；16—导杆；17—定位销；18—下模固定板螺钉；19—定位圈固定螺钉；20—定位圈；21—浇口套；22—拉料杆；23—推杆；24—复位杆；25—水接口

任务 2　确定分型面与设计浇注系统

> **专项能力目标**
> 　　(1) 合理选择分型面和确定型腔数目
> 　　(2) 合理设计普通浇注系统
> 　　(3) 设计排气与引气系统

> **专项知识目标**
> 　　(1) 掌握型腔数量的确定方法
> 　　(2) 掌握注射模浇注系统的设计方法
> 　　(3) 了解排气与引气的设计方法

> **学时设计**
> 　　4 学时

2.1　任务引入

一套注射模具由动模和定模两个部分组成，这两个部分开模和合模时由导向机构（导柱与导套）导向与定位。通常在模具结构设计之前要确定型腔数量、模具分型面，设计浇注系统和排气系统。

型腔数目的确定受诸多因素的约束，合理设计模腔数量是保证塑件质量、降低生产成本、充分发挥设备生产潜力的前提条件。动模和定模的接触面称为分型面。分型面是决定模具结构的重要因素。浇注系统是指熔融塑料从注射机喷嘴射入注射模具型腔所流经的通道。浇注系统分为普通浇注系统和热流道浇注系统，其中普通浇注系统包括主流道、分流道和浇口等。通常浇注系统的分流道开设在动、定模的分型面上，因此分型面的选择与浇注系统的设计是密切相关的，分型面与浇注系统确定后，塑件在模具中的位置也就确定了。在设计注射模时应同时考虑排气和引气系统的设计。排气是制品成型的需要，而引气则是制品脱模的需要。

本任务以灯座（图 2.1.1）和电池盒盖（图 2.5.1）为载体，培养学生确定型腔数目、选择模具分型面、设计浇注系统和排气系统的能力。

2.2　知识链接

2.2.1　确定型腔数量与布局型腔

2.2.1.1　确定型腔数量

型腔数量的确定是模具设计的第一步，型腔数量与注射机的塑化速率、最大注射量及锁模力等参数有关，另外型腔数量还直接影响塑件的精度和生产的经济性。型腔数量的确定方法有很多种，注射机型腔数量的确定主要有以下几种方法。

(1) 按注射机的最大注射量确定型腔数量　根据项目 2 任务 5 最大注射量的校核公式得：

$$n \leqslant (km_{max} - m_j)/m_s$$

式中　m_{max}——注射机的最大注射量，cm^3 或 g；
　　　m_j——浇注系统及飞边的体积或质量，cm^3 或 g；

m_s——单个塑件的体积或质量，cm^3 或 g；

k——最大注射量的利用系数，一般取 0.8。

(2) 按注射机的锁模力大小确定型腔数量　根据锁模力的校核公式得：

$$n \leqslant (F_0/p - A_j)/A_s$$

式中　F_0——注射机的额定锁模力；

p——型腔内熔体的平均压力，MPa，见表 2.5.3；

A_s——单个塑件在模具分型面上的投影面积，mm^2；

A_j——浇注系统在模具分型面上的投影面积，mm^2。

(3) 按塑件的精度要求确定型腔数量　实践证明，每增加一个型腔，塑件的尺寸精度约降低 4%。设塑件的典型尺寸（基本尺寸）为 L(mm)，塑件尺寸偏差为 $\pm x$，单型腔时塑件可能达到的尺寸公差为 $\pm \delta$%（聚甲醛 POM 为 ± 0.2%，聚酰胺 PA 为 ± 0.3%，聚碳酸酯 PC、聚氯乙烯 PVC、丙烯腈-丁二烯-苯乙烯共聚物 ABS 等非结晶型塑料为 ± 0.05%），则有

$$n \leqslant 2500 \times \frac{x}{\delta L} - 24$$

成型高精度塑件时，型腔不宜过多，通常不超过 4 个，因为多型腔难以使型腔的成型条件一致。

(4) 按经济性确定型腔数量　根据总成型加工费用最小的原则，并忽略准备时间和试生产原料费用，仅考虑模具费和成型加工费，则型腔数为：

$$n = \sqrt{\frac{NYt}{60C_1}}$$

式中　N——需要生产塑件的总数；

Y——每小时注射成型加工费；

t——成型周期，min；

C_1——每一型腔的模具费用，元。

综上所述，型腔数量的确定方法有多种。设计时通常根据塑件的精度、生产的经济性和具体生产条件等择其一为设计条件，其余视具体情况为校核条件。

2.2.1.2　型腔的排列布局

对于单型腔模具，塑件在模具中的位置如图 3.2.1 所示。图 3.2.1（a）所示为塑件全部在定模中的结构；图 3.2.1（b）所示为塑件全部在动模中的结构；图 3.2.1（c）、（d）所

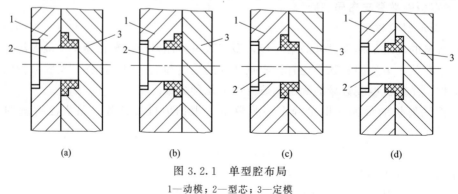

图 3.2.1　单型腔布局

1—动模；2—型芯；3—定模

示为塑件同时在定模和动模中的结构。

对于多型腔模具，由于型腔的排布与浇注密切相关，在模具设计时应综合加以考虑。型腔的排布应使每个型腔都能通过浇注系统从总压力中均等地分得所需足够压力，以保证塑料熔体能同时均匀地充填每一个型腔，从而使各个型腔的塑件内在质量均一稳定。多型腔模具的型腔在模具分型面上的排布形式有很多种，通常采用圆形排列、H形排列、直线排列以及复合排列等。设计时应注意以下几点。

① 尽可能采用平衡式（从主流道到各型腔，分流道和浇口的各段长度、截面形状与尺寸均对应相同）排列，以便构成平衡式浇注系统，保证制品质量的均一和稳定。

② 型腔布置和浇口开设部位应力求对称，以防模具受偏载而出现溢料现象，例如，图3.2.2（b）的布置比图3.2.2（a）的布置合理。

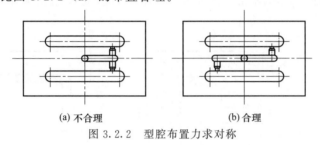

图 3.2.2　型腔布置力求对称

③ 尽可能使型腔排列得紧凑，以减小模具的外形尺寸，如图3.2.3所示，图3.2.3（b）的布局优于图3.2.3（a）的布置。

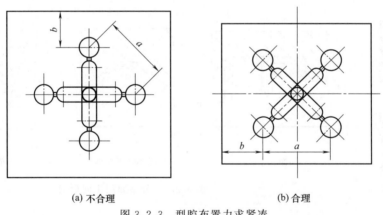

图 3.2.3　型腔布置力求紧凑

④ 型腔的圆形排列虽然有利于浇注系统的平衡，但所占的模板尺寸大，加工困难。因此除一些高精度制品外，一般情况下，常用直线排列和H形排列。图3.2.4所示为一模十六腔的三种排列方案，从平衡的角度来看，图3.2.4（b）、图3.2.4（c）所示的布置比图3.2.4（a）所示的布置好。但图3.2.4（a）所示的布置所需模板尺寸较小，容易加工。

2.2.2　确定分型面

2.2.2.1　分型面的形式

为了从模具中取出塑件和浇注系统凝料，或为了满足模具的动作要求，必须将模具的某些面分开，这些可分开的面统称为分型面。分型面是决定模具结构形式的重要因素，并且直接影响着塑料熔体的流动、充填性能及塑件的脱模。

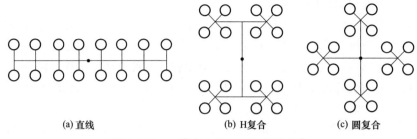

(a) 直线　　　　　(b) H复合　　　　(c) 圆复合

图3.2.4　一模十六腔的三种排列方案

分型面按数目分类有单分型面、双分型面、多分型面，按形状分类有平面、斜平面、阶梯面、曲面、垂直面等，如图3.2.5所示。其中平直分型面结构简单，加工方便，经常采用。

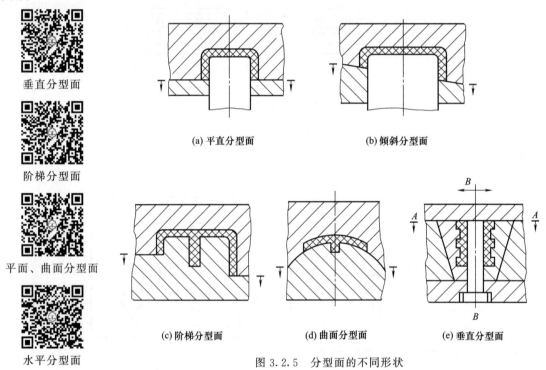

(a) 平直分型面　　　　　(b) 倾斜分型面

(c) 阶梯分型面　　　(d) 曲面分型面　　　(e) 垂直分型面

图3.2.5　分型面的不同形状

在图纸上表示分型面的方法是在分型面的延长面上画出一小段直线表示分型面的位置。为更清楚地表示出开模方向，可用箭头表示开模方向或模板可移动的方向。若其中一方不动，另一方移动，用"├─►"符号表示；若双向移动，用"◄─┼─►"表示，如图3.2.5所示。如果是多分型面，则用大写字母如"A—A""B—B""C—C"或罗马数字表示开模的前后顺序。

2.2.2.2　选择分型面的原则

由于分型面受塑件在模具中的成型位置、浇注系统设计、塑件结构工艺性及尺寸精度、嵌件的位置、塑件的推出、排气等多种因素的影响，因此在选择分型面时应综合分析比较，以选出较为合理的方案。

选择分型面一般应遵循以下原则。

① 分型面应选在塑件外形最大轮廓处，否则塑件会无法从型腔中取出。这是最基本的选择原则。

② 分型面的选择应有利于塑件顺利脱模。如图3.2.6所示的塑件，若按图3.2.6（b）分型，塑件收缩后包在定模型芯上，分型后塑件留在定模内，这样应该在定模侧设置推出机构，从而增加了模具的复杂程度；若按图3.2.6（a）分型，塑件则留在动模一侧。

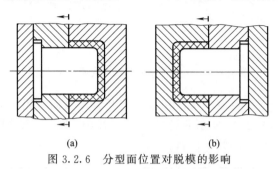

图3.2.6 分型面位置对脱模的影响

分型面选择（1）

③ 分型面的选择应保证塑件的精度要求。平行度、垂直度、同轴度要求较高的塑件，选择分型面时最好把有这些要求的部分放置在模具的同一侧。如图3.2.7所示的塑件，两外圆的圆柱面与中间的孔要求有较高的同轴度，若采用图3.2.7（a）所示的形式，型腔要在动、定模两块模板上分别加工出，孔则分别采用两个单支点型芯固定在动、定模两侧，精度不易保证，而采用图3.2.7（b）所示的形式，型腔在定模内加工出，内孔用一个型芯成型，精度容易保证。

分型面选择（2）

④ 分型面的选择应考虑塑件外观质量。如图3.2.8所示的塑件，若按图3.2.8（a）分型，分型面产生的飞边不易清除，且影响塑件的外观质量；若按图3.2.8（b）分型，则所产生的飞边易清除且不影响塑件的外观。

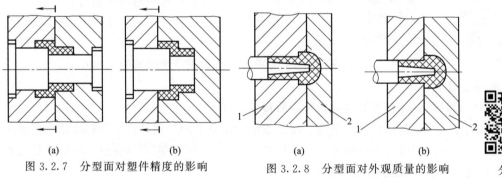

图3.2.7 分型面对塑件精度的影响　　图3.2.8 分型面对外观质量的影响

1—动模；2—定模

分型面选择（3）

⑤ 分型面的选择应有利于排气。分型面应尽量设置在塑料熔体充满的末端处，这样分型面就可以有效排除型腔内积聚的空气。

⑥ 分型面的选择应尽可能满足制品的使用要求。注射成型过程中，脱模斜度、飞边、推杆及浇口痕迹等工艺缺陷是难免的。选择分型面时，应尽量避免工艺缺陷对制件的使用功能造成影响。如图3.2.9所示，图3.2.9（a）中制件两端尺寸差异过大，图3.2.9（b）中分别在动模、定模设计型腔，可减小制件轴向上壁厚的差异。

⑦ 分型面的选择应有利于防止溢料。注射机一般都规定其允许使用的最大成型面积及

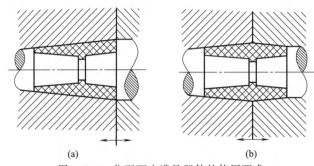

图 3.2.9 分型面应满足塑件的使用要求

锁模力,当二者受限时,应尽量减小塑件在垂直于开合模方向(铅垂方向)上的投影面积,以减小所需锁模力。如图 3.2.10 所示的模具,图 3.2.10(b)所示结构比图 3.2.10(a)所示结构成型所需锁模力更小,能防止溢料。

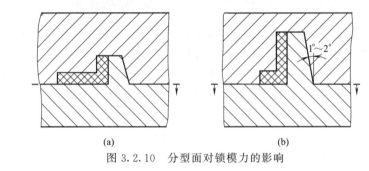

图 3.2.10 分型面对锁模力的影响

分型面选择(4)

除此之外,选择分型面时,还要考虑模具零件制造的难易程度、侧向抽芯的方便与否等等。总之,影响分型面的因素很多,设计时在保证塑件质量的前提下,应使模具的结构越简单越好。

需要指出的是,以上为分型面选择的一般原则,但在实际的设计中,有时不可能全部满足上述原则,此时应抓住主要矛盾,从而较合理地确定分型面。

分型面选择(5)　　分型面选择(6)

2.2.3 设计浇注系统

浇注系统设计得好坏直接影响到塑件的质量及成型效率,浇注系统是指模具中从注射机的喷嘴开始到型腔为止熔体流动的通道。浇注系统在模具中的作用是:将塑料熔体平稳地送到每个型腔,并将注射压力有效地传送到型腔的各个部位,以获得形状完整、质量优良的塑件。浇注系统分为普通浇注系统和热流道浇注系统两大类。

2.2.3.1 普通浇注系统的组成及设计原则

(1) 普通浇注系统的组成　普通浇注系统一般由主流道、分流道、浇口和冷料穴四部分组成。常见的注射模具浇注系统如图 3.2.11 所示。

① 主流道是从注射机喷嘴与模具接触处开始到分流道或型腔为止的塑料熔体的流动通道。

② 分流道是主流道末端与浇口之间塑料熔体的流动通道。

③ 浇口是连接分流道与型腔的塑料熔体通道,一般情况下是浇注系统中截面尺寸最小的部位。

④ 冷料穴一般设置在主流道末端，有时可设置在分流道的末端或模腔旁边。普通浇注系统按主流道的轴线是否平行于分型面，可分为直浇注系统和横浇注系统。在卧式和立式注射机中，主流道轴线垂直于分型面，属于直浇注系统，如图 3.2.11（a）所示。在角式注射机中，主流道轴线平行于分型面，属于横浇注系统，如图 3.2.11（b）所示。

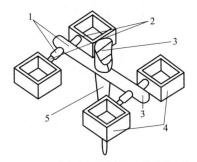 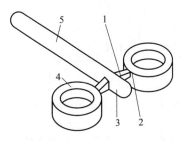

(a) 卧式或立式注射机上注射模浇注系统　　(b) 角式注射机上注射模浇注系统

图 3.2.11　常见的注射模具浇注系统
1—分流道；2—浇口；3—冷料穴；4—塑件；5—主流道

（2）设计浇注系统的原则　浇注系统的设计是注射模具设计中的一个重要环节，它对塑件的性能、尺寸精度、成型周期以及模具结构、塑料的利用率等都有直接的影响，设计时应遵循以下原则。

① 了解塑料的成型性能。了解被成型的塑料熔体的流动特性、温度、剪切速率对黏度的影响等十分重要，设计的浇注系统一定要适应所用塑料原材料的成型性能，保证成型塑料的质量。

② 尽量避免或减少产生熔接痕。在选择浇口位置时，应注意避免熔接痕的产生。熔体流动时应尽量减少分流的次数，因为分流熔体的汇合之处必然会产生熔接痕，尤其是在流程长、温度低时对塑件熔接强度的影响更大。

③ 有利于型腔中气体的排除。浇注系统应能顺利地引导塑料熔体充满型腔的各个部分，使浇注系统及型腔中原有的气体能有序地排出，避免因气阻产生凹陷等缺陷。

④ 防止型芯的变形和嵌件的位移。浇注系统设计时应尽量避免塑料熔体直冲细小型芯和嵌件，以防止熔体的冲击力使细小型芯变形或使嵌件位移。

⑤ 尽量采用较短的流程充满型腔。在选择浇口位置的时候，对于较大的模具型腔，要力求以较短的流程充满型腔，使塑料熔体的压力损失和热量损失减到最低限，以保持较理想的流动状态和有效地传递最终压力，保证塑件良好的成型质量。

2.2.3.2　设计普通浇注系统

（1）设计主流道　在卧式或立式注射机用模具中，主流道一般位于模具中心线上，它与注射机喷嘴的轴线重合。主流道一般设计得比较粗大，以利于熔体顺利地向分流道流动，但不能太大，否则会造成塑料消耗增多。反之，主流道也不宜太小，否则熔体流动阻力增大，压力损失大，对充模不利。因此，主流道尺寸必须恰当。通常对于黏度大的塑料或尺寸较大的塑件，主流道截面尺寸应设计得大一些；对于黏度小的塑料或尺寸较小的制品，主流道截面尺寸则设计得小一些。

在卧式或立式注射机用模具中，主流道垂直于分型面。主流道的结构形式和尺寸如图 3.2.12、图 3.2.13 所示，其设计要点如下。

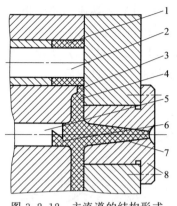

图 3.2.12 主流道的结构形式
1—塑件；2—型芯；3—浇口；4—分流道；5—拉料杆；
6—冷料穴；7—主流道；8—主流道衬套

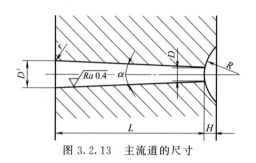

图 3.2.13 主流道的尺寸

① 为便于将凝料从主流道中拉出，主流道通常设计成圆锥形，其锥角 $\alpha=3°\sim6°$，表面粗糙度 Ra 一般为 $0.8\mu m$。

② 为防止主流道与喷嘴处溢料及便于将主流道凝料拉出，主流道与喷嘴应紧密对接，主流道进口处应制成球面凹坑，通常球面半径 D 取 $3\sim6mm$，具体值见表 3.2.1，球面半径应比喷嘴头的球面半径大 $1\sim2mm$，凹入深度 H 为 $3\sim5mm$，进口处直径应比喷嘴孔径大 $0.5\sim1mm$。

表 3.2.1 主流道 D 的推荐值　　　　　　　　　　　　　　　mm

塑料名称	注射机最大注射量/g						
	10	30	60	125	250	500	1000
聚乙烯(PE)、聚苯乙烯(PS)	3	3.5	4	4.5	4.5	5	5
丙烯腈-丁二烯-苯乙烯共聚物(ABS)、聚甲基丙烯酸甲酯(PMMA)	3	3.5	4	4.5	4.5	5	5
聚碳酸酯(PC)、聚砜(PSU)	3.5	4	4.5	5	5	5.5	5.5

③ 为减小物料的流动阻力，主流道末端与分流道连接处用圆角过渡，其圆角半径 $r=1\sim3mm$。

④ 因主流道与塑料熔体反复接触，进口处与喷嘴反复碰撞，因此，常将主流道设计成可拆卸的主流道衬套，用较好的钢材制造并进行热处理，一般选用 T8、T10 制造，热处理硬度为 $52\sim56HRC$。

⑤ 主流道衬套的结构形式及安装定位如图 3.2.14 所示，小型模具可将主流道衬套与定位圈设计成整体式，如图 3.2.14 (a) 所示。主流道衬套用螺钉固定于定模座板上，如图 3.2.14 (d) 所示。图 3.2.14 (e) 和图 3.2.14 (f) 为浇口套与定位圈设计成两个零件，以台阶的形式固定在定模座板上。

主流道衬套与模板之间的配合常采用 H7/m6。小型模具可将主流道衬套与定位圈设计成一体。定位圈和注射机模板上的定位孔呈较松动的间隙配合或 $0.1mm$ 的小间隙，定位圈高度应略小于定位孔深度。中小型模具定位圈高度一般取 $8\sim10mm$，大型模具定位圈高度一般取 $12\sim15mm$。

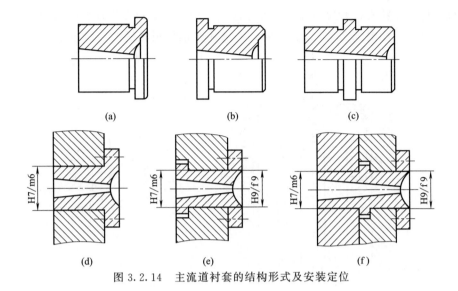

图 3.2.14 主流道衬套的结构形式及安装定位

角式注射机上的主流道平行于分型面,由于不需要沿着开模方向拔出主流道凝料,截面形状常为圆柱形。

(2)设计冷料穴与拉料杆 冷料穴的作用是储存注射间隔期间喷嘴产生的冷凝料头和最先注入模具浇注系统的温度较低的部分熔体,防止这些冷料进入型腔而影响制品质量,并使熔体顺利充满型腔。

直角式注射机用注射模具的冷料穴,通常为主流道的延长部分,如图3.2.15所示。

卧式注射机用注射模具的冷料穴,一般都设在主流道正对面的动模上或分流道的末段。冷料穴中常设有拉料结构,以便开模时将主流道凝料拉出,根据拉料方式的不同,冷料穴与拉料杆结构有以下几种。

① 底部带有拉料杆的冷料穴。这种冷料穴的底部设有拉料杆,如图 3.2.16 所示。其中图 3.2.16(a)为 Z 形,图 3.2.16(b)为球头形,图 3.2.16(c)为菌头形。其中 Z 形拉料杆的冷料穴,应用较普遍,其拉料杆和推杆固定在推杆固定板上,但当塑件被推出后,需做侧向移动时不能采用,如图 3.2.17(a)所示。图 3.2.16(b)、图 3.2.16(c)是带球头形、

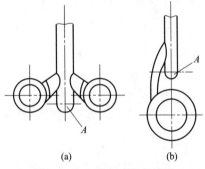

图 3.2.15 直角式注射机用
注射模具的冷料穴

A—冷料穴

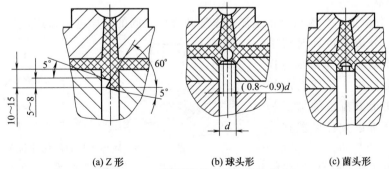

(a) Z形　　(b) 球头形　　(c) 菌头形

图 3.2.16 底部带有拉料杆的冷料穴

菌头形拉料杆的冷料穴，其拉料杆固定在型芯固定板上，凝料在推件板推出塑件的同时从拉料杆上强制脱出，如图 3.2.17（b）所示，一般用于推件板脱模的注射模中。

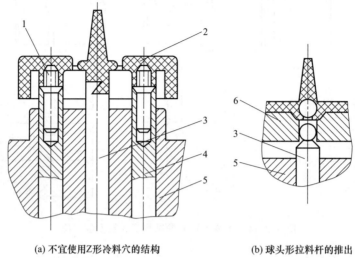

(a) 不宜使用Z形冷料穴的结构　　(b) 球头形拉料杆的推出

图 3.2.17　模具的冷料穴

1—螺纹型芯；2—制件；3—拉料杆；4—推杆；5—动模；6—推件板

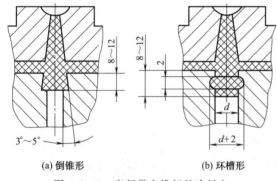

(a) 倒锥形　　(b) 环槽形

图 3.2.18　底部带有推杆的冷料穴

② 底部带有推杆的冷料穴。这类冷料穴的底部设一推杆，推杆安装在推杆固定板上，如图 3.2.18 所示。图 3.2.18 (a) 为倒锥孔冷料穴，图 3.2.18（b）为圆环槽冷料穴，开模时倒锥或圆环槽起拉料作用，然后利用推杆强制推出凝料。不难理解，这两种结构形式适用于韧性塑料，由于在取下凝料时不需横向移动，故易实现自动化生产。

③ 底部无拉料杆的冷料穴。在主流道对面的动模板上开一锥形凹坑，起容纳冷料的作用。为了拉出主流道凝料，在锥形凹坑的锥壁上平行于另一锥边钻一个深度不大的小孔，如图 3.2.19 所示。开模时借小孔的固定作用将主流道凝料从主流道衬套中拉出。推出时推杆顶在制品上或分流道上，这时冷料头先朝小孔的轴线移动，然后被全部拔出。为了使凝料产生斜向移动，分流道设计成 S 形或类似的带有挠性的形状。

(3) 设计分流道　分流道是指主流道末端和浇口之间的一段进料通道，分流道的作用是分流和转向。分流道设计时要求塑料熔体在流动时热量和压力损失小，流道凝料少，各型腔能均衡进料。为便于分流道的加工和凝料脱模，分流道大都设置在分型面上。

① 分流道的截面形状及尺寸。

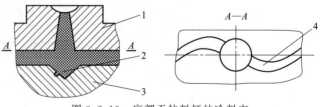

图 3.2.19　底部无拉料杆的冷料穴

1—定模；2—冷料穴；3—动模；4—分流道

常用的分流道截面形状为圆形、正方形、梯形、U形、半圆形及矩形等，如图3.2.20所示。

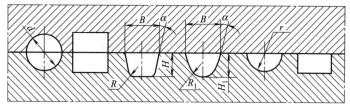

图3.2.20 分流道的截面形状

选择分流道的截面形状时，应使其比表面积（流道表面积与其体积之比）尽量小，以减小热量损失和压力损失。圆形断面分流道的比表面积最小，但需开设在分型面两侧，且对应两半部分必须吻合，加工不便；梯形与U形断面分流道加工容易，比表面积较小，热量损失和流动阻力均不大，为常用形式；半圆形和矩形断面分流道则因比表面积较大而较少采用。

分流道截面尺寸应按塑料制品的体积、制品形状和壁厚、塑料品种、注射速率、分流道长度等因素确定。若截面过小，在相同注射压力下，使充模时间延长，制品易出现缺料等缺陷；截面过大，会积存较多空气，制品容易产生气泡，而且流道凝料增多，冷却时间增多。圆形截面分流道直径一般取 $d=2\sim12mm$。流动性很好的聚乙烯（PE）、聚酰胺（PA）等，可取较小截面，当分流道很短时，其直径可取 $2mm$；对流动性差的聚碳酸酯（PC）、聚砜（PSU）等，应取较大截面直径，可达 $12mm$。

梯形截面分流道的截面尺寸 $H=2B/3$，$\alpha=5°\sim10°$，$B=4\sim12mm$。

U形截面分流道的截面尺寸 $H=1.25R_1$，$R_1=0.5B$，$\alpha=5°\sim10°$。

常用分流道横截面及其尺寸见表3.2.2。

表3.2.2 常用分流道横截面及其尺寸   mm

	d	5	6	(7)	8	(9)	10	11	12
	R	2.5	3	(0.5)	4	(4.5)	5	5.5	6
	H	6	7	(8.5)	10	(11)	12.5	13.5	15
	x_1	5	6	(7)	8	(9)	10	11	12
	R	1~5	1~5	(1~5)	1~5	(1~5)	1~5	1~5	1~5
	H	3.5	4	(4.5)	5	(6)	6.5	7	8

分流道和浇口的连接部分如图3.2.21所示，图3.2.21（a）、图3.2.21（b）中在分流道与浇口的连接处采用斜面和圆弧过渡，有利于熔体的流动，降低料流的阻力。图3.2.21（c）为分流道与浇口在宽度方向的连接情况。

② 分流道的长度。根据型腔在分型面上的布置情况，分流道可分为一次分流道、二次

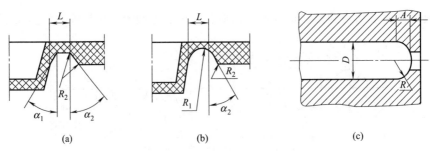

图 3.2.21 分流道与浇口的连接形式

分流道、三次分流道。分流道的长度应尽量短,且弯折少,以便减少压力损失和热量损失,节约塑料原材料和降低能量消耗。

③ 分流道的表面粗糙度。由于分流道中与模具接触的外层塑料迅速冷却,只有内部的熔体流动状态比较理想,因此分流道的表面粗糙度 Ra 一般为 $1.6\mu m$,这样,可以增加对外层塑料熔体的流动阻力,容易形成固定表皮层,有利于流道保温。

④ 分流道在分型面上的布置形式。在多型腔模具中,分流道的常用的布置形式有平衡式和非平衡式两类。平衡式布置是指从主流道到各型腔的流道的形状、尺寸都对应相同,如图 3.2.22 所示。这种布置形式的优点是容易实现均衡送料和各型腔同时充满,使各型腔的塑件力学性能基本一致,但是这种形式分流道比较长。为了获得精度较高的塑料制品,多型腔注射模具除达到料流平衡外,还必须达到热平衡。

图 3.2.22 分流道的平衡布置

非平衡式布置是指从主流道末端到各型腔浇口的长度不相等的布置形式,如图 3.2.23 所示。采用非平衡式布置,塑料进入各型腔有先有后,各型腔充满的时间也不相同,各型腔成型出的塑件差异较大。但对于型腔数量较多的模具,采用非平衡式布置,可使型腔排列较为紧凑,模板尺寸减小,流道总长度缩短。采用非平衡式布置时,为了达到同时充满各型腔,可将浇口设计成不同的尺寸。

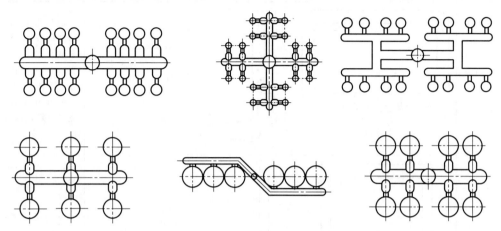

图 3.2.23 分流道的非平衡布置

(4) 设计浇口 浇口是连接分流道与型腔的熔体通道,又称进料口。一般情况下是浇注系统中截面尺寸最小的部位。浇口是浇注系统中最关键的部分,浇口的设计与位置的选择恰当与否,直接关系到塑件的质量。浇口的作用是提高熔体流速,防止熔体倒流,便于塑件分离。

浇口的种类很多,按浇口截面尺寸大小等结构特点,浇口可分为限制性浇口和非限制性浇口两大类;按浇口位置可分为中心浇口和边缘浇口;按浇口形状可分为扇形、盘形、轮辐式、薄片式、点浇口、潜伏式、护耳式等。

① 浇口的形式、尺寸及特点。浇口的形式很多,尺寸也各不相同,常见的浇口形式、尺寸及特点见表3.2.3。

表 3.2.3 浇口的形式、尺寸及特点   mm

序号	名称	简图	尺寸	特点
1	直接浇口		$\alpha = 2° \sim 4°$	塑料流程短,流动阻力小,进料速度快,适用于高黏度类大而深的塑件[聚碳酸酯(PC)、聚砜(PSU)等]。浇口凝固时间长,去浇口不便
2	侧浇口		$B = 1.5 \sim 5$ $h = 0.5 \sim 2$ $L = 0.5 \sim 2$ $r = 0.5 \sim 2$	浇口流程短、截面小、去除容易,模具结构紧凑,加工维修方便,能方便地调整充模时剪切速率和浇口的冻结时间,使浇口修整和凝料去除方便,适用于各种形状的塑件

续表

序号	名称	简　图	尺　寸	特　点
3	扇形浇口		$h=0.25\sim1.6$ $B=$ 塑件长度 $\times$ 1/4 $L=(1\sim1.3)h$ $L_1=6$	浇口中心部分与两侧的压力损失基本相等，塑件的翘曲变形小，型腔排气性好。适用于宽度较大的薄片塑件。但浇口去除较困难，浇口痕迹明显
4	平缝式浇口		$h=0.2\sim1.5$ $B=$ 型腔长度的 1/4 至全长 $L=1.2\sim1.5$	适用于大面积扁平塑件，进料均匀，流动状态好，可避免熔接痕
5	盘形浇口		$h=0.25\sim1.6$ $L=0.8\sim1.8$	适用于圆筒形或中间带孔的塑件。进料均匀，流动状态好，可避免熔接痕
6	轮辐式浇口		$h=0.5\sim1.5$ 宽度视塑件大小而定 $L=1\sim2$	浇口去除方便，适用范围同环形浇口，但塑件可能留有熔接痕
7	点浇口		$d=0.5\sim1.5$ $l=1.0\sim1.5$ $l_0=0.5\sim1.5$ $l_1=1.0\sim1.5$ $\alpha_1=6°\sim15°$ $\alpha=60°\sim90°$ $R=1\sim3$	截面小，塑件剪切速率高，开模时浇口可自动拉断，适用于盒形和壳体类塑件

续表

序号	名称	简图	尺寸	特点
8	潜伏式浇口	(图)	$\alpha=40°\sim60°$ $\beta=10°\sim20°$	属点浇口的变异形式,浇口可自动切断,塑件表面不留痕迹,模具结构简单。不适用于强韧的塑料或脆性塑料
9	护耳式浇口	(图) 1—耳槽;2—浇口;3—主流道;4—分流道	$L\leqslant150$ $H=1.5\times$分流道直径 $b_0=$分流道直径 $t_0=(0.8\sim0.9)\times$壁厚 $L_0=150\sim300$	具有点浇口的优点,可有效避免喷射流动,适于热稳定性差、黏度高的塑料

浇口的设计是十分重要的,浇口断面形状常为矩形或圆形,尺寸通常根据经验估算,浇口断面面积为分流道断面面积的3%~9%,浇口的长度为1~1.5mm。在设计时往往先取较小的浇口尺寸以便试模后逐步加以修整。

另外,不同的浇口形式对塑料熔体的充填特性、成型质量及塑件的性能会产生不同的影响。各种塑料因其性能的差异而对不同形式的浇口会有不同的适应性,设计模具时可参考表3.2.4选择确定。

表3.2.4 常用塑料所适应的浇口形式

塑料种类	直接浇口	侧浇口	平缝浇口	点浇口	潜伏浇口	环形浇口
硬聚氯乙烯(HPVC)	+	+				
聚乙烯(PE)	+	+		+		
聚丙烯(PP)	+	+		+		
聚碳酸酯(PC)	+	+		+		
聚苯乙烯(PS)	+	+		+	+	
橡胶改性苯乙烯					+	
聚酰胺(PA)	+	+		+		
聚甲醛(POM)	+	+	+	+	+	+
ABS	+	+	+	+	+	+
丙烯酸酯	+	+				

注:"+"表示塑料适用的浇口形式。

② 选择浇口位置的原则。浇口开设位置对塑件质量影响很大,确定浇口位置时,应对

物料的流动情况、填充顺序和冷却、补料等因素进行全面考虑。一般要遵循以下原则。

a. 应尽量缩短流动距离，减少变向。如图 3.2.24（a）所示的浇口位置，塑料流动距离长，曲折较多，能量、压力损失大，因而充型条件差，改用图 3.2.24（b）、图 3.2.24（c）所示的浇口形式与位置，就能很好地弥补上述缺陷。

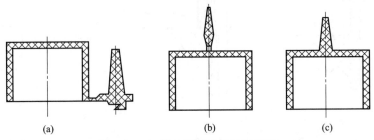

图 3.2.24　浇口位置对填充的影响

b. 应避免熔体破裂引起塑件缺陷。小浇口正对着一个宽度比较大的型腔，则高速的料流流过浇口时，由于受到很高的剪切力作用，将会产生喷射和蠕动（蛇形流）等熔体断裂现象。这些喷出的高度定向的细丝或断裂物很快冷却变硬，与后进入型腔的熔体不能很好地熔合而使制品出现明显的熔接痕。有时熔体直接从型腔一端喷到型腔的另一端，造成折叠，使制品形成波纹状痕迹，如图 3.2.25 所示。此外，喷射还会使型腔中空气难以排出，形成气泡。克服上述缺陷的办法是加大浇口截面尺寸或采用护耳式浇口或采用冲击型浇口（图 3.2.26），即浇口设置在正对型腔壁或粗大型芯的方位，使高速料流直接冲击在型腔和型芯壁填充部分上，从而改变流向，降低流速，平稳地充满型腔，使熔体破裂的现象消失。

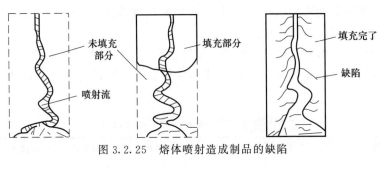

图 3.2.25　熔体喷射造成制品的缺陷

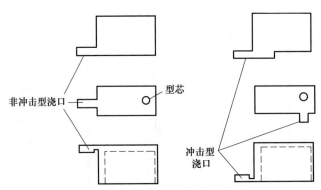

图 3.2.26　非冲击型浇口与冲击型浇口

c. 应有利于排气和补缩。通常浇口位置应远离排气部位，否则进入型腔的塑料熔体会过早地封闭排气系统，致使型腔内气体不能顺利排出，影响制件质量。图3.2.27（a）所示结构采用侧浇口，在成型时顶会形成封闭气囊，在塑件顶部常留下明显的熔接痕；图3.2.27（b）所示结构同样采用侧浇口，但顶部增厚或侧壁减小，料流末端在浇口对面分型面处，排气效果优于前者；图3.2.27（c）所示结构采用点浇口，分型面处最后充满。

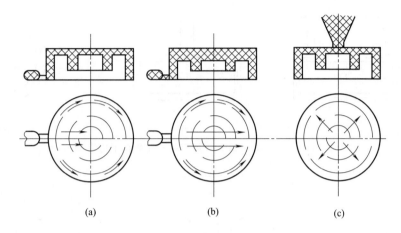

图3.2.27　浇口应有利于排气

浇口通常应设在厚壁处，以有利于补缩，可避免缩孔、凹痕产生。当制品的壁厚相差较大时，为了有效地传递压力、防止缩孔，浇口的位置应开设在制品截面最厚处，以利于熔体填充及补料。如图3.2.28所示，制品厚薄不均匀，图3.2.28（a）所示的浇口位置，由于收缩时得不到补料，制品会出现凹痕；选用图3.2.28（b）所示的直接浇口，可以大大改善熔体充模条件，提高制品质量，但去除浇口比较困难；图3.2.28（c）所示的浇口位置选在厚壁处，可以克服凹痕等缺陷。

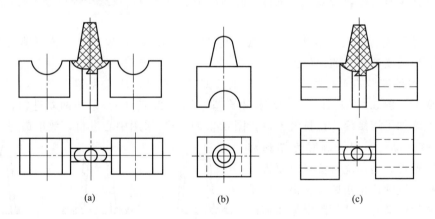

图3.2.28　浇口位置对补缩的影响

d. 应尽量减少或避免产生熔接痕。由于浇口位置的原因，塑料熔体充填型腔时会造成两股或两股以上的熔体料流的汇合，汇合之处温度最低，在塑件上会形成熔接痕，会降低塑件的熔接强度，影响塑件外观，在成型玻璃纤维增强塑料制件时尤其严重。如无特殊需要最好不要开设一个以上的浇口，以免增加熔接痕。图3.2.29（a）为方环形塑件，开设两个侧浇口，在塑件上有两处可能会产生熔接痕，而图3.2.29（b）为同一塑件开设一个侧浇口，则只有一处可能会产生熔接痕。为了提高熔接强度，可以在料流汇合之处的外侧或内侧设置一冷料穴（溢流槽），将料流前端的冷料引入其中，如图 3.2.29（c）所示。另外熔接痕的方向也应注意，如图 3.2.30（a）所示，熔接痕与小孔位于一条直线，塑件强度较差；改用图 3.2.30（b）所示的形式布置，则可提高塑件的强度。

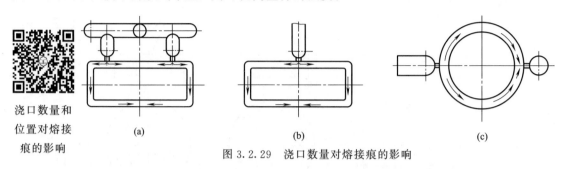

浇口数量和位置对熔接痕的影响

图 3.2.29 浇口数量对熔接痕的影响

开设冷料槽以增加熔接强度

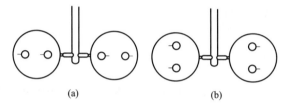

图 3.2.30 熔接痕方向对塑件性能的影响

e. 应考虑高分子取向的影响。塑料熔体在充填模具型腔期间，会在其流动方向上出现聚合物分子和填料的取向。垂直于流向和平行于流向之处的强度和应力引起的开裂倾向是有差别的，往往垂直于流向的方位强度低，容易产生应力开裂，在选择浇口位置时，应充分注意这一点。

f. 考虑塑件受力状况。塑件浇口处残余应力大、强度差，故浇口位置不能设置在塑件承受弯曲载荷或受冲击力的部位。

g. 防止料流使型芯或嵌件变形。对有细长型芯的模具，应避免偏心进料，以防止型芯产生弯曲变形。图 3.2.31（a）所示结构不合理，图 3.2.31（b）采用两侧进料，可减小型芯变形，但增加了熔接痕，且排气不良，图 3.2.31（c）采用中心进料，效果最好。

h. 校核流动比。对于高黏度塑料和大型、薄壁塑件，确定浇口位置时要进行流动比校核。流动比是指熔体在模具中进行最长距离的流动时，其各段料流通道的流程长度 L_i 与其对应截面厚度 t_i 比值之和，流动比 K 按下式计算。

$$K = \sum_{i=1}^{n} \frac{L_i}{t_i} \leqslant \phi$$

式中　L_i——各段料流通道的流程长度，mm；

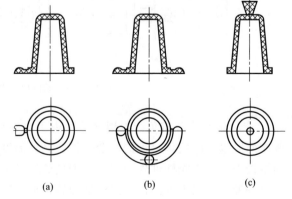

图 3.2.31 改变浇口位置防止型芯变形

t_i——各段流道的厚度或直径，mm；

ϕ——极限流动比。

若流动比超过允许值时会出现充型不足，这时应调整浇口位置或增加浇口数量。表3.2.5是几种常用塑料的极限流动比，供设计模具时参考。

表3.2.5 常用塑料的极限流动比

塑料名称	注射压力/MPa	极限流动比 ϕ	塑料名称	注射压力/MPa	极限流动比 ϕ
聚乙烯(PE)	147	280～250	硬聚氯乙烯（HPVC）	127.4	170～130
	68.6	240～200		117.6	160～120
	49	140～100		88.2	140～100
聚丙烯(PP)	117.6	280～240	软聚氯乙烯(SPVC)	68.6	110～70
	68.6	240～200		88.2	280～200
	49	140～100		68.6	240～160
聚苯乙烯(PS)	88.2	300～260	聚碳酸酯(PC)	127.4	160～120
聚甲醛(POM)	98	210～110		117.6	150～120
尼龙66	88.2	130～90		88.2	130～90
	127.4	160～130	尼龙6	88.2	320～200

图3.2.32（a）中，流动比为：

$$K = \frac{L_1}{t_1} + \frac{L_2 + L_3}{t_2}$$

图3.2.32（b）中，流动比为：

$$K = \frac{L_1}{t_1} + \frac{L_2}{t_2} + \frac{L_3}{t_3} + 2 \times \frac{L_4}{t_4} + \frac{L_5}{t_5}$$

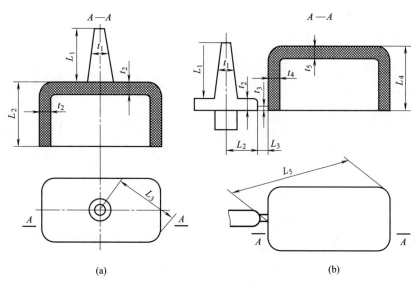

图3.2.32 流动比的计算

2.2.4 设计排气和引气系统

2.2.4.1 设计排气系统

排气是注射模设计中不可忽视的问题。注射成型中，若模具排气不良，型腔内气体受压,将产生很大的压力,阻止塑料熔体正常快速充模,同时气体压缩产生高温,可能使塑料烧焦。在充模速度大、温度高、物料黏度低、注射压力大和塑件壁厚较大的情况下,气体在一定的压缩程度下会渗入塑件内部,造成气孔、组织疏松等缺陷。排气系统的作用是将浇注系统、型腔内的空气以及塑料熔体分解产生的气体及时排出模外。注射模通常采用以下三种方式进行排气。

(1) 分型面和配合间隙自然排气 对于简单型腔的小型模具,可直接利用分型面间隙或推杆、活动型芯、活动镶件与模板的配合间隙进行自然排气,如图 3.2.33 所示。

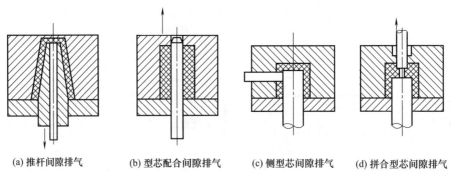

图 3.2.33 配合间隙自然排气

(2) 加工排气槽排气

① 分型面上开设排气槽。分型面上的排气槽如图 3.2.34 所示。分型面上开设排气槽是注射模排气的主要形式。通常在分型面型腔一侧开设排气槽,槽深 0.01~0.03mm,槽宽 1.5~6mm,以不产生飞边为限,排气槽深度(表 3.2.6)与塑料流动性有关。排气槽最好开设在靠近嵌件、制品壁最薄和最后充满的部位,以防止熔接痕的产生。排气口不应正对操作工人,以防熔体喷出而发生工伤事故。排气槽制成曲线形状,且逐渐增宽,以降低气体溢出时的速度,防止熔料从排气槽喷出而引发人身事故。

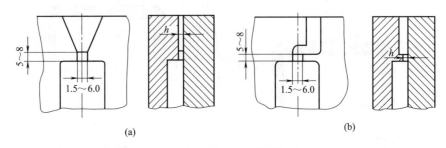

图 3.2.34 分型面上的排气槽

表 3.2.6 分型面上排气槽的深度　　　　　　　　　　　　　　　　　　mm

塑料品种	排气槽的深度	塑料品种	排气槽的深度
聚乙烯(PE)	0.02	聚酰胺(PA)	0.01
聚丙烯(PP)	0.01~0.02	聚碳酸酯(PC)	0.01~0.03
聚苯乙烯(PS)	0.02	聚甲醛(POM)	0.01~0.03
丙烯腈-丁二烯-苯乙烯共聚物(ABS)	0.03	聚丙烯酸(PAA)	0.03

② 配合间隙处开设排气槽。对于中小型模具，除了利用分型面和配合间隙自然排气外，可以将型腔最后充满的地方制成组合式结构，在过盈配合面上加工出排气槽。排气槽深度一般为 0.03～0.04mm，视成型塑料的流动性而定。

(3) 排气塞排气　若型腔最后充满部分不在分型面上，且附近又无配合间隙可排气时，可在型腔最后充满部分的位置放置一块烧结金属块（简称排气塞，用多孔粉末冶金渗透排气），并在烧结金属块处开设排气通道，如图 3.2.35 所示。烧结金属块应有足够的承压能力，表面粗糙度应满足塑件外观要求。

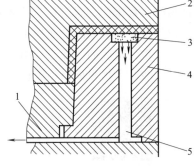

图 3.2.35　利用排气塞排气
1—型芯固定板；2—型腔；3—烧结金属块；
4—型芯；5—通气孔

2.2.4.2　设计引气系统

排气是制品成型的需要，而引气则是制品脱模的需要。

对于一些大型深壳塑料制品，注射成型后，型腔内气体被排除，这时制品内腔表面与型芯表面之间基本上形成真空，制品难以脱模，如果采取强行脱模，制品势必变形或损坏，因此，必须设置引气装置。

注射模常用的引气形式有以下两种。

(1) 镶拼式侧隙引气　在利用成型零件分型面配合间隙排气的场合，其排气间隙即为引气间隙。但在镶块或型芯与其他成型零件为过盈配合的情况下，空气是无法被引入型腔的，如果配合间隙放大，则镶块的位置精度将受到影响，所以只能在镶块侧面的局部开设引气槽，引气槽不单单开设在型腔与镶块的配合面之间，而且必须延续到模外，以保证气路畅通。与制品接触的部分引气槽槽深不应大于 0.05mm，以免溢料堵塞，而其延长部分的深度为 0.2～0.8mm，如图 3.2.36（a）所示。这种引气方式结构简单，但引气槽容易堵塞。

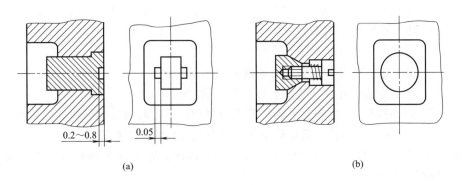

图 3.2.36　引气装置

镶拼式侧隙引气（1）

镶拼式侧隙引气（2）

镶拼式侧隙引气（3）

（2）气阀式引气　这种引气方式主要依靠阀门的开启与关闭，如图 3.2.36（b）所示。开模时制品与型芯之间真空力将阀门吸开，空气便能引入。而当熔体注射充模时，熔体的压力将阀门紧紧压住，阀门处于关闭状态。由于接触面为锥形，所以不产生缝隙。这种引气方式比较理想，但阀门的锥面加工要求较高。当型腔内不具有镶块时，气阀的顶部可制成与型腔平齐，作为型腔的一部分。引气阀不仅可装在型腔上，还可装在型芯上，或在型腔、型芯上同时安装，具体根据制品脱模需要和模具结构而定。

气阀式引气（1）

气阀式引气（2）

气阀推出机构

2.3　任务实施

2.3.1　设计灯座模具

2.3.1.1　确定型腔数量及布局

根据项目 2 任务 5 初选螺杆式注射机，选择 XS-ZY-500 型，注射机主要技术参数如表 2.5.4 所示。

① 按注射机的最大注射量确定型腔数量

$$n \leqslant (km_{max} - m_j)/m_s = (0.8 \times 500 - 10)/200.17 = 1.95$$

式中　m_{max}——注射机的最大注射量，cm³ 或 g；

　　　m_j——浇注系统及飞边的体积或质量，cm³ 或 g；

　　　m_s——单个塑件的体积或质量，cm³ 或 g；

　　　k——最大注射量的利用系数，一般取 0.8。

② 按注射机的锁模力大小确定型腔数量

$$n \leqslant (F_0/p - A_j)/A_s = (3500 \times 1000/39.2 - 0)/(85 \times 85 \times 3.14) = 3.9$$

式中　F_0——注射机的额定锁模力；

　　　p——型腔内熔体的平均压力，MPa，见表 2.5.3；

　　　A_s——单个塑件在模具分型面上的投影面积，mm²；

　　　A_j——浇注系统在模具分型面上的投影面积，mm²。

其余型腔数计算略。型腔数量的确定方法有多种。设计时通常根据塑件的精度、生产的经济性和具体生产条件等择其一为设计条件，其余视具体情况为校核条件。

分析：大型薄壁塑件、深腔类塑件、需三向或四向长距离抽芯塑件等，为保证塑件成型，通常只能采用一模一腔。

结论：成型灯座模具的型腔选用一模一腔，型腔布置在模具的中间，这样有利于浇注系统的排列和模具的平衡。

2.3.1.2　选择分型面

由于该塑件外形要求美观，无斑点和熔接痕，表面质量要求较高。在选择分型面时，根据分型面的选择原则，考虑不影响塑件的外观质量以及成型后能顺利取出塑件，有以下两种分型面的选择方案。

① 选塑件小端底平面作为分型面，如图 3.2.37（a）所示。选择这种方案，侧向抽芯机

构设在定模部分，模具结构需用瓣合式，这样在塑件表面会留有拼接缝，同时增加了模具结构的复杂程度。

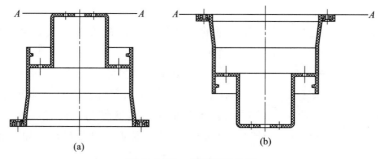

图 3.2.37　分型面的选择

② 选塑件大端底平面作为分型面，如图 3.2.37（b）所示。采用这种方案，侧向抽芯机构设在动模部分，模具结构也较为简单。

所以，选塑件大端底平面作为分型面较为合理。

2.3.1.3　设计浇注系统

（1）设计主流道　根据项目 2 任务 5 计算结果可得 XS-ZY-500 型注射机喷嘴的有关尺寸。

喷嘴球面半径：$r=18\text{mm}$；喷嘴孔直径：$d=5\text{mm}$。

根据模具主流道与喷嘴的关系：$R=r+(1\sim2)\text{mm}$，$D=d+0.5\text{mm}$。

取主流道球面半径：$R=20\text{mm}$。

取主流道的小端直径：$d=5.5\text{mm}$。

为了便于将凝料从主流道中拔出，将主流道设计成圆锥形，其锥角为 $\alpha=2°\sim6°$，表面粗糙度 $Ra\leqslant0.4\mu\text{m}$，抛光时沿轴向进行，以便于浇注系统凝料从其中顺利拔出。同时为了使熔料顺利进入分流道，在主流道出料端设计 $r'=3\text{mm}$ 的圆弧过渡。

（2）设计分流道　该塑件的体积比较大，塑件原料选用黏度较大的聚碳酸酯（PC），但形状不算太复杂，且壁厚均匀，可考虑采用多点进料方式，缩短分流道长度，有利于塑件的成型和外观质量的保证。本任务从便于加工考虑，采用截面形状为半圆形的分流道。查《新编塑料模具设计手册》得分流道半径 R 为 6mm，分流道长度取决于浇口位置，末端延伸部分起冷料穴作用。

（3）设计浇口

① 选择浇口形式。由于该塑件外观质量要求较高，浇口的位置和大小应以不影响塑件的外观质量为前提。同时也应使模具结构尽量简单。根据对该塑件结构的分析及已确定的分型面的位置，可选择的浇口形式有以下几种。

a. 潜伏式浇口从分流道处直接以隧道式浇口进入型腔。浇口位置在塑件内表面，不影响其外观质量。但采用这种浇口形式会增加模具结构的复杂程度。

b. 轮辐式浇口可采用几股料进入型腔，易产生熔接痕，可缩短流程，去除浇口时较方便，但有浇口痕迹。模具结构较潜伏式浇口的模具结构简单。

c. 点浇口可获得外观清晰、表面光泽性好的塑件。在模具开模时，浇口凝料会自动拉断，有利于自动化操作。由于浇口尺寸较小，浇口凝料去除后，在塑件表面残留痕迹也很小，基本上不影响塑件的外观质量。同时，采用点浇口进料，流程短而进料均匀。由于浇口尺寸较小，剪切速率会增大，塑料黏度降低，提高流动性，有利于充模。但是模具需要设计成双分型面，以便脱出浇注系统凝料，增加了模具结构的复杂程度，但能保证塑件成型要求。

综合对塑料成型性能、浇口和模具结构的分析比较，确定成型该塑件的模具采用点浇口（多点进料）形式。

② 确定浇口位置。根据塑件外观质量的要求以及型腔的安放方式，浇口位置设计在塑件底部。

③ 确定浇口尺寸。查表 3.2.3 可知点浇口尺寸要求，依次设计浇口尺寸：点浇口直径 $d=1.2$mm，长度 $l=1.5$mm，内圆锥与浇口过渡处 $R=2$mm，内圆锥锥角 $\alpha=6°$，依此设计浇口尺寸如图 3.2.38 所示。

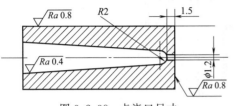

图 3.2.38　点浇口尺寸

2.3.1.4　设计排气系统

由于该塑件整体较薄，需排气量较小，同时，采用点浇口模具结构，属于中小型模具，可利用分型面间隙排气。塑件中部有 4 个高 2.2mm、长 11mm 的内凸台，需采用抽芯机构，底部有 3 个通孔，因此可以利用推杆、活动型芯、活动镶件与模板的配合间隙进行排气，其配合间隙不能超过 0.04mm，以防产生溢料，一般为 0.03～0.04mm。

2.3.1.5　设计引气系统

该塑件虽然属于薄壳深腔类塑件，但塑件底部有 3 个通孔，在开模与脱模过程中不会形成真空负压现象，因此不需要设计引气系统。

2.3.2　设计电池盒盖模具

2.3.2.1　确定型腔数量及布局

根据项目 2 任务 5 初选柱塞式注射机，选择 XS-Z-30 型，注射机主要技术参数如表 2.5.6 所示。

① 按注射机的最大注射量确定型腔数量

$$n \leqslant (km_{\max} - m_j)/m_s = (0.8 \times 30 - 8)/7.327 = 2.18$$

式中　$m_{\max}$——注射机的最大注射量，cm³ 或 g；

　　　m_j——浇注系统及飞边的体积或质量，cm³ 或 g；

　　　m_s——单个塑件的体积或质量，cm³ 或 g；

　　　k——最大注射量的利用系数，一般取 0.8。

② 按注射机的锁模力大小确定型腔数量

$$n \leqslant (F_0/p - A_j)/A_s = (250 \times 1000/34.2 - 600)/2610 = 2.57$$

式中　F_0——注射机的额定锁模力；

　　　p——型腔内熔体的平均压力，MPa，见表 2.5.3；

　　　A_s——单个塑件在模具分型面上的投影面积，mm²；

　　　A_j——浇注系统在模具分型面上的投影面积，mm²。

其余型腔数量计算略。型腔数量的确定方法有多种。设计时通常根据塑件的精度、生产的经济性和具体生产条件等择其一为设计条件，其余视具体情况为校核条件。

该塑件要求中等精度，对于生产成本、批量没有提出具体要求，所以，型腔数量选用一模两腔，型腔布置采用左右对称平衡式排列。这样也有利于两型腔均衡进料和模具受力的平衡，从而保证制品质量的均一和稳定。

2.3.2.2　选择分型面

根据分型面的选择原则——便于脱模，分型面应设置在塑件外形最大轮廓处。比较图 3.2.39 所示三种分型面的选择方案，分型面 $B—B$、$C—C$ 会影响塑件外观，所以选 $A—A$

作为分型面较为合理。

2.3.2.3 设计浇注系统

（1）设计主流道　根据项目 2 任务 5 计算结果可得 XS-Z-30 型注射机喷嘴的有关尺寸。

改变合模线位置

喷嘴球半径：$r=12$mm；喷嘴孔直径：$d=2$mm。

根据模具主流道与喷嘴的关系：$R=r+(1\sim2)$mm，$D=d+0.5$mm。

取主流道球面半径：$R=13$mm。

取主流道的小端直径：$D=2.5$mm。

为了便于将凝料从主流道中拔出，将主流道设计成圆锥形，如图 3.2.40 所示，其锥角为 $\alpha=4°$，表面粗糙度 $Ra\leqslant0.8\mu m$，抛光时沿轴向进行，以便于浇注系统凝料能顺利拔出。同时为了使熔料顺利进入分流道，在主流道出料端设计 $r'=5$mm 的圆弧过渡。

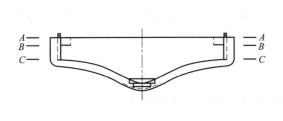
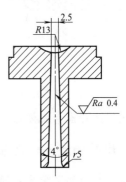

图 3.2.39　分型面的选择　　　　　图 3.2.40　浇注系统设计

（2）设计分流道　该塑件的体积较小，形状也较为简单，且壁厚均匀，塑件外观不允许有浇注痕迹，可以考虑侧面进料。

分流道的截面形状有圆形、半圆形、正方形、矩形及梯形等。为使流道中热量和压力损失最小，并且便于加工，本项目采用截面形状为半圆形的分流道，其基本尺寸如图 3.2.41 所示。

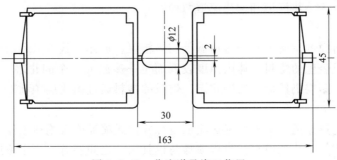

图 3.2.41　分流道及浇口位置

（3）设计浇口

① 选择浇口形式。由于该塑件外观质量要求较高，浇口的位置和大小应以不影响塑件的外观质量为前提。同时也应尽量使模具结构简单。根据对该塑件结构的分析及已确定的分型面的位置，可选择侧浇口，进料位置如图 3.2.41 所示。

② 确定浇口尺寸。查表 3.2.3 得侧浇口尺寸要求：宽度 $B=1.5\sim5$mm；高度 $h=0.5\sim2$mm；长度 $L=0.5\sim2$mm。初步设计浇口尺寸 $B=2$mm；高度 $h=0.5$mm；长度 $L=2$mm，

如图3.2.42所示。在试模过程中再进一步调整。

（4）设计冷料穴　冷料穴有Z形、球头形、菌头形、分流锥形和倒锥形等，其中Z形拉料杆的冷料穴，应用较普遍，其拉料杆或推杆固定在推杆固定板上，但当塑件被推出后做侧向移动时不能采用，而带球头形、菌头形拉料杆的冷料穴，其拉料杆固定在型芯固定板上，凝料在推件板推出塑件的同时从拉料杆上强制脱出，一般用于推件板脱模的注射模中。该塑件属薄壳类，包紧力不大，无须用推件板；而分流锥形拉料杆靠塑料收缩的包紧力将主流道拉住，不适合于该塑件结构。因此该塑件用Z形拉料杆的冷料穴，尺寸如图3.2.42所示。

2.3.2.4　设计排气系统

由于该塑件整体较薄，排气量较小，同时，采用点浇口模具结构，属于小型模具，最后充满的地方位于分型面，因此可利用分型面间隙进行排气，当然推杆与模板的配合间隙也能起到排气的作用。其配合间隙不能超过0.04mm，一般为0.03~0.04mm。

2.3.2.5　设计引气系统

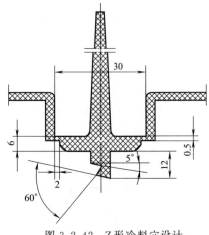

图3.2.42　Z形冷料穴设计

该塑件开模与脱模过程中不会形成真空负压现象，因此不需要设计引气系统。

2.4　知识拓展——热流道浇注系统

热流道浇注系统与普通浇注系统的区别在于整个生产过程中，浇注系统内的塑料始终处于熔融状态，压力损失小；没有浇注系统凝料，实现无废料加工，省去了去除浇口的工序，节省人力、物力。热流道浇注系统亦称无流道浇注系统，是注射模浇注系统的发展方向。

从原理上讲，几乎所有热塑性塑料都可采用热流道成型，但目前在热流道注射成型中应用最多的是聚乙烯（PE）、聚丙烯（PP）、聚苯乙烯（PS）、聚丙烯腈（PAN）、聚氯乙烯（PVC）和丙烯腈-丁二烯-苯乙烯共聚物（ABS）等。

热流道可以分为绝热流道和加热流道两种。

2.4.1　绝热流道

绝热流道注射模的主流道和分流道做得相当粗大，这样，就可以利用塑料比金属导热差的特性让靠近流道表壁的塑料熔体因温度较低而迅速冷凝成一个固化层，它起着绝热作用，而流道中心部位的塑料仍然保持熔融状态，熔融的塑料通过固化层顺利充填模具型腔，满足连续注射的要求。

（1）单型腔绝热流道　单型腔绝热流道也称井坑式喷嘴或者绝热主流道，是最简单的绝热流道。这种形式的绝热流道在注射机喷嘴与模具入口之间装有一个主流道杯，杯外采用空气隙绝热。杯内有截面较大的储料井（为塑件体积的1/3~1/2），如图3.2.43所示。井坑式喷嘴只适用于成型周期较短（每分钟不少于3次）的单型腔模具。主要用于PE、PP等塑料的成型。主流道杯尺寸的推荐值见表3.2.7。

表3.2.7　主流道杯尺寸的推荐值　　　　　　　　　　　mm

塑件质量/g	成型周期/s	d	R	L
3~6	6~75	0.8~1.0	3.5	0.5
6~15	9~10	1.0~1.2	4.0	0.6
15~40	12~15	1.2~1.6	4.5	0.7
40~50	20~30	1.5~2.5	5.5	0.8

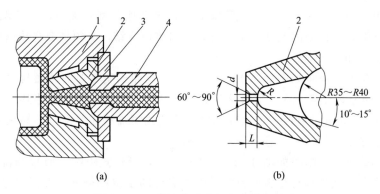

图 3.2.43 井坑式喷嘴与主流道杯尺寸
1—定模板；2—主流道杯；3—定位圈；4—喷嘴

(2) 多型腔绝热流道　多型腔绝热流道主要有直接浇口式［图 3.2.44（a）］和点浇口式［图 3.2.44（b）］两种类型。为了使流道对内部的塑料熔体起到绝热作用，其截面形状多设计为圆形且特别粗大。分流道直径一般在 16～32mm 内选取，成型周期长，塑件大的取大值，最大可达 74mm。这两种形式的绝热流道，在注射机开机之前或停机后，必须把分流道两侧的模板打开，取出冷料并清理干净。

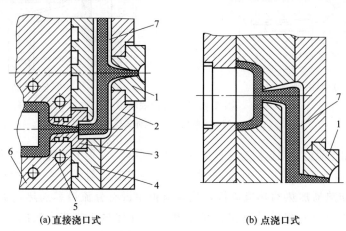

图 3.2.44　多型腔绝热流道
1—浇口套；2—定模座板；3—二级浇口套；4—分流道板；
5—冷却水孔；6—型腔板；7—固化绝热层

2.4.2　加热流道

加热流道是指在流道内或流道的附近设置加热器，利用加热的方法使注射机喷嘴到浇口之间的浇注系统处于高温状态，让浇注系统内的塑料在成型生产过程中一直处于熔融状态，保证注射成型的正常进行。加热流道注射模不像绝热流道那样在使用前或使用后必须清除分流道中的凝料，生产前只要把浇注系统加热到规定的温度，分流道中的凝料就会熔融，注射工作就可开始。因此，加热流道浇注系统的应用比绝热流道广泛。

加热流道浇注系统的形式很多，一般可分为单型腔加热流道、多型腔加热流道等。

(1) 单型腔加热流道　延伸式喷嘴是将普通注射机的喷嘴加长到与型腔相接的浇口附近，或直接与浇口接触，喷嘴上装有加热器，使浇口处塑料始终保持在熔融状态。延伸式喷嘴是最简单的单型腔加热流道,为避免喷嘴的热量过多地向型腔板传递,使温度难以控制,造成喷嘴温度下降,熔体凝固或使模温上升,浇口难以冻结,必须采取绝热措施。常见的绝热方式是塑料绝热和空气绝热。

塑料绝热的延伸式喷嘴如图 3.2.45(a)所示,延伸式喷嘴 3 的球面与模具上的浇口套 1 间留有不大的间隙,在第一次注射时该间隙被塑料所充满,从而起到绝热作用。浇口一般采用直径为 0.75~1mm 的点浇口,这种浇口与井坑式喷嘴相比,浇口不易堵塞,应用范围广,但不适用于热稳定性较差、容易分解的塑料。

空气层绝热的延伸式喷嘴如图 3.2.45(b)所示,延伸式喷嘴 3 直接与浇口套 1 接触,喷嘴与浇口套之间、浇口套与型腔模板之间除了必要的定位接触外,都留出厚约 1mm 的间隙,此间隙被空气充满,以起到绝热作用。由于与喷嘴头部接触处的型腔壁很薄,为防止被喷嘴顶坏或变形,在喷嘴与浇口套之间应设置环形支承面。

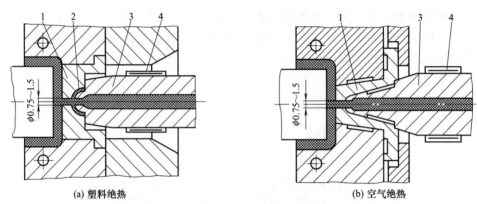

图 3.2.45　延伸式喷嘴
1—浇口套;2—塑料绝热层;3—延伸式喷嘴;4—加热圈

(2) 多型腔加热流道　根据对分流道加热方法的不同,又可分为外加热式和内加热式两种。

① 外加热式多型腔热流道。外加热式多型腔热流道注射模有一个共同的特点,即在模具内设有一个用加热器加热的热流道板,热流道板中设有分流道和加热孔道,加热孔道内插入加热元件,使流道中的塑料始终保持熔融状态。外加热式热流道板的形式如图 3.2.46 所示。分流道截面多为圆形,其直径为 5~15mm。热流道板利用绝热材料(如石棉、水泥板等)或空气间隙与模具其余部分隔热。此种类型的模具有直接浇口和点浇口两种形式。图 3.2.47(a) 所示为喷嘴前端用塑料作为绝热的点浇口加热流道,喷嘴采用铍青铜制造;图 3.2.47(b) 所示为主流道型浇口加热流道,主流道型浇口在塑件上会残留一段料把,脱模后需要去除。

② 内加热式多型腔热流道。内加热式多型腔热流道的特点是在喷嘴与整个流道中都设有内加热器,塑料熔体在加热器外围流动并始终保持熔融状态。喷嘴外侧处温度最低,形成一层凝固层起绝热作用,如图 3.2.48 所示。内加热式多型腔热流道加热效率高、热损失少,可减小加热器的功率,但是塑料熔体在环形流道内的流动阻力大,同时塑料易产生局部过热现象。

③ 多型腔阀式浇口热流道。对于注射成型熔融黏度很低的塑料(如尼龙),为避免浇口处出现流涎和拉丝现象,可采用阀式浇口热流道,如图 3.2.49 所示。在注射和保压阶段,浇口处的针形阀 9 在熔体的压力作用下打开,针形阀后端的弹簧 4 被压缩,塑料熔体通过浇口进入型腔,保压结束后,在弹簧的作用下针形阀将浇口关闭,以避免塑料熔体从浇口流出。这种形式的热流道也需要设热流道板。

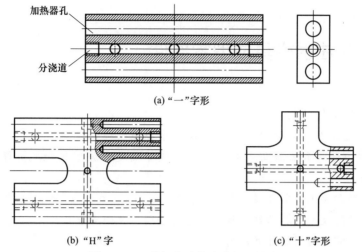

(a) "一"字形

(b) "H"字

(c) "十"字形

图 3.2.46 外加热式热流道板的形式

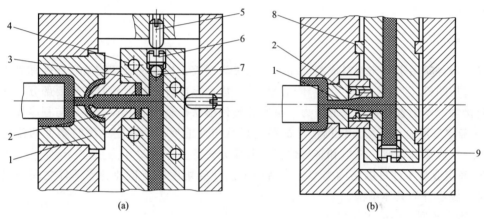

(a)　　　　　　　　　　　　　(b)

图 3.2.47 外加热式多型腔热流道

1—二级浇口套；2—二级喷嘴；3—热流道板；4—加热器孔；5—限位螺钉；6—螺塞；7—钢球；8—垫块；9—堵头

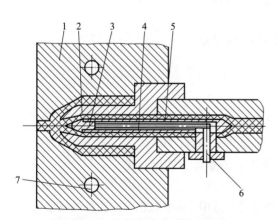

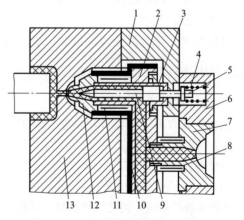

图 3.2.48 内加热式多型腔热流道

1—定模板；2—喷嘴；3—锥形头；4—鱼雷头；
5—加热器；6—电源线接头；7—冷却水道

图 3.2.49 多型腔阀式浇口热流道

1—定模座板；2—热流道板；3—喷嘴；4—弹簧；
5—活塞杆；6—定位圈；7—浇口套；8,11—加热器；
9—针形阀；10—绝热壳；12—二级喷嘴；
13—定模型腔板

任务 3 设计注射模具成型零部件

▶ **专项能力目标**

（1）设计成型零件结构

（2）计算成型零件工作部分尺寸并标注尺寸公差

（3）分析型腔壁厚和底板厚度受力情况，选择确定型腔壁厚和底板厚度

▶ **专项知识目标**

（1）计算成型零件工作部分尺寸与公差标注

（2）分析各种凹模和型芯的结构特点、适用范围、装配要求

（3）分析成型零件的刚度计算原则

▶ **学时设计**

6 学时

3.1 任务引入

模具闭合时用来填充塑料成型制品的空间称为型腔，构成模具型腔的零部件称为成型零部件，包括凹模、凸模、型芯、型环和镶件等。成型零部件是注射模具的重要部分，它直接与塑料接触，承受着塑料熔体的压力，决定着塑件形状与精度。其设计内容与程序如下。

① 确定型腔总体结构。根据塑件的结构形状与性能要求，确定成型时塑件的位置、分型面、一次成型的数量，浇口和排气位置、脱模方式等。

② 确定成型零部件的结构类型。从结构工艺性的角度确定型腔各零部件之间的组合方式和各组成零件的具体结构。

③ 计算成型零件的工作尺寸。

④ 进行关键成型零件强度与刚度校核。

任务描述：设计灯座注射模成型零件，灯座塑料件如图 2.1.1 所示。

零件名称：灯座。

设计要求：生产批量为大批量；未注公差取 MT5 级精度。

3.2 知识链接

3.2.1 设计成型零部件结构

成型零部件的结构设计应从便于加工、装配、使用、维修等角度加以考虑。

3.2.1.1 设计凹模

凹模是成型塑件外表面的零部件，按其结构类型分为整体式和组合式。

（1）整体式 整体式凹模由一整块金属加工而成，图 3.3.1（a），结构简单、牢固，不易变形，塑件无拼缝痕迹；但是浪费材料，不利于加工维修等。适用于形状较简单的塑件的成型。

（2）组合式 组合式凹模通过组装而成，见图 3.3.1（b）~（f），用于塑件外形较复杂、整体凹模加工工艺性差的情况。优点是改善加工工艺性，减少热处理变形，节省优质钢材。图 3.3.1（b）、（c）为底部与侧壁分别加工后用螺钉连接或镶嵌；图（c）拼接缝与塑件脱模方向一致，有利于脱模；图（d）为局部镶嵌，便于加工、磨损后更换方便。对于大型和

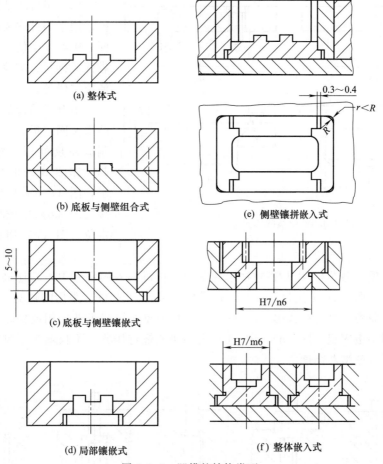

图 3.3.1 凹模的结构类型

复杂的模具，可采用图（e）所示的侧壁镶拼嵌入式结构，将四侧壁与底部分别加工、热处理、研磨、抛光后压入模套，四壁相互锁扣连接，为使内侧接缝紧密，其连接处外侧应留有 0.3～0.4mm 间隙，在四角嵌入件的圆角半径 R 应大于模套圆角半径。图（f）所示为整体嵌入式，常用于多腔模或外形较复杂的塑件，如齿轮等，常用冷挤、电铸或机械加工等方法制出整体镶块，然后嵌入，它不仅便于加工，且可节省优质钢材。对于采用垂直分型面的模具，凹模常用瓣合式结构，如图 3.3.2 所示。

组合式凹模易在塑件上留下拼接缝痕迹，设计时应合理组合，拼块数量应少，以减少塑件上的拼接缝痕迹，同时还应合理选择拼接缝的部位和拼接结构以及配合性质，使拼接紧密和方便脱模。

3.2.1.2 设计凸模（型芯）

凸模用于成型塑件内表面的零部件，又称型芯或成型杆，凸模的结构也有整体式和组合式两种。

（1）整体式凸模　整体式凸模见图 3.3.3（a），优点是凸模与模板制成整体，结构牢固，成型质量好；缺点是钢材消耗量大。适用于内表面形状简单的小型凸模。

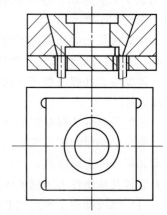

图 3.3.2 瓣合式凹模

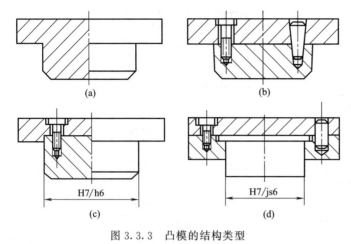

图 3.3.3 凸模的结构类型

(2) 组合式凸模　组合式凸模适用于塑件内表面形状复杂不便于机械加工的情况。优点是节省优质钢材、减少切削加工量和便于维修等。

组合式凸模的结构形式为将凸模及固定板分别采用不同材料制造和热处理，然后连接在一起，如图 3.3.3（b）～（d）所示，图（d）采用轴肩和底板连接；图（b）用螺钉连接，销钉定位；图（c）用螺钉连接，止口定位。

(3) 小凸模（型芯）　小凸模往往单独制造，再镶嵌入固定板中，其连接方式多样，如图 3.3.4 所示，图（a）采用过盈配合，从模板上压入；图（b）采用间隙配合，再从型芯尾部铆接，以防脱模时型芯被拔出；图（c）对细长的型芯可将下部加粗或做得较短，由底部嵌入，然后用垫板固定；图（d）、图（e）用垫块或螺钉压紧，不仅增加了型芯的刚性，便于更换，且可调整型芯高度。

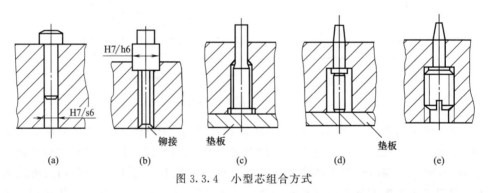

图 3.3.4 小型芯组合方式

对异形型芯，为便于加工，可制成图 3.3.5 所示的结构，将下面部分制成圆柱形，如图 3.5.5（a）所示，甚至只将成型部分制成异形，下面固定与配合部分均制成圆形，如图 3.5.5（b）所示。

对形状复杂的凸模为了便于机械加工和热处理，采用镶拼组合式，见图 3.3.6。

3.2.1.3　设计螺纹型芯与螺纹型环

螺纹型芯和螺纹型环分别用于成型塑件的内螺纹和外螺纹，还可用来固定塑件内的金属螺纹嵌件。

成型后塑件从螺纹型芯或螺纹型环上脱卸的方式有强制脱卸、机动脱卸和模外手动脱卸。模外手动脱卸螺纹成型前应使螺纹型芯或型环在模具内准确定位和可靠固定，不因外界振动和料流冲击而位移；开模后型芯或型环能同塑件一起方便地从模内取出，在模外用手动的方法将其从塑件上顺利地脱卸。

(1) 螺纹型芯　螺纹型芯用于成型塑件上的螺纹孔、安装金属螺母嵌件，前者工作部分除须考虑塑件螺纹的设计特点及收缩外，还要求有较小的表面粗糙度（$Ra<0.08\sim$

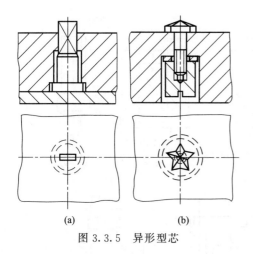

图 3.3.5 异形型芯

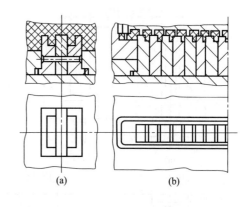

图 3.3.6 镶拼组合式凸模示例

$0.16\mu m$）；后者仅需按普通螺纹设计且表面粗糙度 Ra 只要求达到 $0.63\sim1.25\mu m$。

螺纹型芯的安装方式见图 3.3.7，均采用间隙配合，仅在定位支承方式上有区别。图（a）～图（c）用于成型塑件上的螺纹孔，采用锥面、圆柱台阶面和垫板定位支承。用于固定金属螺纹嵌件，采用图（d）所示结构难于控制嵌件旋入型芯的位置，且在成型压力作用下塑料熔体易挤入嵌件与模具之间和固定孔内并使嵌件上浮，影响嵌件轴向位置和型芯的脱卸；若将型芯制成阶梯状［图（e）］，嵌件拧至台阶为止，有助于克服上述问题；对细小的螺纹型芯（小于 M3），为增加刚性，采用图（f）所示结构，将嵌件下部嵌入模板止口，同时还可阻止料流挤入嵌件螺纹孔；当嵌件上螺纹孔为盲孔，且受料流冲击不大时，或虽为螺纹通孔，但其孔径小于 3mm 时，可利用普通光杆型芯代替螺纹型芯固定螺纹嵌件［图（g）］，从而省去了模外卸螺纹操作。

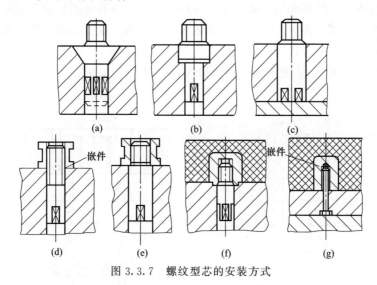

图 3.3.7 螺纹型芯的安装方式

上述七种安装方式主要用于立式注射机的下模或卧式注射机的定模，而对于上模或合模时冲击振动较大的卧式注射机模具的动模，应设置防止型芯自动脱落的结构，如图 3.3.8 所示，图（a）、图（b）中型芯柄部开槽，借助开槽弹力将型芯固定，它适用于直径小于 8mm 的螺纹型芯；图（c）、图（d）中弹簧钢丝卡入型芯柄部的槽内以张紧型芯，适用于直径8～

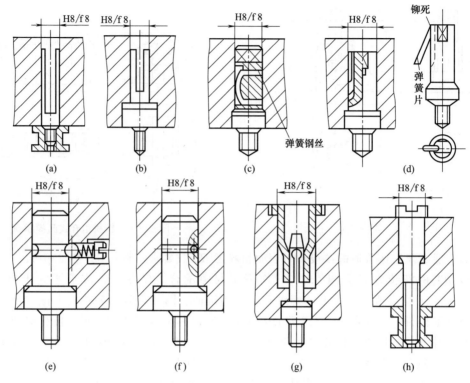

图 3.3.8 防止螺纹型芯脱落的结构

16mm 的螺纹型芯；直径大于 16mm 的螺纹型芯可采用弹簧钢球［图 (e)］或弹簧卡圈［图 (f)］固定，也可采用弹簧夹头夹紧［图 (g)］；图 (h) 为刚性连接的螺纹型芯，使用不便。

(2) 螺纹型环　螺纹型环用于成型塑件外螺纹或固定带有外螺纹的金属嵌件。螺纹型环实际上为一个活动的螺母镶件，模具闭合前装入凹模套内，成型后随塑件一起脱模，在模外卸下。其结构形式有整体式和组合式两种。

整体式见图 3.3.9 (a)，它与模孔呈间隙配合（H8/f8），配合段常为 3～5mm，其余加

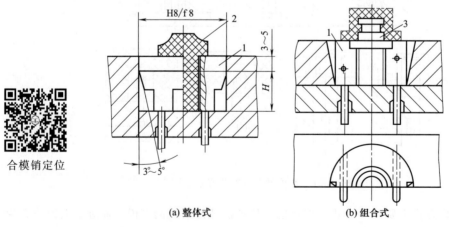

(a) 整体式　　　　(b) 组合式

图 3.3.9　螺纹型环

1—螺纹型环；2—带外螺纹塑件；3—螺纹嵌件

工成锥状,再在其尾部铣出平面,便于模外利用扳手从塑件上取下。组合式如图 3.3.9(b)所示,采用两瓣拼合,销钉定位。在两瓣结合面的外侧开有楔形槽,以便于脱模后用尖劈状卸模工具取出塑件。

3.2.2 计算成型零部件工作尺寸

成型零部件工作尺寸指成型零部件上直接决定塑件形状的有关尺寸。主要包括:型腔和型芯的径向尺寸(含长、宽尺寸)、高度尺寸及中心距尺寸等。

3.2.2.1 塑件尺寸精度的影响因素

(1) 成型零部件的制造误差　成型零部件的制造误差包括成型零部件的加工误差和安装、配合误差。设计时一般应将成型零件的制造公差控制在塑件相应公差的 1/3 左右,通常取 IT6~IT9 级。

(2) 成型零部件的磨损　磨损的主要原因是塑料熔体在型腔中的流动以及脱模时塑件与型腔的摩擦等,以后者造成的磨损为主。简化计算时,只考虑与塑件脱模方向平行的表面的磨损,对垂直于脱模方向的表面的磨损则忽略。

影响磨损量值的因素有成型塑件的材料、成型零部件的磨损性及生产纲领等。含玻璃纤维和石英粉等填料的塑件、型腔表面耐磨性差的零部件取大值。设计时根据塑料材料、成型零部件材料、热处理及型腔表面状态和模具要求的使用期限来确定最大磨损量,中、小型塑件该值一般取塑件公差的 1/6,大型塑件则取小一些。

(3) 塑料的成型收缩　成型收缩不是塑料的固有特性,是材料与条件的综合特性,随制品结构、工艺条件等影响而变化,如原料的预热与干燥程度、成型温度和压力波动、模具结构、塑件结构尺寸,不同的生产厂家、生产批号的变化都将造成收缩率的波动。

由于设计时选取的计算收缩率与实际收缩率的差异以及由于塑件成型时工艺条件的波动、材料批号的变化而造成的塑件收缩率的波动,导致塑件尺寸的变化值为

$$\delta_s = (S_{max} - S_{min})L_s \tag{3.3.1}$$

式中　S_{max}——塑料的最大收缩率;
　　　S_{min}——塑料的最小收缩率;
　　　L_s——塑料的名义尺寸。

因此,塑件尺寸变化值 δ_s 与塑件尺寸成正比。对大尺寸塑件,收缩率波动对塑件尺寸精度影响较大。此时,只靠提高成型零件制造精度来减小塑件尺寸误差是困难和不经济的,应从工艺条件的稳定和选用收缩率波动值小的塑料来提高塑件精度;对小尺寸塑件,收缩率波动值的影响小,模具成型零件的公差及其磨损量成为影响塑件精度的主要因素。

(4) 配合间隙引起的误差　误差来源有活动型芯的配合间隙引起的塑件孔的位置误差或中心距误差和凹模与凸模分别安装于动模和定模时,合模导向机构中导柱和导套的配合间隙引起的塑件的壁厚误差。为保证塑件精度须使上述各因素造成的误差的总和小于塑件的公差值,即

$$\delta_z + \delta_c + \delta_s + \delta_j \leq \Delta$$

式中　δ_z——成型零部件制造误差;
　　　δ_c——成型零部件的磨损量;
　　　δ_s——塑料的收缩率波动引起的塑件尺寸变化值;
　　　δ_j——由于配合间隙引起的塑件尺寸误差;
　　　Δ——塑件的公差。

3.2.2.2 成型零部件工作尺寸的计算

成型零部件工作尺寸的计算方法有平均值法和公差带法，一般用较简单的平均值法，公差带法较复杂，本书不讨论。计算前，对塑件尺寸和成型零部件的尺寸偏差统一按"入体"原则标注，对包容面（型腔和塑件内表面）尺寸采用单向正偏差标注，基本尺寸为最小。如图 3.3.10 所示，设 Δ 为塑件公差，δ_z 为成型零件制造公差，则塑件内径为 $l_s{}_{0}^{+\Delta}$，型腔尺寸 $L_m{}_{0}^{+\delta_z}$。对被包容面（型芯和塑件外表面）尺寸采用单向负偏差标注，基本尺寸为最大，型芯尺寸为 $L_m{}_{-\delta_z}^{0}$，塑件外形尺寸为 $L_s{}_{-\Delta}^{0}$。对中心距尺寸采用双向对称偏差标注，塑件间中心距为 $C_s \pm \dfrac{\Delta}{2}$，型芯间的中心距为 $C_m \pm \dfrac{\delta_z}{2}$。

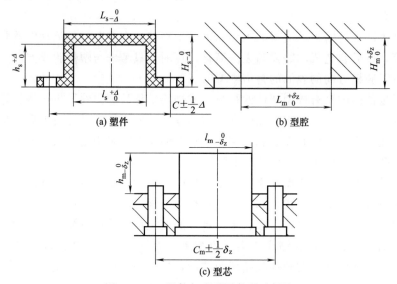

图 3.3.10 塑件与成型零件尺寸标注

注意：当塑件原有偏差的标注方法与此不符合时，应按此规定换算。

平均值法是按塑料成型时的收缩率、成型零件制造公差和磨损量均为平均值时，制品获得的平均尺寸来计算的。

（1）型腔与型芯径向尺寸

① 型腔。设塑料平均收缩率为 S_{cp}；塑件外形基本尺寸为 L_s，其公差值为 Δ，则塑件平均尺寸为 $L_s - \dfrac{\Delta}{2}$；型腔基本尺寸为 L_m，其制造公差为 δ_z，则型腔平均尺寸为 $L_m + \dfrac{\delta_z}{2}$。

考虑平均收缩率及型腔磨损为最大值的一半 $\left(\dfrac{\delta_c}{2}\right)$，有

$$\left(L_m + \frac{\delta_z}{2}\right) + \frac{\delta_c}{2} - \left(L_s - \frac{\Delta}{2}\right)S_{cp} = L_s - \frac{\Delta}{2}$$

整理并忽略二阶无穷小量 $\dfrac{\Delta}{2} S_{cp}$，可得型腔基本尺寸

$$L_m = L_s(1 + S_{cp}) - \frac{1}{2}(\Delta + \delta_z + \delta_c)$$

δ_z 和 δ_c 是影响塑件尺寸的主要因素，应根据塑件公差来确定，成型零件制造公差 δ_z 一般取 $\left(\dfrac{1}{3} \sim \dfrac{1}{6}\right)\Delta$；磨损量 δ_c 一般取小于 $\dfrac{1}{6}\Delta$，故上式为

$$L_m = L_s + L_s S_{cp} - x\Delta$$

标注制造公差后得

$$L_m = (L_s + L_s S_{cp} - x\Delta)^{+\delta_z}_{\ 0} \tag{3.3.2}$$

式中 x——修正系数。

中、小型塑件，$\delta_z = \Delta/3$，$\delta_c = \Delta/6$，得

$$L_m = \left(L_s + L_s S_{cp} - \frac{3}{4}\Delta\right)^{+\delta_z}_{\ 0} \tag{3.3.3}$$

大尺寸和精度较低的塑件，$\delta_z < \Delta/3$，$\delta_c < \Delta/6$，式（3.3.3）中 Δ 前面的系数 x 将减小，该系数值在 $1/2 \sim 3/4$ 间变化。

② 型芯径向尺寸。设塑件内型尺寸为 l_s，其公差值为 Δ，则其平均尺寸为 $l_s + \frac{\Delta}{2}$；型芯基本尺寸为 l_m，制造公差为 δ_z，其平均尺寸为 $l_m - \frac{\delta_z}{2}$。同上面推导型腔径向尺寸类似，得

$$l_m = (l_s + l_s S_{cp} + x\Delta)^{\ 0}_{-\delta_z} \tag{3.3.4}$$

式中，$x = 1/2 \sim 3/4$。

中小型塑件

$$l_m = \left(l_s + l_s S_{cp} + \frac{3}{4}\Delta\right)^{\ 0}_{-\delta_z} \tag{3.3.5}$$

(2) 型腔深度与型芯高度尺寸 按上述公差带标注原则，塑件高度尺寸为 $H_{s-\Delta}^{\ 0}$，型腔深度尺寸为 $H_{m\ 0}^{+\delta_z}$。型腔底面和型芯端面均与塑件脱模方向垂直，磨损很小，因此计算时磨损量 δ_c 不予考虑，则有

$$H_m + \frac{\delta_z}{2} - \left(H_s - \frac{\Delta}{2}\right)S_{cp} = H_s - \frac{\Delta}{2}$$

略去 $\frac{\Delta}{2}S_{cp}$，得

$$H_m = H_s + H_s S_{cp} - \left(\frac{\Delta}{2} + \frac{\delta_z}{2}\right)$$

标注公差后得

$$H_m = (H_s + H_s S_{cp} - x'\Delta)^{+\delta_z}_{\ 0} \tag{3.3.6}$$

对中、小型塑件，$\delta_z = \frac{1}{3}\Delta$，故得

$$H_m = \left(H_s + H_s S_{cp} - \frac{2}{3}\Delta\right)^{+\delta_z}_{\ 0} \tag{3.3.7}$$

对大型塑件，x' 可取较小值，故公式中 x' 可在 $\frac{1}{2} \sim \frac{2}{3}$ 范围选取。

同理可得型芯高度尺寸计算公式

$$h_m = (h_s + h_s S_{cp} + x'\Delta)^{\ 0}_{-\delta_z} \tag{3.3.8}$$

对中、小型塑件则为

$$h_m = \left(h_s + h_s S_{cp} + \frac{2}{3}\Delta\right)^{\ 0}_{-\delta_z} \tag{3.3.9}$$

(3) 中心距尺寸 影响模具中心距误差的因素有：制造误差 δ_z；活动型芯尚有与其配

合孔的配合间隙 δ_j。

中心距误差采用双向公差。如图 3.3.10（c）所示，塑件上中心距 $C_s \pm \frac{1}{2}\Delta$，模具成型零件的中心距为 $C_m \pm \frac{1}{2}\delta_z$，其平均值即为其基本尺寸。

型芯与成型孔的磨损可认为是沿圆周均匀磨损，不影响中心距，计算时仅考虑塑料收缩，而不考虑磨损余量，于是得

$$C_m = C_s + C_s S_{cp}$$

标注制造偏差后则得

$$C_m = (C_s + C_s S_{cp}) \pm \frac{\delta_z}{2} \tag{3.3.10}$$

模具中心距制造公差 δ_z 的确定方法：根据塑件孔中心距尺寸精度要求、加工方法和加工设备等确定，用坐标镗床加工，一般小于 $\pm(0.015\sim0.02)$mm。

注意：

① 对带有嵌件或孔的塑件，在成型时由于嵌件和型芯等影响了自由收缩，故其收缩率较实体塑件为小。计算带有嵌件的塑件的收缩值时，上述各式中收缩值项的塑件尺寸应扣除嵌件部分尺寸。

② S_{cp} 根据实测数据或选用类似塑件的实测数据。如果把握不大，在模具设计和制造时，应留有一定的修模余量。

平均值法比较简便，常被采用，但对精度较高的塑件将造成较大误差。

3.2.2.3 螺纹型芯与螺纹型环尺寸的计算

由于塑件螺纹成型时收缩的不均匀性，影响塑件螺纹成型的因素很复杂，目前尚无成熟的计算方法，一般多采用平均值法。

（1）螺纹型芯与型环径向尺寸　径向尺寸计算方法与普通型芯和型腔的径向尺寸的计算方法基本相似，但螺距和牙尖角的误差较大，从而影响其旋入性能，因此在计算径向尺寸时，采用增加螺纹中径配合间隙的办法来补偿，即采用增加塑件螺纹孔的中径和减小塑件外螺纹的中径的办法来改善旋入性能。将一般型腔和型芯径向尺寸计算公式中的系数 x 适当增大，即可得到下列螺纹型芯与螺纹型环径向尺寸相应的计算公式。

螺纹型芯：

中径 $\qquad d_{m中} = [(1+S_{cp})D_{s中} + \Delta_{中}]_{-\delta_{中}}^{0} \tag{3.3.11}$

大径 $\qquad d_{m大} = [(1+S_{cp})D_{s大} + \Delta_{中}]_{-\delta_{大}}^{0} \tag{3.3.12}$

小径 $\qquad d_{m小} = [(1+S_{cp})D_{s小} + \Delta_{中}]_{-\delta_{小}}^{0} \tag{3.3.13}$

螺纹型环：

中径 $\qquad D_{m中} = [(1+S_{cp})d_{s中} - \Delta_{中}]_{0}^{+\delta_{中}} \tag{3.3.14}$

大径 $\qquad D_{m大} = [(1+S_{cp})d_{s大} - \Delta_{中}]_{0}^{+\delta_{大}} \tag{3.3.15}$

小径 $\qquad D_{m小} = [(1+S_{cp})d_{s小} - \Delta_{中}]_{0}^{+\delta_{小}} \tag{3.3.16}$

式中　$d_{m中}$，$d_{m大}$，$d_{m小}$——螺纹型芯的中径、大径和小径；

$D_{s中}$，$D_{s大}$，$D_{s小}$——塑件内螺纹的中径、大径和小径的基本尺寸；

$D_{m中}$，$D_{m大}$，$D_{m小}$——螺纹型环的中径、大径和小径；

$d_{s中}$，$d_{s大}$，$d_{s小}$——塑件外螺纹的中径、大径和小径的基本尺寸；

$\Delta_{中}$——塑件螺纹中径公差；目前国内尚无标准，可参考金属螺纹公差标准选用精度较低者；

$\delta_{中}$，$\delta_{大}$，$\delta_{小}$——螺纹型芯或型环中径、大径和小径的制造公差，一般按塑件螺纹中径公差的 1/5～1/4 选取。

上列各式与相应的普通型芯和型腔径向尺寸计算公式相比较，可见公式第三项系数 x 值增大了，普通型芯或型腔为 3/4，而螺纹型芯或型环为 1，不仅扩大了螺纹中径的配合间隙，而且使螺纹牙尖变短，增加了牙尖的厚度和强度。

(2) 螺距　螺纹型芯与型环的螺距尺寸计算公式与前述中心距尺寸计算公式相同，即

$$P_m = [(1+S_{cp})P_s] \pm \frac{\delta_z}{2} \qquad (3.3.17)$$

式中　P_m——螺纹型芯或型环的螺距；

P_s——塑件螺纹螺距基本尺寸；

δ_z——螺纹型芯与型环螺距制造公差。

式 (3.3.17) 计算出的螺距常有不规则的小数，使机械加工较为困难。因此，相连接的塑件内、外螺纹的收缩率相同或相近似时，两者均可不考虑收缩率；塑件螺纹与金属螺纹相连接，但配合长度小于极限长度或不超过 7～8 牙的情况，仅在径向尺寸计算时加放径向配合间隙补偿即可，螺距计算可以不考虑收缩率。

例如，图 3.3.11 所示为硬聚氯乙烯制件，收缩率为 0.6%～1%，试计算凹模直径与深度、凸模直径与高度、"4×φ5" 型芯间中心距及螺纹型环尺寸。

① 凹模（型腔）直径。塑件平均收缩率为 0.8%，取凹模制造公差 $\delta_z = \frac{1}{3}\Delta = 0.087$ mm，此值介于 IT9～IT10 之间，则凹模直径为

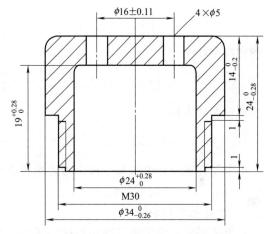

图 3.3.11　硬聚氯乙烯制件

$$L_m = \left(L_s + L_s S_{cp} - \frac{3}{4}\Delta\right)_0^{+\delta} = \left(34 + 34 \times \frac{0.8}{100} - \frac{3}{4} \times 0.26\right)_0^{+0.087} = 34.08_0^{+0.087}(\text{mm})$$

② 凹模深度。设 $\delta_z = \frac{1}{3}\Delta = 0.073$ mm，按 IT10 制造，$\delta_z = 0.07$ mm，则凹模深度为

$$H_m = \left[(1+S_{cp})H_s - \frac{2}{3}\Delta\right]_0^{+\delta_z} = \left[\left(1+\frac{0.8}{100}\right) \times 14 - \frac{2}{3} \times 0.22\right]_0^{+0.070} = 13.97_0^{+0.070}(\text{mm})$$

③ 凸模直径。设凸模按 IT9 级制造，$\delta_z = 0.052$ mm，约为 $\frac{1}{5}\Delta$，是凸模直径为

$$l_m = \left[(1+S_{cp})l_s + \frac{3}{4}\Delta\right]_{-\delta_z}^0 = \left[\left(1+\frac{0.8}{100}\right) \times 24 + \frac{3}{4} \times 0.28\right]_{-0.052}^0 = 24.4_{-0.052}^0(\text{mm})$$

④ 凸模高度。设 $\delta_z = \frac{1}{3}\Delta = 0.093$ mm，此值在 IT10～IT11 之间，则按 IT10 级制造，

$\delta_z = 0.084$mm,磨损余量取 $\delta_c = 0.05$mm,约为 $\frac{1}{6}\Delta$,则凸模高度为

$$h_m = \left[h_s(1+S_{cp}) + \frac{2}{3}\Delta\right]_{-\delta_z}^{0} = \left[19 \times \left(1+\frac{0.8}{100}\right) + \frac{2}{3} \times 0.28\right]_{-0.084}^{0} = 19.34_{-0.084}^{0} \text{ (mm)}$$

⑤ 两型芯中心距。计算公式为

$$C_m = [C_m(1+S_{cp})] \pm \frac{\delta_z}{2}$$

若 $\delta_z = \frac{1}{4}\Delta = \frac{0.22}{4} = 0.055$mm,按 IT9 级精度,取 $\delta_z = 0.043$mm,则型芯中心距为

$$C_m = \left[16 \times \left(1+\frac{0.8}{100}\right)\right] \pm \frac{0.043}{2} = 16.13 \pm 0.022 \text{ (mm)}$$

⑥ 螺纹型环。M30 粗牙螺纹由有关手册查得 $d_{s小}=26.21$mm,$d_{s中}=27.73$mm,螺距 $P_s = 3.5$mm,螺纹中径公差 $\Delta_{中} = 0.31$mm;螺纹型环制造公差 $\delta_{大} = 0.04$mm,$\delta_{中} = 0.03$mm,$\delta_{小} = 0.04$mm,将上述数据代入公式计算得

螺纹型环中径

$$D_{m中} = [(1+S_{cp})d_{s中} - \Delta_{中}]_{0}^{+\delta_{中}} = \left[\left(1+\frac{0.8}{100}\right) \times 27.73 - 0.31\right]_{0}^{+0.03} = 27.64_{0}^{+0.03} \text{ (mm)}$$

螺纹型环小径

$$D_{m小} = [(1+S_{cp})d_{s小} - \Delta_{中}]_{0}^{+\delta_{小}} = \left[\left(1+\frac{0.8}{100}\right) \times 26.21 - 0.31\right]_{0}^{+0.04} = 26.11_{0}^{+0.04} \text{ (mm)}$$

螺纹型环大径

$$D_{m大} = [(1+S_{cp})d_{s大} - \Delta_{中}]_{0}^{+\delta_{大}} = \left[\left(1+\frac{0.8}{100}\right) \times 30 - 0.31\right]_{0}^{+0.04} = 29.93_{0}^{+0.04} \text{ (mm)}$$

由于塑件螺纹长度很短,故不考虑螺距收缩,螺纹型环螺距直接取塑件螺距,制造公差 $\delta_z = 0.04$mm,得螺纹型环螺距为 $P_m = (3.5 \pm 0.02)$mm。

3.2.3 计算型腔和底板

注射成型时,为了承受高压熔体的压力,型腔侧壁与底板应该具有足够的强度与刚度。小尺寸型腔常因强度不够而破坏;大尺寸型腔,刚度不足常为设计失效的主要原因。

确定型腔壁厚的计算法有传统的力学分析法和有限元法或边界元法等现代数值分析法,后者结果较可靠,特别适用于模具结构复杂、精度要求较高的场合,但由于受计算机硬件和软件等经济与技术条件的限制,目前应用尚不普遍。前者是根据模具结构特点与受力情况建立力学模型,分析计算其应力和变形量,控制其在型腔材料许用应力和型腔许用弹性(即刚度计算条件)范围内。

3.2.3.1 成型型腔壁厚刚度计算条件

(1)型腔不发生溢料 在高压塑料熔体作用下,模具型腔壁过大的塑性变形将导致某些结合面出现间隙,产生溢料和飞边。因此,须根据不同塑料的溢料间隙来决定刚度条件。表 3.3.1 为部分塑料许用的溢料间隙。

表 3.3.1 塑料许用的溢料间隙

黏度特性	塑料种类	许用的溢料间隙/mm
低黏度塑料	PA,PE,PP,POM	≤0.025~0.04
中黏度塑料	PS,ABS,PMMA	≤0.05
高黏度塑料	PC,PSF,PPO	≤0.06~0.08

(2) 保证塑料精度　当塑件的某些工作尺寸要求精度较高时,成型零件的弹性变形影响塑件精度,因此应使型腔压力为最大时,该型腔壁的最大弹性变形量小于塑件公差的 1/5。

(3) 保证塑件顺利脱模　若型腔壁的最大变形量大于塑件的成型收缩值,开模后,型腔侧壁的弹性恢复将使其紧包住塑件,使塑件脱模困难或在脱模过程中被划伤甚至破裂,因此型腔壁的最大弹性变形量应小于塑件的成型收缩值。

由于塑件收缩率一般较大,当满足前两项刚度条件时,后一项一般就满足。大尺寸型腔,刚度不足是主要矛盾,按刚度条件计算型腔壁厚;小尺寸型腔,发生较大的弹性变形前,其内应力常已超过许用应力,按强度计算型腔壁厚。

图 3.3.12 所示为组合圆形型腔分别按强度和刚度计算所需型腔壁厚与型腔半径的关系曲线,图中 A 点为分界尺寸,当半径超过 A 值,按刚度条件计算的壁厚大于按强度条件计算的壁厚,因此按刚度计算。

在分界尺寸不明的情况下,应分别按强度条件和刚度条件计算壁厚后,取其中较大值。

3.2.3.2　计算型腔侧壁厚度

(1) 圆形型腔

① 组合式圆形型腔 (图 3.3.13)

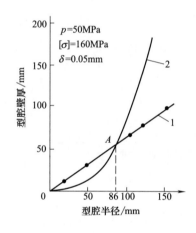

图 3.3.12　型腔壁厚与型腔半径的关系
1—强度曲线；2—刚度曲线；p—型腔压力；
　　[σ]—模具材料许用应力；
　　　δ—型腔壁许用变形量

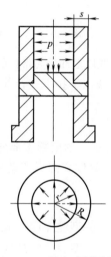

图 3.3.13　组合式圆形型腔

a. 其侧壁可视为两端开口、受均匀内压的厚壁圆筒,塑料熔体的压力 p 作用下,侧壁将产生内半径增长量

$$\delta = \frac{rp}{E}\left(\frac{R^2+r^2}{R^2-r^2}+\mu\right)$$

式中　p——型腔内压力,MPa,一般为 20~50MPa；

E——弹性模量,MPa,中碳钢 $E=2.1\times10^5$ MPa,预硬化塑料模具钢 $E=2.2\times10^5$ MPa；

r——型腔内半径,mm；

R——型腔外半径,mm；

μ——泊松比，碳钢取 0.25。

当已知刚度条件（即许用变形量）$[\delta]$，可得按刚度条件计算的侧壁厚度

$$S=r\left[\sqrt{\frac{\frac{E[\delta]}{rp}-(\mu-1)}{\frac{E[\delta]}{rp}-(\mu+1)}}-1\right] \qquad (3.3.18)$$

b. 按第三强度理论推算得强度计算公式

$$S=r\left(\sqrt{\frac{[\sigma]}{[\sigma]-2p}}-1\right) \qquad (3.3.19)$$

式中 $[\sigma]$——型腔材料的许用应力，MPa，中碳钢 $[\sigma]=160$MPa，预硬化钢塑料模具钢 $[\sigma]=300$MPa。

② 整体式圆形型腔（图 3.3.14）

a. 刚度计算时，整体式圆形型腔与组合式圆形型腔的区别在于当受高压熔体作用时，其侧壁下部受底部约束，沿高度方向上约束减小，超过一定高度极限 h_0 后，便不再约束，视为自由膨胀，即与组合式型腔计算相同。

根据工程力学知识，约束膨胀与自由膨胀的分界点 A 的高度为

$$h_0=\sqrt[4]{\frac{2}{3}r(R-r)^3} \qquad (3.3.20)$$

AB 线以上部分为自由膨胀，按式（3.3.18）和式（3.3.19）计算。

AB 线以下按下式计算

$$\delta_1=\delta\frac{h_1^4}{h_0^4} \qquad (3.3.21)$$

式中 h_1——约束膨胀部分距底部的高度，mm。

b. 将整体式圆形凹模视为厚壁圆筒，其壁厚可按以下近似公式计算

$$S=\frac{prh}{[\sigma]H} \qquad (3.3.22)$$

式中 h——型腔深度，mm；

H——型腔外壁高度，mm。

（2）矩形型腔

① 组合式矩形型腔（图 3.3.15）

a. 刚度计算时，将每一侧壁视为均布载荷的两端固定梁，其最大挠度发生在中点，由此得侧壁厚度计算公式

$$S=\sqrt[3]{\frac{phl_1^4}{32EH[\delta]}} \qquad (3.3.23)$$

式中 h——型腔内壁受压部分的高度，mm；

H——型腔外壁高度，mm；

l_1——型腔内壁长度，mm。

b. 强度进行校核时，在高压塑料熔体压力 p 作用下，每一边侧壁受到弯曲应力和拉应力的联合作用，如图 3.3.16 所示。对两端固定受均布载荷的梁，其最大弯曲应力在梁两端，其值为

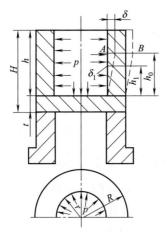

图 3.3.14 整体式圆形型腔

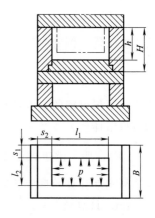

图 3.3.15 组合式矩形腔壁厚计算

$$\sigma_w = \frac{phl_1^2}{2HS^2}$$

同时由于两相邻边的作用，侧壁受到的拉应力为

$$\sigma_1 = \frac{phl_2}{2HS}$$

侧壁所受的总应力为弯曲应力和拉应力之和，且应小于许用应力，即

$$\sigma = \sigma_w + \sigma_1 = \frac{phl_1^2}{2HS^2} + \frac{phl_2}{2HS} \leqslant [\sigma] \tag{3.3.24}$$

由此式便可求得所需的侧壁厚度 S。

② 整体式矩形型腔（图 3.3.17）。整体式矩形型腔任一侧壁均可简化为三边固定，一边自由的矩形板，在塑料熔体压力下，其最大变形发生在自由边的中点，变形量为

$$\delta = \frac{Cph^4}{ES^3} \tag{3.3.25}$$

式中 C——常数，随 l/h 而变化。

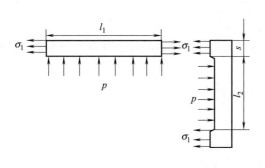

图 3.3.16 组合式矩形型腔侧壁

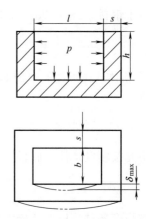

图 3.3.17 整体式矩形型腔

C 值也可按以下近似公式计算

$$C = \frac{3l^4/h^4}{2l^4/h^4 + 96} \tag{3.3.26}$$

按刚度条件，侧壁厚度为

$$S = \sqrt[3]{\frac{Cph^4}{E\delta}} \tag{3.3.27}$$

整体式矩形侧壁的强度计算较麻烦，因此转化为自由变形来计算。根据应力与应变的关系，当塑料熔体压力 $p=50\mathrm{MPa}$，变形量 $\delta=l/6000$ 时，板的最大应力接近于 45 钢的许用应力 200MPa，变形量再大，则会超过许用应力。当许用变形量 $[\delta]=\frac{1}{5}\Delta=0.05\mathrm{mm}$ 时，强度计算与刚度计算的型腔长度分界尺寸为 $l=300\mathrm{mm}$。$l>300\mathrm{mm}$ 时，按允许变形量（如 $\delta=0.05\mathrm{mm}$）计算壁厚；$l<300\mathrm{mm}$，则按允许变形量 $\delta=l/6000$ 计算壁厚。

3.2.3.3 计算型腔底板厚度

当底板平面不与动模板或定模板紧贴而用支承件的情况时应对底板厚度进行计算，对于底板的底平面直接与定模板或动模板紧贴的情况，其厚度仅需由经验决定。

(1) 圆形型腔底部厚度

① 组合式圆形型腔（图 3.3.13）的底板可视为周边简支的圆板，最大挠度发生在中心，其值为

$$\delta = 0.74 \frac{pr^4}{Et^3}$$

由此按刚度条件计算的底板厚度为

$$t = \sqrt[3]{\frac{0.74pr^4}{E\delta}} \tag{3.3.28}$$

按强度条件计算，其最大切应力发生在底板周边，其值为

$$\sigma_{\max} = \frac{3(3+\mu)pr^2}{8t^2} \leqslant [\sigma]$$

由此得底板厚度为

$$t = \sqrt{\frac{3(3+\mu)pr^2}{8[\sigma]}} \tag{3.3.29}$$

对于钢材，$\mu=0.25$，故得

$$t = \sqrt{\frac{1.22pr^2}{[\sigma]}}$$

② 整体式圆形型腔（图 3.3.14）底板可视为周边固定的圆板，其最大变形位于板中心，其值为

$$\delta = 0.175 \frac{pr^4}{Et^3}$$

由此按刚度条件，底板厚度应为

$$t = \sqrt[3]{0.175 \frac{pr^4}{E\delta}} \tag{3.3.30}$$

按强度条件分析，其最大应力发生在周边，所需底板厚度为

$$t = \sqrt{\frac{3pr^2}{4[\sigma]}} \tag{3.3.31}$$

(2) 矩形型腔

① 整体式矩形型腔 (图 3.3.17) 的底可视为周边固定受均布载荷的矩形板,在塑料熔体压力 p 的作用下,板的中心产生最大变形,其值为

$$\delta = C' \frac{pb^4}{Et^3} \qquad (3.3.32)$$

式中,C' 为常数,随底板内壁两边长之比 l/b 而异,C' 的值也可按近似公式计算

$$C' = \frac{l^4/b^4}{32 \times (l^4/b^4 + 1)} \qquad (3.3.33)$$

如果已知允许的变形量,则按刚度条件计算的底板厚度为

$$t = \sqrt[3]{\frac{C'pb^4}{E\delta}} \qquad (3.3.34)$$

同侧壁的厚度计算一样,底板强度计算也较复杂,通过计算分析得知,在 $p=50\text{MPa}$ 时,只要 $\delta \leqslant l/6000$ 作为满足强度条件的依据。

② 组合式矩形型腔底板 (图 3.3.18)。双支脚底板,可视为均布载荷简支梁。设支脚间距 L 与型腔长度 l 相等。

a. 刚度计算时,最大变形量为

$$\delta = \frac{5pbL^4}{32EBt^3}$$

则底板厚度为

$$t = \sqrt[3]{\frac{5pbL^4}{32EB\delta}} \qquad (3.3.35)$$

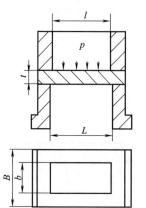

图 3.3.18 组合式矩形型腔底板

式中 L ——支脚间距,mm;

B ——底板总宽度,mm。

b. 按强度条件计算时,简支梁最大弯曲应力也出现在中部,其值为

$$\sigma = \frac{3pbL^2}{4Bt^2}$$

故按强度计算所得的底板厚度为

$$t = \sqrt{\frac{3pbL^2}{4B[\sigma]}} \qquad (3.3.36)$$

注意:大型模具型腔支脚跨度较大,计算出的底板厚度较大,但若改变支承方式,如增加一中间支承时 [图 3.3.19 (a)],则

$$t = \sqrt[3]{\frac{5pb(L/2)^4}{32EB\delta}} \qquad (3.3.37)$$

所得的底板厚度值为由式 (3.3.36) 所得之值的 1/2.5。

当增加两根中间支承时 [图 3.3.19 (b)],则有

$$t = \sqrt[3]{\frac{5pb(L/3)^4}{32EB\delta}} \qquad (3.3.38)$$

由此式计算所得的壁厚仅为式 (3.3.36) 计算所得厚度的 1/4.3。因此合理增加中间支承可使底板厚度大大减小。

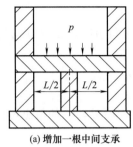
(a) 增加一根中间支承

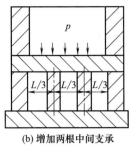
(b) 增加两根中间支承

图 3.3.19 底板增设中间支承

3.3 任务实施

灯座注射模总装图如图 3.1.33 所示。

该塑件的成型零件尺寸均按平均值法计算。查有关手册得 PC 的收缩率为 0.5%～0.7%，故平均收缩率为 $S_{cp}=0.006$，根据塑件尺寸公差要求，模具的制造公差取 $\delta_z=\Delta/4$。计算成型零件尺寸，见表 3.3.2。

表 3.3.2 计算型腔、型芯主要工作尺寸　　　　　　　　　　　　mm

类别	零件图号	模具零件名称	塑件尺寸	计算公式	型腔或型芯工作尺寸
型腔的计算	件 25 导滑板(型腔1)	小端对应的型腔	$\phi 69_{-0.86}^{0}$	$L_m=\left(L_s+L_s S_{cp}-\dfrac{3}{4}\Delta\right)^{+\delta_z}_{0}$	$\phi 68.77_{0}^{+0.22}$
			$\phi 70_{-0.86}^{0}$		$\phi 69.78_{0}^{+0.22}$
		内凸对应的型芯	$\phi 114_{0}^{+1.14}$	$l_m=\left(l_s+l_s S_{cp}+\dfrac{3}{4}\Delta\right)^{0}_{-\delta_z}$	$\phi 115.54_{-0.29}^{0}$
			$\phi 121_{0}^{+1.28}$		$\phi 122.68_{-0.32}^{0}$
	件 22 型腔板	大端对应的型腔	$\phi 127_{-1.28}^{0}$	$L_m=\left(l_s+l_s S_{cp}-\dfrac{3}{4}\Delta\right)^{+\delta_z}_{0}$	$\phi 126.8_{0}^{+0.32}$
			$\phi 129_{-1.28}^{0}$		$\phi 128.8_{0}^{+0.32}$
			$\phi 137_{-1.28}^{0}$		$\phi 136.86_{0}^{+0.32}$
			$\phi 170_{-1.6}^{0}$		$\phi 169.82_{0}^{+0.4}$
			$8_{-0.28}^{0}$	$h_m=\left(h_s+h_s S_{cp}-\dfrac{2}{3}\Delta\right)^{0}_{-\delta_z}$	$7.86_{0}^{+0.07}$
			$133_{-1.28}^{0}$		$132.94_{0}^{+0.32}$
型芯的计算	件 7 型芯	大型芯	$\phi 63_{0}^{+0.74}$	$l_m=\left(l_s+l_s S_{cp}+\dfrac{3}{4}\Delta\right)^{0}_{-\delta_z}$	$\phi 63.9_{-0.18}^{0}$
			$\phi 64_{0}^{+0.74}$		$\phi 64.9_{-0.18}^{0}$
			$\phi 123_{0}^{+1.28}$		$\phi 124.69_{-0.32}^{0}$
			$\phi 131_{0}^{+1.28}$		$\phi 132.74_{-0.32}^{0}$
			$\phi 164_{0}^{+1.6}$		$\phi 166_{-0.4}^{0}$
	件 11 型芯($\phi 2$) 件 6 型芯($\phi 5$) 件 7 型芯($\phi 12$) 件 24 型芯($\phi 10$、$\phi 4.5$)	小型芯	$\phi 2_{0}^{+0.2}$	$l_m=\left(l_s+l_s S_{cp}+\dfrac{3}{4}\Delta\right)^{0}_{-\delta_z}$	$\phi 2.16_{-0.05}^{0}$
			$\phi 5_{0}^{+0.24}$		$\phi 5.21_{-0.06}^{0}$
			$\phi 12_{0}^{+0.28}$		$\phi 12.28_{-0.07}^{0}$
			$\phi 10_{0}^{+0.28}$		$\phi 10.27_{-0.07}^{0}$
			$\phi 4.5_{0}^{+0.24}$		$\phi 4.7_{0}^{+0.24}$
			$\phi 5_{0}^{+0.24}$	$h_m=\left(h_s+h_s S_{cp}+\dfrac{2}{3}\Delta\right)^{0}_{-\delta_z}$	$\phi 5.21_{-0.06}^{0}$
			$\phi 2.25_{0}^{+0.2}$		$\phi 2.39_{-0.04}^{0}$
孔距		型孔之间的中心距	34 ± 0.28	$C_m=(C_s+C_s S_{cp})\pm\delta_z/8$	34.20 ± 0.035
			$\phi 96\pm 0.50$		$\phi 96.58\pm 0.062$
			$\phi 150\pm 0.57$		$\phi 150.9\pm 0.071$

任务 4 设计注射模推出机构

> **专项能力目标**
> （1）分析注射模推出机构的结构组成与工作原理
> （2）运用脱模力计算公式，能够设计出简单零件的推出机构

> **专项知识目标**
> （1）知道注射模推出机构的组成与分类
> （2）设计与计算注射模简单推出机构
> （3）分析注射模二次推出机构的工作过程
> （4）识别注射模其他形式的推出机构类型

> **学时设计**
> 8 学时

4.1 任务引入

将冷却固化后的成型塑料件从模具中取出，最理想的情况是模具开启后，塑件能通过自身重力从型芯或型腔上自动脱落。而事实上，由于塑件表面的微观凸凹、附着力和应力的存在，必须采取一定的措施才能将塑件脱模。通常情况下，采取的措施是根据塑料件的特点在塑料模中设计推出机构。

如图 3.4.1 所示塑料件，材料为 ABS，壁厚为 2mm，大批量生产，要求内表面光滑。分析塑件的工艺性能，试设计推出机构。

4.2 知识链接

4.2.1 推出机构的结构组成与分类

4.2.1.1 推出机构的结构组成

推出机构是把塑件及浇注系统从型腔中或型芯上脱出来的机构。推出机构的结构如图 3.4.2 所示，主要包括推出部件、推出导向部件和复位部件。

圆推杆顶出

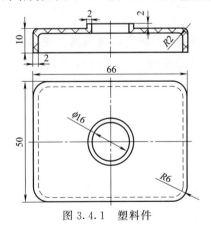

图 3.4.1 塑料件

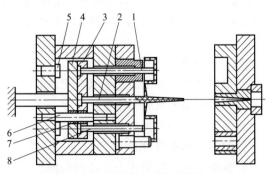

图 3.4.2 推出机构的结构
1—推杆；2—拉料杆；3—推杆固定板；4—推板；
5—限位钉；6—推杆导柱；7—推杆导套；8—复位杆

① 推出部件：推杆、拉料杆、推杆固定板、推板、限位钉。

推杆直接与制品接触，开模后推出制品；推杆需要固定，因此设有推杆固定板，其与推板由螺钉紧固连接，注射机上的顶出装置作用在推板上；Z形头的拉料杆也固定在推板上，在推出机构工作时起拉料作用；有些推出机构还设有限位钉，其作用是：形成间隙，清除废料及杂物以及利用其厚度控制推杆位置及推出距离。

② 推出导向部件：推杆导柱、推杆导套。

为了保证在推出过程中，推出零件平稳，推杆不致产生弯曲或卡死，大型模具上常设有推出系统的导向机构，包括导套和导柱。

③ 复位部件：复位杆。

合模时，通过复位杆使推出机构回程。

延迟推出

4.2.1.2 推出机构的分类

（1）按驱动方式分

① 手动推出机构。当模具分模后，用人工操作取出制品。只用于形状简单、生产量很少的小型塑料件，或在没有脱模机构的定模一侧脱下塑料件。

② 机动推出机构。通过动、定模分开时动模的运动，借助注塑机的顶出元件（机械推杆或顶出油缸），推动模具内设置的推出机构使塑料件从型腔内或型芯上脱出。机动推出机构是应用最普遍的一种推出机构。

③ 液压或气动推出机构。在注塑机上专门设有顶出油缸，由它带动推出机构实现脱模，或设有专门的气源和气路，通过型腔里微小的顶出气孔，靠压缩空气吹出塑件。这两种顶出方式的顶出力可以控制，气动顶出时塑件上还不留顶出痕迹，但需要增设专门的液动或气动装置。液压或气动推出机构一般采用较少，是机动脱模的辅助手段。

（2）按模具结构分　随塑料件结构形状不同，推出机构的类型和复杂程度也有较大差异。形状较简单的塑料件从模具内脱出，在脱模行程中只需一次动作完成，相应的脱模机构称为简单推出机构或一次推出机构。形状复杂的塑料件，要完全从模具内脱出，往往在脱模行程中进行两次动作，相应地要求模具内设置两组脱模机构，称为二次推出机构。对于动、定模分开后塑料件可能滞留在定模一侧的模具，定模一侧也应设置脱模机构。某些情况下流道凝料的脱下和坠落也需要专设的脱模元件。螺纹塑料件的脱模需有与一般塑料件不同的脱模机构。

4.2.2 计算推出力

推出力即脱模力，指将塑件从型芯上推出时所需克服的阻力。阻力主要包括：成型收缩的包紧力、不带通孔的壳体类塑件的大气压力、机构运动的摩擦力、塑件对模具的黏附力等。

4.2.2.1 影响推出力的因素

① 型芯成型部分的表面积及其形状；

② 塑料收缩率及摩擦因数；

③ 塑件壁厚和包紧型芯的数量；

④ 型芯表面粗糙度；

⑤ 成型工艺：注射压力、冷却时间。

4.2.2.2 计算推出力

壳体形塑件脱模阻力通常按薄壁和厚壁两种类型考虑，每种类型塑件再根据断面几何形状进行计算。

（1）薄壁件的脱模力　当制品的壁厚与型芯直径的比小于 0.05 时，称为薄壁制品，其脱模力可按下式计算：

型芯为圆形截面时

$$Q=\frac{2\pi EtSL\cos\alpha(f-\tan\alpha)}{(1-\mu)k}$$

型芯为矩形截面时

$$Q=\frac{8tESL\cos\alpha(f-\tan\alpha)}{(1-\mu)k}$$

式中　Q——脱模力，N；

　　　t——制品的平均壁厚，cm；

　　　L——塑件包裹型芯的长度，cm；

　　　S——塑料的平均收缩率；

　　　E——塑料的弹性模量，N/cm^2，见表 3.4.1；

　　　α——型芯的脱模斜度；

　　　μ——塑料的泊松比，见表 3.4.2；

　　　k——与 α、μ 有关的系数，$k=1+\mu\cos\alpha\sin\alpha$，其值约等于 1；

　　　f——塑料与型芯的静摩擦因数，见表 3.4.3。

表 3.4.1　塑料的弹性模量　　　　　　　　　N/cm^2

塑料品种	$E(\times 10^5)$	塑料品种	$E(\times 10^5)$
聚苯乙烯	2.8~3.5	苯氧树脂	2.7
高抗冲击聚苯乙烯	1.4~3.1	PBT	2.9
高抗冲击 ABS	2.9	高密度聚乙烯	0.84~0.95
耐热 ABS	1.8	聚丙烯	1.1~1.6
硬聚氯乙烯	2.4~4.2	尼龙 6	2.6
聚碳酸酯	1.54	尼龙 66	1.25~2.88
聚甲醛	2.8	尼龙 610	2.3
醋酸纤维素	0.5~2.8	尼龙 1010	1.8
乙基纤维素	0.7~2.1	改性有机玻璃	3.5
有机玻璃	3.16	聚苯醚，聚砜	2.5

表 3.4.2　塑料的泊松比（一般值）

塑料品种	μ	塑料品种	μ
醋酸纤维素	0.44	聚丙烯	0.32
聚苯乙烯类	0.32	尼龙 6	0.35
聚碳酸酯	0.38	ABS	0.3
高密度聚乙烯	0.38		

表 3.4.3　塑料与型芯间的静摩擦因数

塑料品种	f	塑料品种	f
高抗冲击聚苯乙烯	0.35~0.4	聚苯乙烯	0.12~0.15
聚丙烯	0.2~0.35	硬聚氯乙烯	0.2
高密度聚乙烯	0.15~0.2	ABS	0.2~0.25
尼龙类	0.24~0.31	聚甲醛	0.15
聚碳酸酯	0.35	PBT	0.27
聚砜	0.4	聚苯醚	0.35

(2) 厚壁件的脱模力　当制品的壁厚与型芯直径的比大于 0.05 时，称为厚壁制品，其脱模力可按下式计算：

型芯为圆形截面时

$$Q = \frac{2\pi RESL(f - \tan\alpha)}{(1 + \mu + k_1)k}$$

型芯为矩形截面时

$$Q = \frac{2(a+b)ESL(f - \tan\alpha)}{(1 + \mu + k_1)k}$$

式中　R——圆形型芯的半径，cm；

a, b——矩形型芯的两个边的长度，cm；

k_1——系数，$k_1 = \dfrac{2R^2}{t^2\cos^2\alpha + 2tR\cos\alpha}$。

如塑件孔为盲孔，以上各计算式中还须加上塑件所受的大气压力

$$F = 10A$$

式中　F——克服真空增加的脱模阻力，N；

A——塑件盲孔的底面积，cm²。

4.2.3　推出机构设计原则

① 尽量使塑件留于动模一侧。模具的结构应保证制品留在动模，以使注射机的顶出装置发挥作用，推出机构简单。因制品结构或要求而不能使制品留在动模时，应在定模上设计推出机构。

② 塑件不变形和有良好的外观。保证制品不变形和有良好的外观是对推出机构的基本要求。因此必须正确分析制品结构，选择合适的推出方式与推出位置。例如，脱模力作用位置靠近型芯；脱模力应作用于塑件刚度与强度最大的部位，且作用力面积应尽可能大；推出位置应尽量选在塑件内侧，保证塑件外观良好等。

③ 接触塑料件的配合间隙无溢料现象。

④ 合模时推出机构应能正确复位。

⑤ 推出机构应动作可靠，运动灵活顺畅，具有足够强度、刚度，工作稳定可靠。

⑥ 尽量选在垂直壁厚的下方，可以获得较大的推出力，如图 3.4.3 所示。

⑦ 每一副模具的推杆最好设计成相同直径，容易制造和装配，更换方便。

⑧ 圆形截面推杆的顶部不是平面时要防转，防转方式如图 3.4.4 所示。

⑨ 推出行程的确定：要求把塑件推出型芯表面 5～10mm；如果脱模斜度较大时可以推出塑件深度的 2/3，如图 3.4.5 所示。

4.2.4　推出机构的导向与复位

在推出机构中，除在开模后把制品从型芯中推出以外，闭模过程中推出机构还需恢复原始状态，进行下一次的生产。这就需要推出机构的辅助零件，如导向零件、复位机构等。

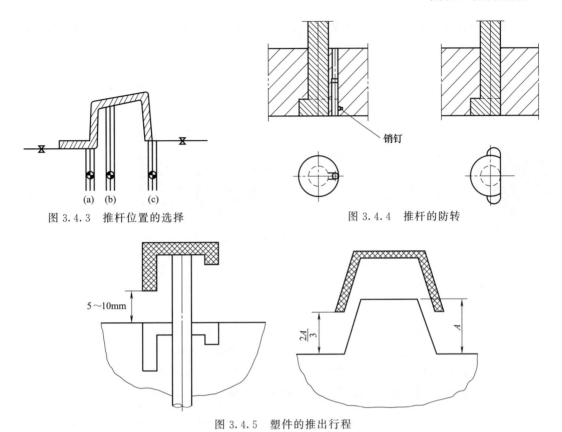

图 3.4.3 推杆位置的选择　　　　图 3.4.4 推杆的防转

图 3.4.5 塑件的推出行程

4.2.4.1 推出机构的导向

对大型模具设置的顶杆数量较多或由于塑件推出部位面积的限制，推杆必须制成细长形状时以及推出机构受力不均衡时（脱模力的总重心与机床顶杆不重合），推出后，推出板可能发生偏斜，造成推杆弯曲或折断，此时应考虑设置导向装置，以保证推出板移动时不发生偏斜。一般采用导柱，也可加上导套来实现导向。其结构形式如图 3.4.6 所示。

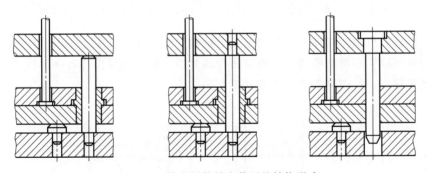

图 3.4.6 推出机构导向装置的结构形式

推出机构导向装置的设计要点如下。

① 导柱、导套尺寸及精度参见注射模导向机构的内容。

② 导向机构的数量根据推出板的大小而定，一般情况下为两个，推出板过大时，可采用四个。

③ 当导柱的固定端安排在非动模板上时，需设计垫板以支持导柱。

④ 导套与推出板的配合采用间隙配合 H7/f6、H7/k6，导柱与导向孔或导套的配合长度不应小于 10mm。

4.2.4.2 推出机构的复位

复位杆的作用就是使推出机构在完成推出任务后恢复原始状态。所以又称反推杆、回程杆。复位杆的结构与推杆相似，复位时其顶面与分型面平齐，如图 3.4.7 所示。

复位杆复位

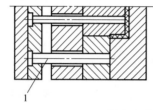 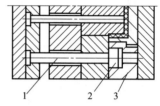

图 3.4.7 复位杆的复位
1—复位杆；2—垫块；3—固定板

复位杆的设计要点如下。
① 复位杆采用 45 钢、T8A 等材料。
② 复位杆配合部分采用磨削加工，表面粗糙度 Ra 达到 $1.6\mu m$。
③ 复位杆表面硬度达到 50HRC 以上，与分型面接触表面倒角。
④ 复位杆数量一般为 4 个，大型模具可为 6 个。均匀分布在推出板上。
⑤ 复位杆的固定与装配尺寸如图 3.4.8 所示，其中，$L_1 \approx 1.5d$。

装有缓冲
弹簧的复位杆

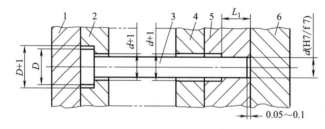

图 3.4.8 复位杆的固定与装配尺寸
1—推板；2—推杆固定板；3—复位杆；4—垫板；5—型芯固定板；6—定模板

对于小型模具可以使用弹簧的弹力使推出机构复位，如图 3.4.9 所示。使用弹簧复位结构简单，而且可以实现推出机构先于模具闭合而复位，但不如复位杆可靠，设计时需注意弹簧的弹力要足够，一旦弹簧失效，要能及时更换。

弹簧式先
复位机构

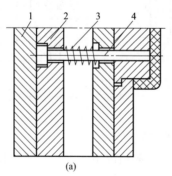 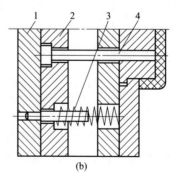

图 3.4.9 弹簧式先复位机构
1—推板；2—推杆固定板；3—弹簧；4—推杆

图 3.4.10 所示结构为推杆兼作复位杆实现复位作用。

4.2.5 简单推出机构

简单推出机构根据推出方式的不同又分为推杆推出机构、推管推出机构、推件板推出机构、推块推出机构及联合推出机构。

4.2.5.1 推杆推出机构

推杆推出机构是一种最简单的、最常用的脱模形式。图 3.4.11 所示为典型的推杆推出机构的注射模。图（a）为合模状态，图（b）为开模顶出状态。开模后由于动模

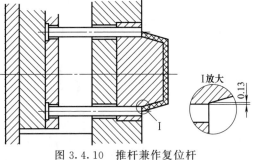

图 3.4.10 推杆兼作复位杆

上拉料杆的拉料作用以及制品因收缩而包紧在型芯上，制品连同流道内的凝料一起留在动模一侧，脱模时，注射机推顶装置推动推板，通过推杆将制品和流道凝料同时推出模外。

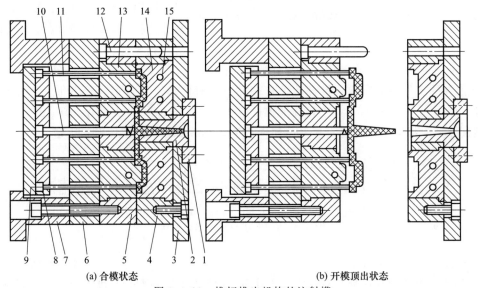

(a) 合模状态 (b) 开模顶出状态

图 3.4.11 推杆推出机构的注射模

1—定位圈；2—浇口套；3—定模座板；4—定模板；5—动模板；6—支承板；7—支架；8—推杆固定板；
9—推板；10—拉料杆；11—推杆；12—导柱；13—型芯；14—凹模；15—冷却水通道

推杆制造简单方便、更换容易、滑动阻力小；但推杆的作用面积较小，容易引起应力集中，使塑件表面有凹坑痕迹，而且，在推出阻力大时，易使制品变形。

(1) 推杆结构形式

① 推杆的形状。推杆的形状多种多样，如图 3.4.12 所示。图 (a) 为直通式推杆，应用最广，是最普通的形式，用在对推杆无特殊要求的场合，这种推杆已有标准 GB/T 4169.1—2006，直径为 6~32mm，长度为 100~630mm。图 (b) 为阶梯式推杆，推杆靠近安装凸肩一端直径较大，而顶推塑料件一端工作段直径较小，当模具结构所允许的推杆顶推面很有限，又必须使推杆较长时，为了增加推杆工作时的稳定性，将推杆靠近安装一端直径增大。有时推杆靠近安装凸肩一端直径较小，而顶推塑料件一端的工作段直径增大，这种推杆用在要求增加顶推面的场合，如壁较薄的塑料件，特别是脆性塑料件，增加顶推面可减小塑料件单位面积承受的顶推力，防止变形或推裂。图 (c) 为嵌入阶梯式推杆，推杆工作段

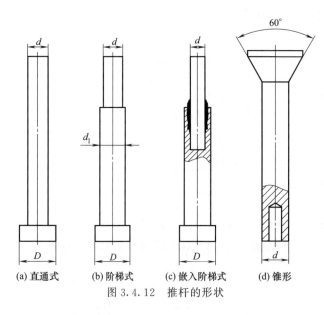

图 3.4.12 推杆的形状

(a) 直通式　(b) 阶梯式　(c) 嵌入阶梯式　(d) 锥形

细径 d 为 1～4mm，插入后用钎焊连接，插入部分为 6～15mm 或 (4～5)d。图（d）为锥形推杆，其靠近顶推塑料件的一端为倒锥形，这种推杆的优点是倒锥形工作部分与模板上的锥形孔可以贴合得很紧密，达到"无间隙配合"，推出塑料件时又无摩擦磨损。对于要求配合间隙很小（如黏度很小的塑料），精度和表面状况要求高的塑料件很适用，可以避免推件时配合部分的卡磨现象。另外，锥面推杆常与推板组合使用，对于端面无孔的壳、罩、盒类塑料件，顶出时要有引气作用，消除脱模阻力中与大气压差的那部分阻力。锥面推杆的安装不能用普通推杆那样的凸肩，应在安装端留出安装螺纹孔。

② 推杆的工作端面形状。推杆的工作端面形状有圆形、正方形、长方形、三角形、半环形等，如图 3.4.13 所示。其中，圆形推杆应用最广，有标准件可选用。图（d）～图（g）为成型推杆，除推出塑件外还直接参与塑件成型，其端面形状由塑件形状决定。

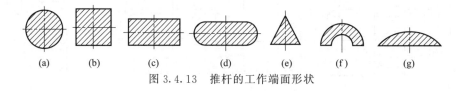

图 3.4.13 推杆的工作端面形状

③ 推杆的材料及热处理。推杆的材料多为 45 钢、T8A 或 T10A 钢，较细长的杆用 65Mn，整体淬火或工作段局部淬火 50～55HRC，淬火长度为配合长度加上 1.5 倍的脱模行程，以防止与孔咬合。表面粗糙度 Ra 在 1.6μm 左右。推杆端面应精细抛光，因其已构成型腔的一部分。

（2）推杆的安装及布置　推杆与推杆孔间为滑动配合，一般选 H8/f8，其配合间隙兼有排气作用，但不应大于所用塑料的排气间隙（根据所用塑料的熔融黏度而定），以防漏料。配合长度一般为顶杆直径的 2～3 倍。为了不影响塑件的装配和使用，推杆端面应高出型腔表面 0.1mm。推杆的固定形式如图 3.4.14 所示。

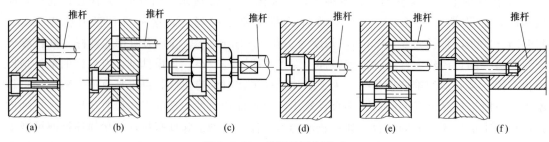

图 3.4.14 推杆的固定形式

推杆推出机构
形式（1）

推杆推出机构
形式（2）

压缩空气配合
推杆脱模

在布置推杆时应遵循以下原则。

① 推杆应设在塑件不易变形、阻力大的地方，如凸台、加强筋、靠近型芯处等。

② 不要刮伤型芯。

③ 不要让浇口对准推杆端面，过高压力会损伤推杆。

④ 避开冷却通道的位置。

⑤ 一般可以允许推杆侵入塑件不超过 0.1mm，一般不允许推杆端面低于塑件成型表面。

⑥ 只要不损伤塑件的外观，尽可能多设推杆，减少塑件的脱模接触应力。

⑦ 推杆应在排气困难的位置，可兼起排气的作用。

4.2.5.2 推管推出机构

推管是推杆的一种特殊形式，其推出方式与推杆相似，如图 3.4.15 所示，特点是推出时塑件受力均匀。它适用于环形、筒形塑件或塑件上中心带孔部分的推出。由于推管整个周边接触塑件，故推顶塑件力均匀，塑件不易变形，也不留下明显的推出痕迹。采用推管推出时，主型芯和凹模可同时设计在动模侧，有利于提高制件的同心度。对于过薄的塑件（厚度<1.5mm），尽量不要采用推管推出，因过薄的推管加工困难，且易损坏。

推管顶出

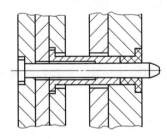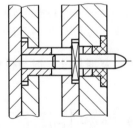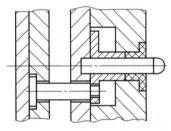

图 3.4.15 推管推出机构

推管的设计要点如下。

① 推管厚度一般不小于 1.5mm，设计尺寸如图 3.4.16 所示。

② 推管应淬硬，最小淬硬长度不小于型腔配合长度与推出距离的和。

③ 推管与内、外型芯的配合精度均为间隙配合，配合间隙小于塑料的溢料值。

④ 推管的受力计算：推管尺寸确定以后，推管所能承受的脱模力 F 可用下式计算：

推管中部
开有长槽

推管主型芯
固定手动模
型芯固定板

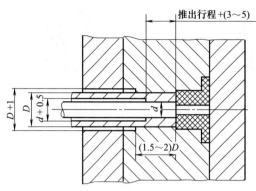

$$F = 0.24 \frac{E(D^4 - d^4)}{L^2}$$

式中 D——推管外径，cm；
d——推管内径，cm；
L——推管长度，cm。

若推管所能承受的力大于实际计算的脱模力，则推管安全。反之，推管不安全，须重新设计尺寸。

4.2.5.3 推件板推出机构

如图 3.4.17 所示，推件板推出机构是推件板的整个板面都与制品接触，因此推出

图 3.4.16 推管的设计尺寸

推件板推出

力大，推出力均匀。制品表面无推出痕迹。常用于薄壁容器、壳体零件的脱模。特别适用于一模多腔的小壳体、圆形与外形简单的产品脱模。但非圆形塑件推件板与型芯配合部分的加工较麻烦（可用线切割加工）。缺点是使模具厚度增加，脱模孔位置的配合精度与加工精度要求较高。

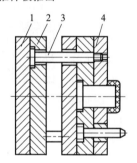 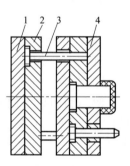 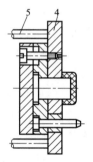 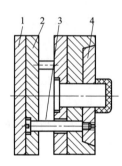

图 3.4.17 推件板推出机构
1—推板；2—推杆固定板；3—推杆；4—推件板；5—注塑机顶出杆

(1) 推件板尺寸 推件板的长度、宽度尺寸一般与模板的尺寸一致。厚度尺寸可通过下式计算。

矩形推件板最小厚度
$$h = 0.54 L \left(\frac{Q}{EB[\delta]} \right)^{\frac{1}{3}}$$

式中 L——推杆纵向跨距，mm；
B——推件板横向宽度，mm；
E——推板钢材的弹性模量，N/mm²；
Q——推件板所承受的脱模力，N；
$[\delta]$——推件板允许的弯曲变形量，mm，一般塑件 $[\delta] = 0.1$mm；精密塑件 $[\delta] = 0.06$mm。

圆环形推件板最小厚度
$$h = \left(\frac{CQD^2}{4E[\delta]} \right)^{\frac{1}{3}}$$

式中 C——系数，由 D/d 决定，见表 3.4.4；
E——推板钢材的弹性模量，N/mm²；
Q——推件板所承受的脱模力，N；

D——圆环形推件板中推杆中心圆直径，mm；

d——推件板内径（型芯直径），mm。

表 3.4.4 系数 C

D/d	C	D/d	C	D/d	C	D/d	C
1.25	0.0051	2.00	0.0877	2.75	0.1800	4.00	0.2930
1.50	0.0249	2.25	0.1246	3.00	0.2090	4.50	0.3250
1.75	0.0525	2.50	0.150	3.50	0.2510	5.00	0.3500

（2）推件板的设计要点

① 推件板常用材料：45、T8A、T10A，推件板应淬硬，推件板与塑件接触部位要有一定的硬度与表面粗糙度，推出过程中不得脱离支承推件板的导柱。

② 推件板与型芯的配合应采用斜面配合，且型芯留有台阶，如图 3.4.18 所示，以免推出时顶板划伤型芯成型部分。

③ 对于大型深腔容器，特别是软质塑料，为防止推件板推出过程中制件与型芯间形成真空，设计时应考虑引气装置，如采用推杆、推件板联合顶出，如图 3.4.19 所示。

压缩空气配合推板脱模

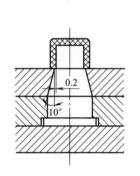
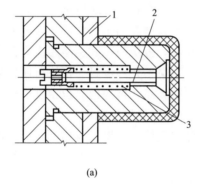
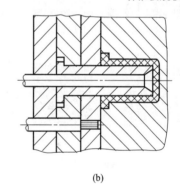

图 3.4.18 推件板与型芯的斜面配合

图 3.4.19 推件板推出时的引气装置
1—推件板；2—推杆；3—弹簧

④ 推件板推出时拉料杆应固定在动模板上，且用球形头或菌形头拉料杆，如图 3.4.20 所示；或采用如图 3.4.21 所示的 Z 形头拉料杆。

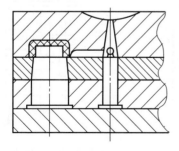
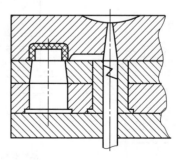

图 3.4.20 球形头拉料杆的推件板推出机构

图 3.4.21 Z 形头拉料杆的推件板推出机构

推板脱模结构形式 1

推板脱模结构形式 2

推板脱模结构形式 3

⑤ 推件板推出时无回程杆，推杆兼作复位作用。
⑥ 对于大批量的高精度塑件成型，常将推件板设计成局部镶嵌的组合结构，如图 3.4.22 所示。

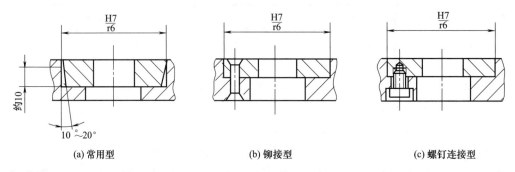

图 3.4.22 推件板的组合结构

4.2.5.4 推块推出机构

平板状凸缘的塑件，若用推板推出会黏附模具时，可以采用推块推出（有时也采用推杆，但塑件易变形，且其表面有推出痕迹），如图 3.4.23 所示。

推块是型腔的组成部分，因此需要有较高硬度和较低的表面粗糙度，推块与型腔及型芯应有良好的间隙配合，既要求滑块灵活，又不允许溢料。推块所使用的推杆与模板之间的配合精度不必太高，推块的复位由复位杆来完成。

4.2.5.5 联合推出机构

深腔壳体、薄壁、有局部管形、凸筋、金属嵌件等复杂塑件常需要两种或两种以上的元件进行联合脱模。常见联合推出机构的结构形式有以下几种。

① 推杆和推管联合推出。塑件外周壳体由推杆推出，内部管状结构用推管推出，克服圆管阻力，如图 3.4.24（a）所示。

② 推管和推件板联合推出。塑件边缘由推件板推出，中心管状结构由推管推出，克服型芯周边阻力和圆筒阻力，如图 3.4.24（b）所示。

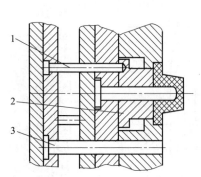

图 3.4.23 推块推出结构
1—推杆；2—推块；3—复位杆

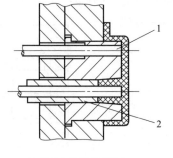
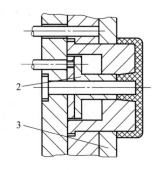

图 3.4.24 联合推出机构
1—推杆；2—推管；3—推件板

4.2.6 二次推出机构

由于塑件的特殊形状或生产自动化的需要，在一次脱模后塑件仍然难以从型腔中取出或不能自动坠落，此时，必须增加一次脱模动作。有时为避免使塑件受脱模力过大，产生变形或破裂，采用二次脱模分散脱模力以保证塑件质量。这类在动模边进行二次脱模动作的机构，称为二次脱模机构，也叫二次推出机构。

4.2.6.1 单推板二次推出机构

单推板二次脱模机构是指该脱模机构中只设置了一组推板和推杆固定板，而另一次推出则是靠一些特殊零件的运动来实现的。

图 3.4.25 所示为斜楔滑块式单推板二次推出机构。开模一定距离后，注射机的推顶装置通过推板 2 同时驱动中心推杆 10 和凹模型腔板 7 移动，将制品从型芯 9 上推出，实现第一次推出动作。在此过程中，斜楔 6 推动滑块 4 向模具中心移动，但由于滑块 4 与推杆 8 存在平面接触，推杆 8 与中心推杆 10 同步运动，直至一次推出结束，推杆 8 落入滑块 4 的圆孔中，凹模型腔板 7 便停止运动，而推板 2 和中心推杆 10 继续运动，直到把制品从凹模型腔板中推出，实现第二次推出。

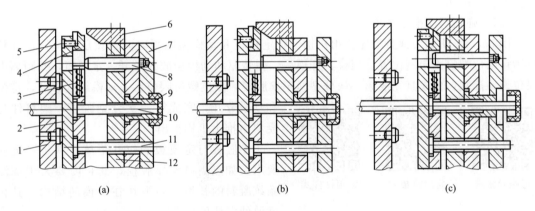

图 3.4.25 斜楔滑块式单推板二次推出机构
1—动模座板；2—推板；3—弹簧；4—滑块；5—销钉；6—斜楔；7—凹模型腔板；
8—推杆；9—型芯；10—中心推杆；11—复位杆；12—支承板

4.2.6.2 双推板二次推出机构

双推板二次脱模机构是利用两块推板，分别带动一组推出零件实现二次推出的机构，两块推板往往同时开始运动，在完成一次推出动作后，一次推板在特定机构的控制下停止运动，或滞后于二次推板运动，从而保证能够实现二次推出动作。

摆块拉板式

弹簧式

斜导柱式

图 3.4.26 所示的是摆钩式双推板二次推出机构。开模后，注射机的推顶装置推动顶板 5 运动，此时，由于摆钩 8 的作用，将推杆固定板 7 和推板 6 锁紧在一起，在顶板 5 的推动下一起移动，推件板 1 和推杆 4 将制品从型芯上推出，实现第一次推出动作。在此过程中，摆钩 8 的斜面与模板斜面逐渐接触，摆钩 8 向上摆动，第一次推出完成后，推板 6 不再受摆钩约束。顶板 5 继续移动，推板 6 停止移动，推杆固定板 7 随着顶板 5 一起移动，带动推杆 4 将制件从推件板 1 中推出，完成第二次推出动作。

双推板二次脱膜机构——楔块摆钩式

图 3.4.26　摆钩式双推板二次推出机构

1—推件板（型腔板）；2,4—推杆；3—型芯；5—顶板；6—推板；7—推杆固定板；8—摆钩；9—支承板

其他形式的二次推出机构见 4.3 节知识拓展。

4.2.7　顺序推出机构

有些制品根据结构的需要（如点浇口结构、斜滑块在定模结构等），需要顺序脱模动作。即定模先与型腔板分离，然后型腔与动模板分离，这种机构称为顺序脱模推出机构，又称定距分型拉紧结构。

4.2.7.1　弹簧顺序推出机构

图 3.4.27 所示为弹簧顺序推出机构。在定模板和动模型腔板之间加设压缩弹簧，并相应增设限位螺钉来限制位置。当模具开模后，弹簧驱动动模型腔板分开一定距离，此距离由限位螺钉控制，使模具完成第一次分型即定模脱模，限位螺钉限位后，动模继续移动，定模和动模分开，完成第二次分型脱模，塑料件与凝料由推出机构推出。

型腔板与定模板的拉开距离要满足一定的要求。如点浇口顺序脱模，其长度要大于浇注系统凝料的长度；斜滑块在定模的结构，其长度要使滑块的成型部分脱离制品。

定距导柱式　　定距拉板式　　定距拉杆式

拉钩滚轮式

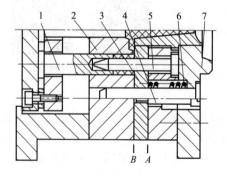

图 3.4.27　弹簧顺序推出机构
1—顶管；2—动模型腔板；3—推件板；
4—限位螺钉；5—型芯；6—弹簧；
7—定模座板

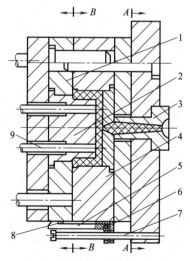

图 3.4.28　拉钩式顺序推出机构
1—型芯固定板；2—型芯；3—浇口套；
4—型腔板；5—拉钩；6—拉钩固定板；
7—限位螺钉；8—锁紧装置；9—推杆

4.2.7.2 拉钩式顺序推出机构

图 3.4.28 为拉钩式顺序推出机构。合模状态下，拉钩处于锁紧状态，将型腔板和型芯固定板锁在一起。开模时，模具首先在 A—A 分型面打开，实现点浇口凝料脱模，此时拉钩仍处于锁紧状态，动模继续移动，直至限位螺钉将拉钩打开，分型面 B—B 打开，塑料件由于收缩力留在型芯上，推出机构将塑料件推出，实现第二次脱模。

拉钩压板式

4.2.8 带螺纹塑件的推出机构

塑胶制品上的螺纹分为外螺纹和内螺纹两种。外螺纹通常由滑块成型，这种成型方法的推出装置比旋转脱螺纹装置加工费用低。内螺纹常采用带退螺纹装置的模具脱螺纹。有时，对于带有圆形螺纹的塑件，当塑料材料的弹性模量较低，且螺纹深度不超过 0.3mm 时，可以采用推板直接推出制品，进行强制脱模。

尼龙拉钩式

4.2.8.1 外螺纹的推出机构

外螺纹的滑块脱模机构如图 3.4.29 所示，模具结构比较简单，滑块在开模时靠斜导柱作用滑开，然后通过推杆推出制品。其缺点是成型后会在制品上留下分型线痕迹，若分型线痕迹明显会影响产品外观和螺纹的配合。

4.2.8.2 内螺纹的推出机构

内螺纹的脱模是通过齿轮传动机构带动螺纹型芯的旋转从而脱出制品内螺纹部位，齿轮传动机构的动力来自油缸或马达。图 3.4.30 所示为自动卸内螺纹的注射模结构。

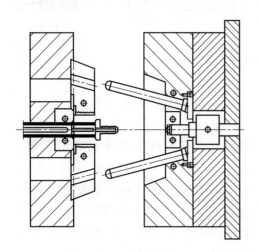

图 3.4.29 外螺纹的滑块脱模机构

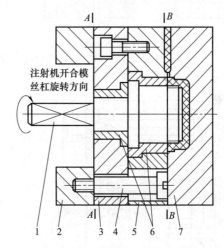

图 3.4.30 自动卸内螺纹的注射模结构
1—螺纹型芯；2—支架；3—支承板；4—限位螺钉；
5—动模板；6—衬套；7—定模板

滑块脱模——外螺纹

4.2.9 点浇口流道的推出机构

点浇口在模具的定模部分，为了将浇注系统凝料取出，要增加一个分型面，因此又称三板式模具。这种结构的浇注系统凝料一般是用人工取出的，因此模具构造简单，但是生产率低，劳动强度大，只用于小批量生产，为适应自动化的要求，常采取一些措施使浇注系统凝料自动脱落。

浇口凝料 1

4.2.9.1 单型腔点浇口自动脱落

图 3.4.31（a）是闭模注塑的情况。图 3.4.31（b）是注塑完了状态，经过一段保压时间后，注塑机喷嘴退回，此时浇注套在弹簧的作用下后退并与主流道脱开。开模时首先从 A 面分型，移动一段距离后，浇注系统推板在限位螺钉的作用下不动，继续开模，型腔移动，使浇注系统凝料与塑件拉断而自动脱落，如图 3.4.31（c）所示。

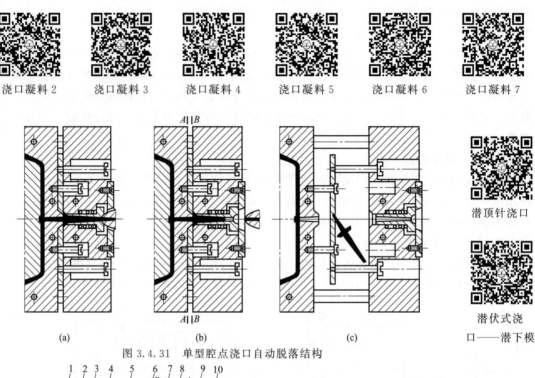

图 3.4.31 单型腔点浇口自动脱落结构

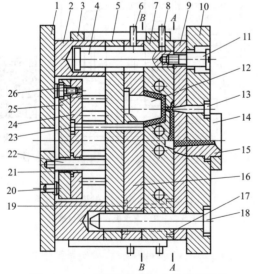

图 3.4.32 多型腔点浇口自动脱落结构
1—动模板；2—垫块；3—定距拉板；4—定距拉杆；5—支承板；
6—限位销；7—中间板；8—固定销；9—定模固定板；
10—定模板；11—螺钉；12—型芯；13—分流梭；14—定位圈；
15—浇口套；16—型芯固定板；17—导套；18—导柱；19—导套；
20—限位钉；21—导套；22—导柱；23—推杆；
24—推杆固定板；25—推板；26—螺钉

4.2.9.2 多型腔点浇口自动脱落

如图 3.4.32 所示，开模时，注射机开合模系统带动动模部分后移，模具首先在 A—A 分型面分开，中间板 7 随动模一起后移，主浇道凝料随之拉出，当动模部分移动一定距离后，固定在中间板 7 上的限位销 6 与定距拉板 3 后端接触，中间板停止移动，动模继续后移，B—B 分型面打开，因塑件紧包在型芯上，浇注系统凝料在浇口处自行拉断，在 A—A 分型面之间自行脱落，动模继续后移，当注射机推杆接触推板 25 时，推出机构开始工作，在推杆 23 的推动下将塑件从型芯上推出，在 B—B 分型面之间脱落。

4.2.10 其他形式二次推出机构

(1) 八字形摆杆机构　图 3.4.33 所示机构有两个对称的呈八字状的摆杆 11。有两块推出板,一次推出板 10 和二次推出板 2。开模后,注塑机推顶一次推出板 10,经推杆 9 带动型腔板 7 向上运动,将制品从凸模 6 上推出,实现塑件与凸模的一次推出动作。在此过程中,由于定距块 1 的传力作用,二次推出板 2 和推杆 5 均与型腔板同步。一次推出完成后,摆杆 11 在一次推出板 10 的作用下,转过一定角度和二次推出板 2 接触。继续开模时,一次推出板 10 经摆杆 11 迫使二次推出板 2 和推杆 5 产生超前顶出动作,使制品在推杆 5 的作用下从凹模型腔板 7 中推出,实现了二次推出。

双脱模机构杠杆式

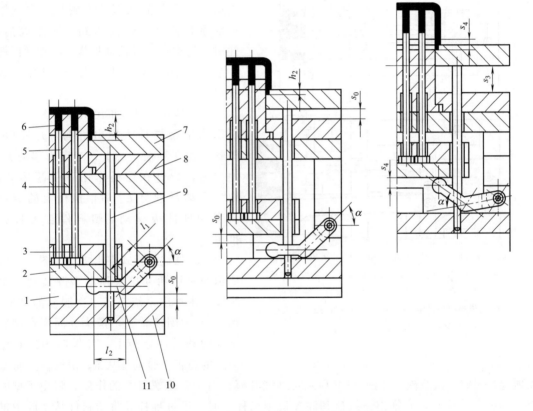

图 3.4.33　八字形摆杆式双推板二次推出机构
1—定距块；2—二次推出板；3,5,9—推杆；4—支承板；6—凸模；
7—型腔板；8—固定板；10——次推出板；11—摆杆

(2) U 形限制架机构　图 3.4.34 是由 U 形限制架和两个对称摆杆构成的二级推出机构。两个对称的摆杆 5 和 14 用转动销轴 1 固定在推板 3 上,并受固定在动模座 16 上的 U 形限制架 15 约束。开模后,摆杆夹紧固定在凹模型腔板 9 上的柱销 12,推动凹模型腔板移动距离 l_1,使制品与型芯 10 脱离,实现第一次推出动作。在此过程中,推杆 11 与摆杆同步运动,同时发挥推顶作用。一次推出结束之时,拉板 8 通过限位螺钉 7 阻止凹模型腔板 9 运动。与此同时,摆杆脱出 U 形限制架的约束在柱销 12 的作用下朝

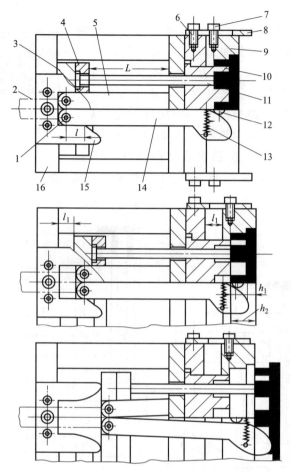

外侧张开。在凹模型腔板停止状态下,推杆11继续推顶制品,完成从凹模型腔板中脱出的二次推出。该机构的两个对称摆杆在合模过程中,依靠拉簧13复位。推出行程与制品高度的关系为:

$$l_1 \geqslant h_1, \quad l_1 \geqslant l, \quad L - l_1 \geqslant h_2$$

(3) 弹簧式二次推出机构 图3.4.35所示为弹簧式二次推出机构。开模时,由于弹簧5的弹力作用,推动动模板4向右运动,将制品从型芯上脱出,实现第一次推出动作。开模达到一定距离后,注射机的推顶装置推动推板6,通过推杆3将制品从动模板4中推出,完成第二次推出。

(4) 定距拉杆式推出机构 图3.4.36所示为定距拉杆式推出机构,开模后,塑料件留在动模型芯上,当定模移动L_2距离后,拉杆在定模作用下一起运动,拉杆运动行程至L_1后,拉杆上的螺母将带动推件板移动,塑料件被推件板推出。

(5) 摆块拉板式推出机构 图3.4.37所示的是用活动摆块顶动型腔实现一次脱模,由推出系统完成二次脱模的结构。图(a)为闭模状态,摆块5固定在型腔下面的动模固定板上,开模时固定在定模上的拉板7带动摆块5,由摆块5将型

图3.4.34 U形限制架式单顶板二级推出机构
1—销轴;2—注射机上顶杆;3—推板;4—推板固定板;
5,14—摆杆;6—紧定螺钉;7—限位螺钉;8—拉板;
9—凹模型腔板;10—型芯;11—推杆;12—柱销;
13—拉簧;15—U形限制架;16—动模座

腔顶起,完成一次脱模,如图(b)所示;继续开模,由于限距螺钉2的作用,阻止了型腔板1继续向前运动,当推出系统碰到注塑机顶出杆4时,通过推杆3将塑料件从型腔中推出,拉簧6的作用是使摆块始终靠紧型腔,如图(c)所示。

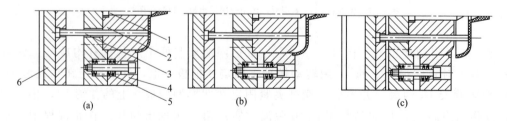

图3.4.35 弹簧式二次推出机构
1—小型芯;2—型芯;3—推杆;4—动模板;5—弹簧;6—推板

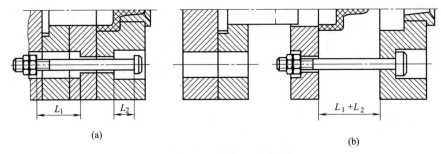

图 3.4.36 定距拉杆式推出机构

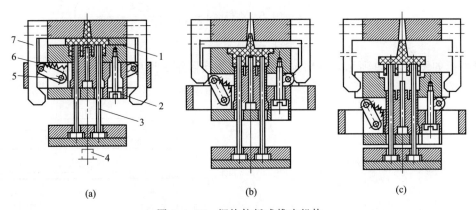

图 3.4.37 摆块拉板式推出机构
1—型腔板；2—限距螺钉；3—推杆；4—顶出杆；5—摆块；6—拉簧；7—拉板

4.2.11 气动顶出

气动顶出的优点：不用装配顶出板；可方便用于动、定模任何一侧；随时都可以开模，不受开模时机的限制；可消除制件与型芯之间的真空，利于脱模；由于成型制件的整个底部受到的作用力是均匀的，所以，即使是软质塑料也都能使制件不变形地顶出。

双脱膜机构——气动式

气动顶出的缺点：必须设有通气管路；随形状变化的适应性小；往往需与其他的脱模方式并用，才能使制件完全脱模。

对于气动顶出，只在开模的瞬时才有必要打开压缩空气的通路，通常使用气阀进行控制。在设计气阀时，因为阀的锥体部分需要进行研磨加工，所以锥度不宜取得太大。为使气阀动作灵敏，阀体侧面应不承受压力，使压力只作用于阀体底部，实际上侧面要留有 0.005～0.015mm 的间隙。当阀体侧面受 4.9×10^4 Pa 的空气压力作用时阀有可能不动作。

图 3.4.38 是让压缩空气从脱模板内侧流入的一个实例，以消除型芯与成型制件间的真空状态。

4.3 任务实施

根据对塑料件的工艺分析，将模具型芯设计在动模部分，开模后，塑料件由于收缩力包紧在型芯上，留于动模一侧，该塑料件是典型的壳类零件，轮廓为矩形，要求内表面光滑，不能留下顶杆推顶痕迹，宜选用推件板推出机构。

该塑料件属于薄壁零件，型芯形状为矩形，收缩率为 0.6%，脱模斜度为 1°，查表计算

其脱模力 Q 为：

$$Q = \frac{8tESL\cos\alpha(f-\tan\alpha)}{(1-\mu)k}$$

$$= \frac{8\times 0.2\times 1.8\times 10^5\times 0.006\times 0.8\times \cos1°\times(0.25-\tan1°)}{(1-0.3)\times 1}$$

$$\approx 458(\text{N})$$

矩形推件板厚度

$$h = 0.54L\left(\frac{Q}{EB[\delta]}\right)^{\frac{1}{3}}$$

$$= 0.54\times 35\times\left(\frac{458}{2.1\times 10^5\times 150\times 0.1}\right)^{\frac{1}{3}}$$

$$\approx 1(\text{mm})$$

推件板如图 3.4.39 所示，材料选用 45 钢根据实际情况厚度选用 10mm。

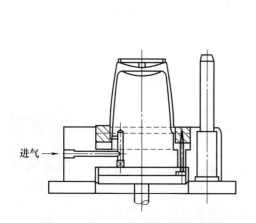

图 3.4.38 推出板和气动联合推出

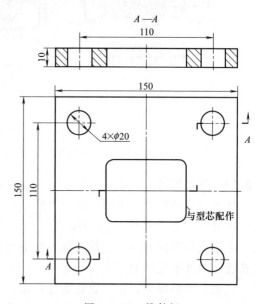

图 3.4.39 推件板

任务 5　设计注射模侧向分型与抽芯机构

> 专项能力目标

(1) 分析各种侧向分型与抽芯机构的结构、动作原理
(2) 初步设计斜导柱侧向分型与抽芯机构结构
(3) 合理选择各类侧向分型与抽芯机构结构

> 专项知识目标

(1) 掌握斜导柱侧向分型与抽芯机构的类型及其动作原理
(2) 识别其他各类侧向分型与抽芯机构的分类、应用范围

▶ **学时设计**

6 学时

5.1 任务引入

一般制件的脱模方向都与开闭模方向相同。但是,有些制件侧面带有侧孔或侧凹,如图 3.5.1 所示,脱模方向与开闭模方向不一致,塑件就不能直接由推杆等推出机构推出脱模。此时,模具上成型侧孔或侧凹处必须制成可侧向移动的活动型芯,以便在塑件脱模推出之前,先将侧向成型零件抽出,然后再把塑件从模内推出,否则就无法脱模。

带动侧向成型零件进行侧向分型抽芯和复位的整个机构称为侧向分型与抽芯机构。对于成型侧向凸台的情况,常常称为侧向分型;对于成型侧孔或侧凹的情况,往往称为侧向抽芯。但在一般的设计中,由于二者动作过程完全一样,因此侧向分型与侧向抽芯机构常常混为一谈,不加分辨,统称为侧向分型与抽芯,甚至只称侧向抽芯。

制件采用注射成型大批量生产,现要求设计侧向抽芯机构。制件侧壁有一对小凹槽和小凸台,它们均垂直于脱模方向,阻碍注射成型后制件从模具中脱出。因此,成型小凹槽和小凸台的零件

图 3.5.1 带侧凹制件

必须制成活动的型芯,即需设计侧向抽芯机构。但注射成型模具的侧向抽芯机构有多种形式,侧向抽芯机构的设计计算方法与一般注射模具推出机构不同,有些侧向抽芯机构还会出现侧向抽芯干涉现象。

下面就针对该任务,学习塑料注射成型模具侧向分型与抽芯机构方面的相关知识。

5.2 知识链接

5.2.1 侧向分型与抽芯机构的分类

根据成型件的结构、形状、复杂程度和技术要求,可将侧向分型与抽芯机构分为内侧抽芯机构和外侧抽芯机构两大类。根据动力来源不同,可分为机动式、液压或气动式及手动式三大类。

斜导柱侧抽芯运动

(1) 机动式 利用注射机的开模运动改变其运动方向,使模具侧向脱模或把侧向型芯从塑件中抽出。该机构虽比较复杂,但操作方便,生产率高,目前在生产中应用最多。根据传动零件的不同,这类机构可分为斜导柱式、弯销式、斜滑块式和齿轮齿条式等许多不同类型,其中斜导柱式最为常用。

(2) 液压或气动式 利用液压力或压缩空气,通过机构中的传动零件使模具侧向脱模或把侧型芯从塑件中抽出。这种结构的抽芯力和抽芯距都较大,使用方便,但活动型芯容易受到型腔压力作用而产生移动,直接用油压克服型腔压力锁住活动型芯时,应考虑要有自锁装置,抽芯机构宜采用独立的供油系统。如果利用注射机工作油路供给压力油,则注射压力开始时抽芯液压缸的油压低于型腔内的压力,所以在抽芯机构油路和机器工作油路之间应增加稳定阀,以保证整个工作期间抽芯液压缸有足够的油压。

开模与侧抽芯不同步运动

（3）手动式　利用人力，操作不方便、劳动强度大、生产效率低，但模具结构简单，加工制造成本低，适用于新产品试制或小批量生产。

手动抽芯机构形式很多，可根据不同塑件设计不同的手动抽芯机构。手动抽芯机构可分为两类：一类是模内手动抽芯；另一类是模外手动抽芯。

5.2.2　计算侧向分型与抽芯相关尺寸

（1）计算抽芯距　将侧向型芯或侧滑块从成型位置抽拔或分开至不妨碍制品脱模的距离称为抽芯距。一般抽芯距 S 取侧向型孔或侧向型芯深度 S_2 加上 $2\sim3$mm，如图3.5.2所示，即

$$S=S_2+(2\sim3)\text{mm}$$

当侧向型芯脱出侧凸凹以后，其几何位置还有碍于塑件脱模时，则其抽芯距不能简单地依靠这种方法确定，需根据具体成型件的形状和结构尺寸的计算来决定。例如，当成型如图3.5.3所示的圆形骨架塑件时：

$$S=S_1+(2\sim3)\text{mm}$$

$$S_1=\sqrt{R^2-r^2}$$

式中　S——抽芯距，mm；
S_1——有效的抽芯距，mm；
R——骨架塑料台肩半径，mm；
r——骨架塑件圆筒外圆半径，mm。

斜导柱侧抽芯滑动行程计算

瓣合模抽芯距——两瓣　瓣合模抽芯距——四瓣

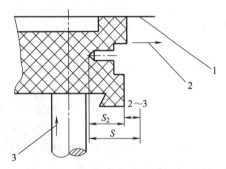

图3.5.2　侧型芯的抽芯距
1—分型面；2—抽芯方向；3—推出方向

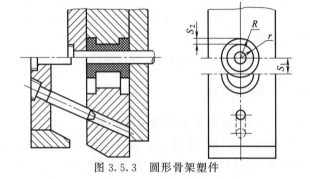

图3.5.3　圆形骨架塑件

（2）计算抽芯力　塑件在模腔内冷却收缩时逐渐对型芯包紧，产生包紧力，因此，抽芯力必须克服包紧力和由于包紧力而产生的摩擦阻力，在开始脱模的瞬间所需抽芯力最大。要将影响抽芯力的因素考虑周全较为困难，在生产实际中常常只考虑主要因素，可按下式进行计算：

$$F_c=Ap(\mu\cos\alpha-\sin\alpha)$$

式中　F_c——抽芯力，N；
A——活动型芯被塑件包紧的包络面积，mm^2；
p——塑件对侧型芯的收缩应力，一般塑件模内冷却取 $(0.8\sim1.2)\times10^7$ MPa，模外冷却取 $(2.4\sim3.9)\times10^7$ MPa；
μ——摩擦因数，取 $0.1\sim0.2$；

α——侧型芯的脱模斜度或倾斜角，(°)。

5.2.3 设计侧向分型与抽芯的结构

由于斜导柱侧向抽芯机构在生产现场使用较为广泛，其零件与机构的设计计算方法也较为典型，因此以下对斜导柱侧向抽芯机构做详细讲述。

5.2.3.1 设计斜导柱

(1) 斜导柱的结构及技术要求　斜导柱的形状如图 3.5.4 所示。工作端可以是半球形也可以是锥台形，由于车削半球形较困难，所以绝大部分斜导柱设计成锥台形。设计成锥台形时，其斜角 θ 应大于斜导柱的倾斜角 α，一般 $\theta = \alpha + (2° \sim 3°)$，否则，其锥台部分也会参与侧抽芯，导致侧滑块停留位置不符合设计计算的要求。固定端可设计成图 3.5.4 所示的形式。

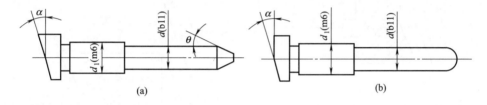

图 3.5.4　斜导柱的形式

斜导柱固定端与模板之间的配合采用 H7/m6，与滑块之间的配合采用 H11/b11 或 0.5～1mm 间隙，当分型抽芯有延时要求，甚至可以放大到 1mm 以上。斜导柱的材料多为 T8A、T10A 等碳素工具钢，也可以采用 20 钢渗碳处理，热处理要求硬度大于或等于 55HRC，表面粗糙度 $Ra \leqslant 0.8\mu m$。

(2) 斜导柱倾斜角 α　如图 3.5.5 所示，斜导柱倾斜角 α 是决定其抽芯工作效果的重要因素。倾斜角的大小关系到斜导柱所承受弯曲力和实际的抽拔力，也关系到斜导柱的有效工作长度、抽芯距和开模行程。倾斜角 α 实际上就是斜导柱与滑块之间的压力角。α 应小于 25°，一般在 12°～22°内选取。在这种情况下，锁紧块 $\alpha' = \alpha + (2° \sim 3°)$，防止侧型芯受到成型压力的作用时向外移动，斜导柱变形。

(3) 斜导柱直径 d　斜导柱受力分析见图 3.5.5，根据材料力学理论可推导出斜导柱直径 d 的计算公式为：

$$d = \sqrt[3]{\frac{FL_w}{0.1[\sigma_w]\cos\alpha}}$$

式中　d——斜导柱直径，mm；
　　　F——抽出侧型芯的抽拔力，N；
　　　L_w——斜导柱的弯曲力臂，mm；
　　　$[\sigma_w]$——斜导柱许用弯曲应力，可查有关手册，对于碳素钢可取为 3×10^8 Pa；
　　　α——斜导柱倾斜角。

斜导柱直径理论计算比较麻烦，实际设计过程中往往依据有关经验数据表格确定。

(4) 计算斜导柱长度　斜导柱的长度应为实现抽芯距 S 所需长度与安装结构长度之和。斜导柱长度与抽芯距 S、斜导柱直径 d、固定轴肩直径 D、倾斜角 α 以及安装导柱的模板厚

度 h 有关，图 3.5.6 所示斜导柱的长度计算如下。

$$L_z = L_1 + L_2 + L_3 + L_4 + L_5$$
$$= \frac{d_2}{2}\tan\alpha + \frac{h}{\cos\alpha} + \frac{d}{2}\tan\alpha + \frac{S}{\sin\alpha} + (10 \sim 15)\text{mm}$$

式中 d_2——斜导柱固定部分的大端直径，mm；

         h——斜导柱固定板厚度，mm；

         S——抽芯距，mm；

         d——斜导柱直径，mm；

         α——斜导柱倾斜角。

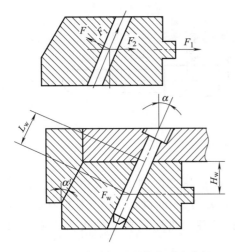

图 3.5.5 斜导柱及滑块的受力分析

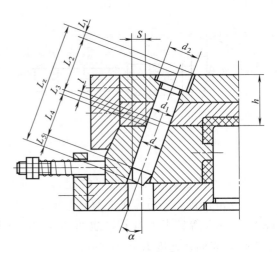

图 3.5.6 计算斜导柱长度

5.2.3.2 设计滑块

滑块1

滑块分整体式与组合式两种。组合式是将型芯安装在滑块上，这样可以节省钢材，且加工方便，因而应用广泛。型芯与滑块的连接形式如图 3.5.7 所示，图（a）、图（b）、图（d）为较小型芯固定形式；图（c）为燕尾槽固定形式，用于较大型芯；型芯为薄片时，可用图（e）所示的通槽固定形式；对于多个型芯，可用图（f）所示的固定板固定形式。

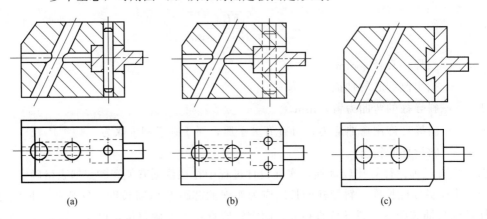

(a)   (b)   (c)

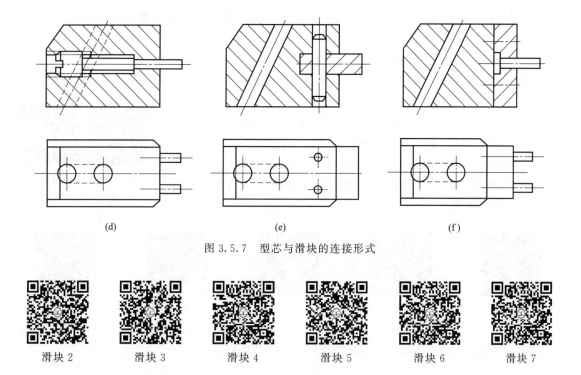

图 3.5.7 型芯与滑块的连接形式

滑块2　　滑块3　　滑块4　　滑块5　　滑块6　　滑块7

滑块材料一般采用 45 钢或 T8、T10，热处理硬度 40HRC 以上。

5.2.3.3 设计导滑槽

侧抽芯过程中，滑块必须在导滑槽内平稳移动。导滑槽形式如图 3.5.8 所示。图（a）、（e）为整体式，图（b）～图（d）为组合式，加工方便。

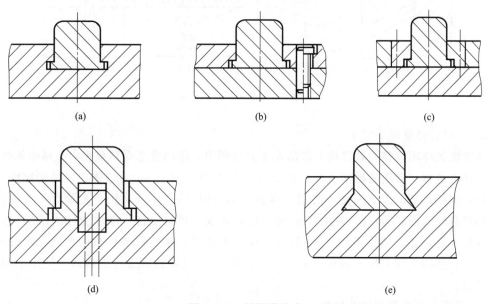

图 3.5.8 导滑槽形式

导滑槽常用 45 钢，调质热处理硬度为 28～32HRC。盖板的材料用 T8A、T10A 或 45 钢，热处理硬度 50HRC 以上。滑块与导滑槽的配合为 H8/f8，配合部分表面粗糙度

$Ra \leqslant 0.8\mu m$,滑块长度 L 应大于宽度的 1.5 倍,抽芯完毕,留在导滑槽内的长度不小于 $2L/3$。

5.2.3.4 设计滑块定位装置

滑块定位装置用于保证开模后滑块停留在刚脱模斜导柱的位置上,使合模时斜导柱能准确地进入滑块孔内,以顺利合模。滑块定位装置的结构如图 3.5.9 所示。图 (a) 为靠弹簧力使滑块停留在挡块上,适用于各种抽芯的定位,定位比较可靠,经常采用;图 (b) 为滑块利用自重停靠在限位挡块上,结构简单,适用于向下方抽芯的模具;图 (c)、图 (d) 为弹簧、止动销和弹簧、钢球定位的形式,结构比较紧凑,适于水平抽芯。

滑块定位装置 1　　滑块定位装置 2

滑块定位装置 3　　滑块定位装置 4　　滑块定位装置 5　　滑块定位装置 6　　滑块定位装置 7

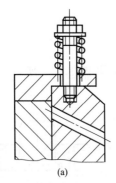
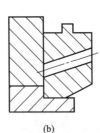
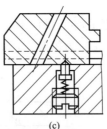
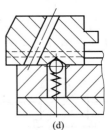

图 3.5.9　滑块定位装置的结构

5.2.3.5 设计锁紧块

锁紧块的作用就是锁紧滑块,以防在注射过程中,活动型芯受到型腔内塑料熔体的压力作用而产生位移。常用的锁紧块形式如图 3.5.10 所示。图 (a) 为整体式,结构牢固可靠,刚性好,但耗材多,加工不便,磨损后调整困难;图 (b) 形式适用于锁紧力不大的场合,制造调整都较方便;图 (c) 利用 T 形槽固定锁紧块,销钉定位,能承受较大的侧向压力,但磨损后不易调整,适用于较小模具;图 (d) 为锁紧块整体嵌入模板的形式,刚性较好,修配方便,适用于较大尺寸的模具;图 (e)、图 (f) 对锁紧块进行了加强,适用于锁紧力大的场合。

5.2.4　常见侧向分型与抽芯机构

常见侧向分型与抽芯机构按照结构形式不同又可分为斜导柱侧向分型与抽芯机构、斜滑块侧向分型与抽芯机构、斜导槽侧向抽芯机构、齿轮齿条侧向抽芯机构、手动侧向分型与抽芯机构、液体或气动侧抽芯机构等。

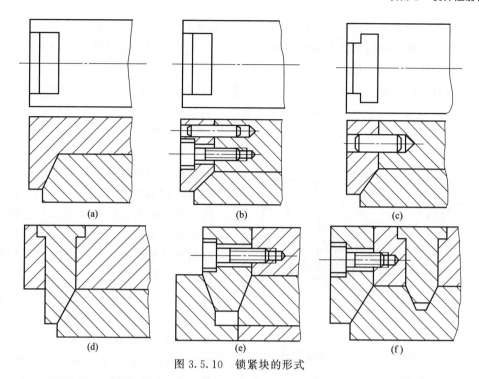

图 3.5.10 锁紧块的形式

5.2.4.1 斜导柱侧向分型与抽芯机构

（1）斜导柱固定在定模、滑块安装在动模的结构 图 3.5.11（a）为合模状态。开模时，动模部分向后移动，塑件包在凸模上随着动模一起移动，在斜导柱 7 的作用下，侧滑块 5 带动侧型芯 8 在导滑槽内向上侧向抽芯。与此同时，在斜导柱 11 的作用下，侧向成型块 12 在导滑槽内向下侧做侧向分型。侧向分型与抽芯结束，斜导柱脱离侧滑块，如图 3.5.11（b）所示。此时侧滑块 5 在

斜导柱在动模 1

斜导柱在动模 2

斜导柱在动模 3

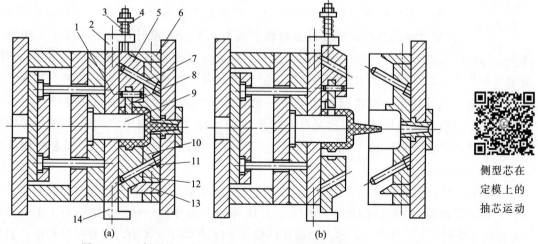

侧型芯在定模上的抽芯运动

图 3.5.11 斜导柱固定在定模、滑块安装在动模的结构

1—推件板；2,14—挡块；3—弹簧；4—拉杆；5—侧滑块；6,13—锁紧块；7,11—斜导柱；
8—侧型芯；9—凸模；10—定模板；12—侧向成型块

弹簧 3 的作用下拉紧在挡块 2 上；侧向成型块 12 由于自身的重力紧靠在挡块 14 上，以便再次合模时斜导柱能准确地插入侧滑块的斜导孔中，迫使其复位。此种结构是斜导柱侧向分型与抽芯机构的模具中应用最广泛的形式。

（2）斜导柱在动模、滑块在定模的结构　如图 3.5.12 所示，该模具的特点是没有推出机构，凹模制成瓣合式模块，可在定模板上滑动，斜导柱 5 与凹模滑块 3 上的斜导柱孔之间存在着较大的间隙 c（$c = 1.6 \sim 3.6 \text{mm}$）。开模时，在凹模滑块移动之前，模具首先分开一段距离 h（$h = c/\sin\alpha$），使凸模 4 从塑件中脱出 h 距离并与塑件发生松动。然后凹模滑块在斜导柱的带动下分开而脱离塑件，最后由人工将塑件取出。这种形式模具结构较为简单，加工方便，但需要人工取塑件，生产率较低，仅适用于小批量生产的简单模具。

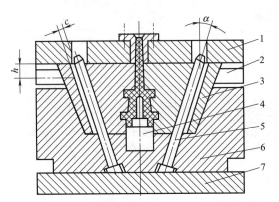

图 3.5.12　斜导柱在动模、滑块在定模的结构
1—定模板；2—导滑槽；3—凹模滑块；
4—凸模；5—斜导柱；6—动模板；7—动模座板

（3）斜导柱与滑块同在定模的机构　如前所述，只有实现斜导柱与滑块的相对运动才能完成侧抽芯动作。而斜导柱与滑块被同时安装在定模时，要实现二者的相对运动就需要采用顺序分型机构来完成。

图 3.5.13 所示为弹簧分型螺钉定距式顺序分型的斜导柱抽芯机构，定距螺钉 6 固定在定模座板上。合模时，弹簧被压缩。开模时，在弹簧 7 的作用下，A—A 分型面首先分型，斜导柱 2 驱动侧型芯滑块 1 做侧向抽芯，侧抽芯结束，定距螺钉 6 限位，动模继续向后移动，B—B 分型面分型，最后推出机构工作，推杆 8 推动推件板 4 将塑件从凸模 3 上脱出。

斜导柱与滑块都在定模的结构

（4）斜导柱与滑块同在动模的结构　这种结构一般可以通过推件板推出机构来实现斜导柱与滑块的相对运动。在图 3.5.14 所示的斜导柱侧抽芯机构中，斜导柱固定在动模板 5 上，侧型芯滑块安装在推件板 4 的导滑槽内，合模时靠设置在定模座板上的锁紧块 1 锁紧。开模时，侧型芯滑块 2 和斜导柱 3 一起随动模部分后退，当推出机构工作时，推杆 6 推动推件板 4 使塑件脱模的同时，侧型芯滑块 2 在斜导柱的作用下在推件板 4 的导滑槽内向两侧滑动而侧向抽芯。这种结构的模具，由于斜导柱与侧滑块同在动模的一侧，设计时同样可适当加长斜导柱，使在侧抽芯的整个过程中斜滑块不脱离斜导柱，因此也就不需要设置侧滑块定位装置。这种利用推件板推出机构使斜导柱与侧滑块相对运动的侧抽芯机构，主要适合于抽芯距和抽芯力均不太大的场合。

（5）斜导柱内侧抽芯机构的结构　斜导柱侧抽芯机构除了对塑件进行外侧抽芯与侧向分型外，还可以对塑件进行内侧抽芯，如图 3.5.15 所示。斜导柱 2 固定于定模板 1 上，滑块 3 安装在动模板 6 上。开模时，塑件包紧在凸模 4 上随动模向左移动，在开模过程中，斜导柱 2 同时驱动滑块 3 在动模板 6 的滑槽内滑动而进行内侧抽芯，最后推杆 5 将塑件从凸模 4 上推出。

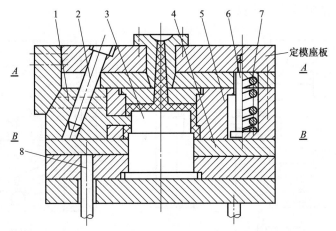

图 3.5.13 斜导柱与侧滑块同在定模的结构
1—侧型芯滑块；2—斜导柱；3—凸模；4—推件板；5—定模板；
6—定距螺钉；7—弹簧；8—推杆

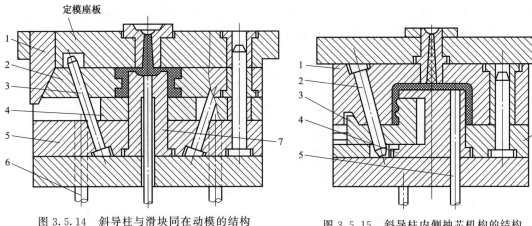

图 3.5.14 斜导柱与滑块同在动模的结构
1—锁紧块；2—侧型芯滑块；3—斜导柱；4—推件板；
5—动模板；6—推杆；7—凸模

图 3.5.15 斜导柱内侧抽芯机构的结构
1—定模板；2—斜导柱；3—滑块；
4—凸模；5—推杆；6—动模板

5.2.4.2 斜滑块侧向分型与抽芯机构

当塑件的侧凹较浅，所需的抽芯距不大，但侧凹的成型面积较大而需要较大的抽芯力时，可以采用斜滑块机构进行侧向分型与抽芯。它的特点是利用顶出脱模机构的推力，驱动滑块斜向运动，当塑件被顶出脱模的同时，由滑块完成侧向分型与抽芯动作。斜滑块侧向分型与抽芯机构比斜导柱式简单，通常可分为外侧分型（抽芯）和内侧抽芯两种类型。

（1）斜滑块外侧分型机构　如图3.5.16所示，塑件是一个线圈骨架，外侧带有深度浅但面积大的侧凹，斜滑块本身就是瓣合式凹模镶块，型腔由两个斜滑块组成。开模后，在推杆3的作用下斜滑块2向上运动，同时也向两侧分开，分开动作依靠斜滑块上的凸耳在模套1上的滑槽中进行斜向运动来实现，滑槽的方向与斜滑块的斜面平行。在斜滑块完成侧向分型运动的同时，塑件也将从主型芯上脱出，其中限位螺钉6是为了防止斜滑块从模套中脱出而设置的。这种机构主要适用于塑件对主型芯的包紧力较小、侧凹的成型面积较大的场合，否则斜滑块很容易把塑件的侧凹拉坏。

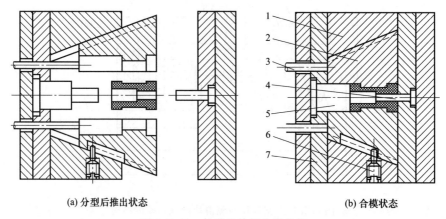

(a) 分型后推出状态　　　　　　　(b) 合模状态

图 3.5.16　斜滑块外侧分型机构

1—模套；2—斜滑块；3—推杆；4—定模型芯；5—动模型芯；6—限位螺钉；7—动模型芯固定板

(2) 斜滑块内侧抽芯机构　如图 3.5.17 所示，斜滑块 2 兼起内侧型芯作用，它安装在模套 3 的斜孔中，开模后，推杆 4 推动斜滑块 2 向上运动，由于模套 3 的斜孔的作用，斜滑块同时还会向内侧移动，从而在推杆推出塑件的同时完成内侧抽芯动作。

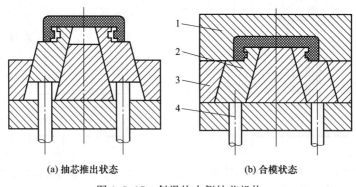

(a) 抽芯推出状态　　　　　　　(b) 合模状态

图 3.5.17　斜滑块内侧抽芯机构

1—型腔；2—斜滑块；3—模套；4—推杆

5.2.4.3　斜导槽侧向抽芯机构

斜导槽侧向抽芯机构是由固定在定模板外侧的斜导槽板与固定在滑块上的圆柱销连接形成的，它适用于抽芯距比较大的场合，如图 3.5.18 所示。斜导槽板安装在定模外侧，开模时，滑块的侧向移动受到了固定在它上面的滑销在斜导槽内的运动轨迹的限制。当槽与开模方向没有斜度时，滑块无侧抽芯动作；当槽与开模方向成一定角度时，滑块可以实现侧抽芯。

5.2.4.4　斜顶（斜导杆）侧向分型与抽芯机构

斜顶（斜导杆）侧向分型与抽芯机构也称为斜推杆式侧抽芯机构，是一种特殊的斜滑块抽芯机构，常用于制品内侧面存在凹槽或凸起结构，强行推出会损坏制品的场合。它是将侧向凹凸部位的成型镶件固定在推杆固定板上，在推出的过程中，此镶件作斜向运动，该运动分解成一个垂直运动和一个侧向运动，其中的侧向运动即实现侧抽芯。

斜顶与动模板上的斜导向孔（一般是矩形截面）进行导滑。斜顶的基本结构如图

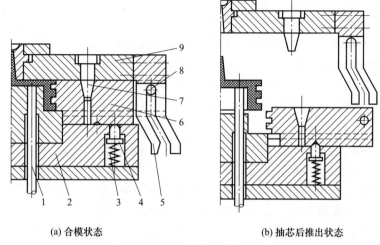

(a) 合模状态　　　　　　　　　(b) 抽芯后推出状态

图 3.5.18　斜导槽侧向抽芯机构

1—推杆；2—动模板；3—弹簧；4—顶销；5—斜导槽板；
6—侧型芯滑块；7—止动销；8—滑销；9—定模板

3.5.19 所示，图 3.5.19 为模具合模状态。动、定模板开模，推出机构带动顶杆、斜顶 6 顶出产品，斜顶受到安装在动模板上导滑区及导向块 5 的限制而只能做斜向上移运动，在完成塑件推出的同时水平方向产生了水平移动，斜顶下端的轴销 2 带动滑座 1 左移，完成了斜顶机构的全部顶出动作。取出产品后，推出机构在复位杆 4 的作用下复位，推出机构带动滑座 1 通过轴销 2 使斜顶复位。

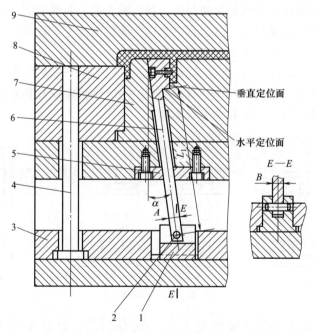

图 3.5.19　斜顶的工作原理

1—滑座；2—轴销；3—推杆固定板；4—复位杆；
5—导向块；6—斜顶；7—型芯；8—动模板；9—定模板

图中：

当 $L_1<120$mm、$\alpha<5°$ 时，$(A、B)=6\sim8$mm；

当 $L_1=120\sim160$mm、$\alpha<5°$ 时，$(A、B)=8\sim10$mm；

当 $L_1\geqslant160$mm、$\alpha<5°$ 时，$(A、B)=12\sim15$mm；

当 $L_1<120$mm、$\alpha=5°\sim9°$ 时，$(A、B)=8\sim10$mm；

当 $L_1=120\sim160$mm、$\alpha<5°\sim9°$ 时，$(A、B)=10\sim12$mm；

当 $L_1\geqslant160$mm、$\alpha<5°\sim9°$ 时，$(A、B)=15\sim20$mm；

当 $L_1<120$mm、$\alpha=9°\sim12°$ 时，$(A、B)=10\sim12$mm；

当 $L_1=120\sim160$mm、$\alpha<9°\sim12°$ 时，$(A、B)=14\sim16$mm；

当 $L_1\geqslant160$mm、$\alpha<9°\sim12°$ 时，$(A、B)=18\sim20$mm。

斜顶机构通常由成型部分、导滑部分、滑座等组成。

设计要点如下：

① 斜顶断面通常为长方形，长、宽一般为 $6\sim20$mm。

② 斜顶的斜角 α 是一个非常重要的参数，其值与抽芯距 S 和推出距离 H 有关（$\tan\alpha=S/H$），角度越小摩擦阻力越小，作用在斜顶杆上的弯曲力也越小，斜顶滑动得越通畅，但抽芯量也越小。α 的值尽量不要选大于 $12°$（斜顶"死亡"区，斜顶机构随时会发生"卡模"现象）。α 常用 $8°\sim10°$。

③ 为便于斜顶的加工、定位，斜顶工作端一般都设置垂直定位面和水平定位面，位置可设计在斜顶工作端的正面、侧面或背面（动模抽芯切记在背面），一般垂直定位面常用 $8\sim12$mm，水平定位面常用 $2\sim5$mm。

④ 斜顶导向块的作用是对斜顶进行斜向导向，通常在动模板对斜顶杆避空的情况下使用，导向件材料常用耐磨材料或青铜来制造，加工时先把导向件固定在动模板的下面，再把型芯或动模镶件固定在动模板上，然后再一起进行线切割加工，确保导向件和动模镶件上的斜向导向同一中心，使斜顶能更好、更顺畅地工作。

⑤ 斜顶工作时与推出机构做相对滑动，为减少阻力通常设置滑动座，滑动座与斜顶之间的连接方式种类较多，如图 3.5.20 所示。图 3.5.20 中滑座兼起到复位的功能，斜顶结构设计中，解决斜顶的定位、复位和平移时关键。

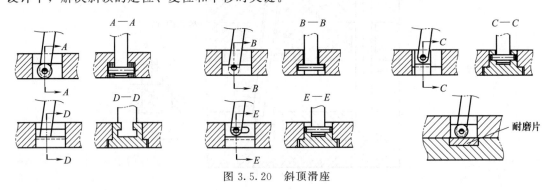

图 3.5.20 斜顶滑座

⑥ 斜顶上端面应比动模镶件低 $0.05\sim0.1$mm，以保证推出时不损坏制品，见图 3.5.21。

⑦ 斜顶上端面侧向移动时，不能与制品内的其他结构（如圆柱、加强筋或型芯等）发生干涉（见图 3.5.22～图 3.5.24）。在图 3.5.22 和图 3.5.23 中，$W\geqslant S+2$mm。

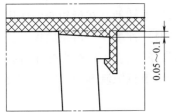
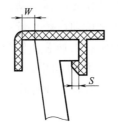
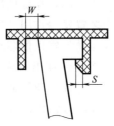

图 3.5.21　斜顶上端面尺寸　　图 3.5.22　防止撞壁　　图 3.5.23　防止撞加强筋　　图 3.5.24　无法装配

⑧ 增强斜顶刚性的方法有：

（a）在结构允许的情况下，尽量加大斜顶横截面尺寸；

（b）在满足侧抽芯的情况下，斜顶的倾斜角 α 尽量选用较小角度，同时将斜顶的侧向受力点下移，如增加图 3.5.25 中的导向块，同时导向块可以具有较高的硬度，提高模具寿命。

⑨ 斜顶材料应不同于与之摩擦的镶件材料，否则易磨损粘结。斜顶材料可以用铍铜。斜顶及下面导向块表面应氮化处理，以增强耐磨性。

5.2.4.5　齿轮齿条侧向抽芯机构

齿轮齿条侧向抽芯机构可以获得较大的抽芯距与抽芯力，可满足斜向抽芯的要求，但一般不用于中小型模具。

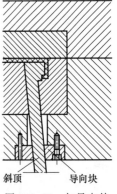

图 3.5.25　加导向块

如图 3.5.26 所示，传动齿条固定在定模上并带动模内齿轮转动以进行侧向抽芯。开模后，动模内的齿轮 5 与固定在定模上的传动齿条 6 啮合发生转动，于是带动齿条型芯 3 进行抽芯运动；当开模运动结束时，传动齿条 6 与齿轮 5 脱离接触，侧向型芯也同时停止运动。为了避免再次合模时齿条型芯 3 发生意外转动，影响侧型芯复位及与齿条型芯 3 的准确啮合，机构中设置了导向销 9，以对齿条型芯 3 进行定位和防转。

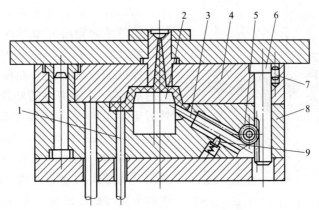

图 3.5.26　传动齿条固定在定模上的机构
1—推杆；2—型芯；3—齿条型芯；4—型腔板；5—齿轮；
6—传动齿条；7—销；8—动模板；9—导向销

如图 3.5.27 所示，传动齿条固定在动模上并带动模内齿轮转动以进行侧向抽芯。由于带动抽芯运动的齿轮齿条与顶出脱模机构同在动模上，故设置齿条底板 2 和推板 4 以使它们不能同时与注射机顶杆发生作用，保证抽芯动作先于顶出动作，以免损坏塑件。开模后，齿条底板 2 先与注射机推出装置发生作用，于是传动齿条 1 带动齿轮 6 转动，在齿轮 6 的作用下，齿条型芯 7 产生直线运动，实现抽芯动作；当抽芯动作结束时，推板 4 与齿条底板 2 接触，顶出动作开始，直至将塑件顶出脱模。在该机构中，传动齿条 1 与齿轮 6 始终保持接触，不需要齿轮定位装置。另外，如果抽芯距较长，而开模距受注射机限制不能太长时，可采用双联齿轮和加大传动比的方法以满足需要。

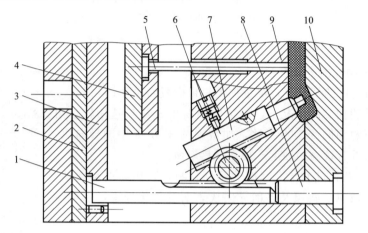

图 3.5.27　传动齿条固定在动模上的结构
1—传动齿条；2—齿条底板；3—固定板；4—推板；5—推杆；
6—齿轮；7—齿条型芯；8—复位杆；9—动模板；10—定模板

5.2.4.6　手动侧向分型与抽芯机构

在塑件的批量很小或产品处于试制状态，或者采用机动抽芯十分复杂、难以实现的情况下，塑件上的某些侧向凹凸常常采用手动方法进行侧向分型与抽芯。手动侧向分型与抽芯机构可分为两类，一类是模内手动侧向分型与抽芯机构，另一类是模外手动侧向分型与抽芯机构。模外手动侧向分型与抽芯机构实质上就是带有活动镶件的注射模结构。注射前，先将活动镶件以 H8/f8 的配合在模具内安放定位，注射后脱模，活动镶块随塑件一起被推出模外，然后用手工的方法将活动镶块从塑件上取下，准备下一次注射时使用。图 3.5.28 所示的就是这样的结构，塑件内侧有一球状的结构，很难使用其他形式的抽芯机构，因而采用手动模外侧向分型与抽芯机构。活动镶块在 5～10mm 的长度内与动模板上的孔采用 H8/f8 配合，其余部分制出 3°～5°的斜度，便于在模内安放定位。

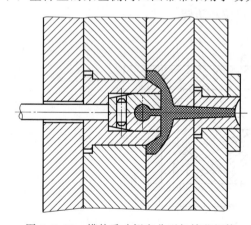

图 3.5.28　模外手动侧向分型与抽芯机构

模内手动侧向分型与抽芯机构是指在开模前或开模后尚未推出塑件以前用手工完成模具上的侧向分型与抽芯动作，然后把塑件推出模外。图 3.5.29 所示的是利用螺纹或丝杠转动使侧型芯退出与复位的模内手动侧向分型与抽芯机构。

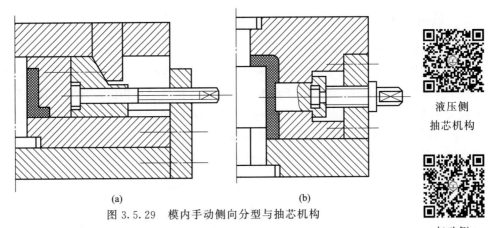

图 3.5.29 模内手动侧向分型与抽芯机构

5.2.4.7 液压或气动侧抽芯机构

液压或气动侧抽芯是通过液压缸或汽缸活塞及控制系统来实现的，当塑件侧向有很深的孔（如三通管子塑件），侧抽芯力与抽芯距很大，用斜导柱、斜滑块等机构无法解决时，往往优先考虑采用液压或气动侧抽芯机构（在有液压或气动源时）。

图 3.5.30 所示为液压缸（或汽缸）固定于定模、省去锁紧块的侧抽芯机构，它能完成定模部分的侧抽芯工作。在控制系统控制下，液压缸（或汽缸）在开模前必须将侧型芯抽出，然后再开模，而合模结束后，液压缸（或汽缸）才能驱使侧型芯复位。

图 3.5.31 所示为液压缸（或汽缸）固定于动模、具有锁紧块的侧抽芯机构，它能完成动模部分的侧抽芯工作。开模后，当锁

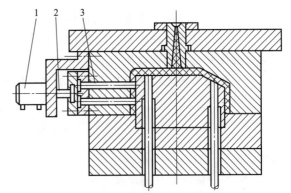

图 3.5.30 液压缸（或汽缸）固定于定模、省去锁紧块的侧抽芯机构
1—液压缸；2—拉杆；3—侧型芯

紧块脱离侧型芯，首先由液压缸（或汽缸）抽出侧型芯，然后推出机构才能使塑件脱模；合模时，侧型芯由液压缸（或汽缸）先复位，然后推出机构复位，最后锁紧块锁紧。侧型芯的复位必须在推出机构复位、锁紧块锁紧之前进行。

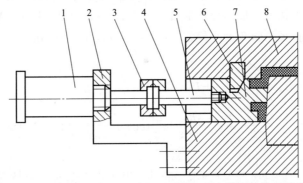

图 3.5.31 液压缸（或汽缸）固定于动模、具有锁紧块的侧抽芯机构
1—液压缸；2—支架；3—连接器；4—动模板；5—拉杆；6—锁紧块；7—侧型芯；8—定模板

5.3 任务实施

5.3.1 选择侧向抽芯机构类型

电流线圈架，制件有侧孔（对称分布），一个带有凸台 4.1mm×1.2mm，由于电流线圈架的侧向抽芯距较小，而适宜于小抽芯距的斜导柱抽芯机构的设计方法较成熟，制造与使用较为方便，所以本例选择斜导柱侧向分型与抽芯机构。

5.3.2 计算抽芯力、抽芯距及斜导柱倾斜角

（1）计算抽芯力 用下列公式进行计算：

$$F_c = Ap(\mu\cos\alpha - \sin\alpha)$$

式中 F_c——抽芯力，N；
A——活动型芯被塑件包紧的包络面积，mm^2；
p——塑件对侧型芯的收缩应力，一般塑件模内冷却取 $(0.8\sim1.2)\times10^7$ MPa；
μ——摩擦因数，取 $0.1\sim0.2$；
α——侧型芯的脱模斜度或倾斜角。

由于电流线圈架侧壁的小凹槽和小凸台壁厚较薄，结构尺寸小，因此，其抽芯力很小。斜导柱强度足够，不需计算。

（2）确定抽芯距 侧向抽芯距一般比塑件上侧凹、侧孔的深度或侧向凸台的高度大 $2\sim3$mm，即

$$S = S_2 + (2\sim3)\text{mm}$$

式中 S——抽芯距，mm；
S_2——塑件上孔的深度，mm。

可取抽芯距 $S=3$mm。

（3）确定斜导柱倾斜角 斜导柱倾斜角是斜导柱抽芯机构的主要技术参数之一，它与抽芯力及抽芯距有直接关系，倾斜角 α 值一般不得大于 $25°$。一般取 $\alpha=12°\sim22°$，本例中选取 $\alpha=20°$。在这种情况下，锁紧块 $\alpha'=\alpha+(2°\sim3°)$，本例中选取 $\alpha'=23°$。

5.3.3 确定侧向分型与抽芯的结构

5.3.3.1 确定斜导柱的尺寸

斜导柱的直径取决于抽芯力及其倾斜角度，可按设计资料中的有关公式进行计算，本例抽芯力过小，采用经验估值，取斜导柱的直径 $d=14$mm。斜导柱的长度根据抽芯距、固定端模板的厚度、斜销直径及斜角大小确定。$d_2=20$mm，$h=25$mm，$S=3$mm，$d=14$mm，$\alpha=20°$，则

$$L_z = L_1 + L_2 + L_3 + L_4 + L_5$$

$$= \frac{d_2}{2}\tan\alpha + \frac{h}{\cos\alpha} + \frac{d}{2}\tan\alpha + \frac{S}{\sin\alpha} + (10\sim15)\text{mm}$$

$$= \frac{14}{2}\tan20° + \frac{25}{\cos20°} + \frac{14}{2}\tan20° + \frac{3}{\sin20°} + (10\sim15)\text{mm}$$

$$= 40\sim55\text{mm}$$

初步计算后，取斜导柱长度为55mm。

5.3.3.2 设计滑块与导槽

（1）设计滑块与侧型芯（孔）的连接方式　侧向抽芯机构主要是用于成型零件的侧向孔和侧向凸台，由于侧向孔和侧向凸台的尺寸较小，考虑到型芯强度和装配问题，采用组合式结构。型芯与滑块的连接采用镶嵌方式，其结构如图3.5.32所示。

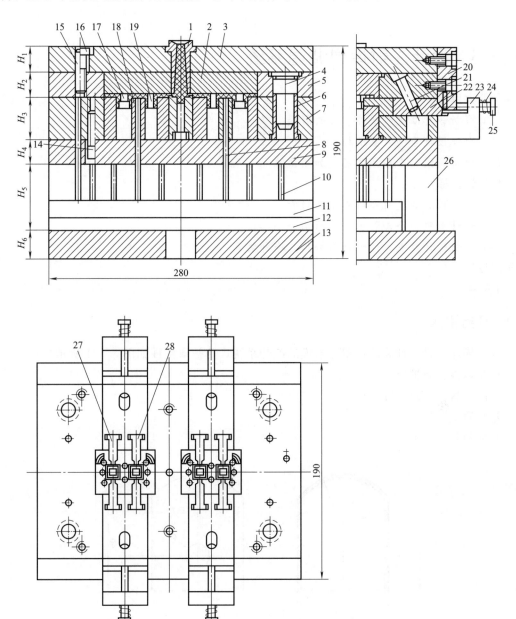

图 3.5.32　电流线圈架制件注射模

1—浇口套；2—上凹模镶块；3—定模座板；4—导柱；5—上固定板；6—导套；7—下固定板；
8—推杆；9—支承板；10—复位杆；11—推杆固定板；12—推板；13—动模座板；14,16,25—螺钉；
15—销钉；17—型芯；18—下凹模镶块；19—型芯；20—楔紧块；21—斜导柱；
22—侧抽芯滑块；23—限位挡块；24—弹簧；26—垫块；27,28—侧型芯

(2) 滑块的导滑方式　为使模具结构紧凑，减低模具装配复杂程度，拟采用整体式滑块和整体导向槽的形式，其结构如图 3.5.32 所示。为提高滑块的导向精度，装配时可对导向槽或滑块采用配磨、配研的装配方法。

(3) 滑块的导滑长度和定位装置设计　由于侧抽芯距较短，故导滑长度只要符合滑块在开模时的定位要求即可。滑块的定位装置采用弹簧与挡块的组合形式，如图 3.5.32 所示。

任务 6　设计注射模具调温系统

▶ 专项能力目标

(1) 分析模具温度对塑件质量的影响
(2) 合理设计冷却装置结构
(3) 分析是设置冷却系统还是加热系统

▶ 专项知识目标

(1) 分析模具温度对塑料成型的影响
(2) 设计加热与冷却装置实际结构
(3) 分析设计要点，设计计算加热与冷却装置

▶ 学时设计

4 学时

6.1　任务引入

任务描述：设计计算防护罩注射模的冷却系统，防护罩塑件如图 3.6.1 所示。

产品名称：防护罩

产品材料：ABS（抗冲）

塑料质量：15g

塑料颜色：红色

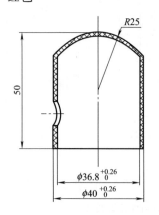
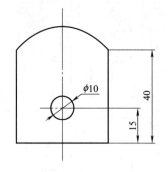

技术要求
1. 塑件外侧表面光滑，下端外缘不允许有浇口痕迹，塑件允许最大脱模斜度为0.5°。
2. 未注尺寸公差均按 SJ1372 8级精度。
3. 较大批量生产。

图 3.6.1　防护罩塑件

6.2 知识链接

6.2.1 模具温度调节系统概述

模具温度是否合理直接关系到成型塑件的尺寸精度、表观、内在质量以及塑件的生产效率。模温过低会使塑料流动性差,塑件轮廓不清晰、表面无光泽,而热固性塑料则固化不足,性能严重下降。模温过高易造成溢料粘模,塑件脱模困难,变形大,而热固性塑料则过熟。模温不均,型芯型腔温差过大,会造成塑件收缩不均、内应力增大、塑件变形以及尺寸不稳定。因此,温度调节系统的设计是模具设计中的一项重要工作。常用塑料的成型温度与模具温度见表3.6.1。

表3.6.1 常用塑料的成型温度和模具温度 ℃

塑料品种	成型温度	模具温度	塑料品种	成型温度	模具温度
LDPE	190～240	20～60	PS	170～280	20～70
HDPE	210～270	20～60	AS	220～280	40～80
PP	200～270	20～60	ABS	200～270	40～80
PA6	230～290	40～60	PMMA	170～270	20～90
PA66	280～300	40～80	硬PVC	190～215	20～60
PA610	230～290	36～60	软PVC	170～190	20～40
POM	180～220	60～120	PC	250～290	90～110

从表3.6.1可以得出,模具上需要温度调节系统以达到理想的温度要求。温度调节系统根据不同的情况可以分为冷却系统和加热系统两种。一般注射到模具内的塑料温度为200℃左右,而塑件成型后从模具型腔中取出时的温度在60℃以下;热塑性塑料在注射成型后,必须对模具进行有效冷却,使熔融塑料的热量尽快传给模具,以便使塑件可冷却定型并可迅速脱模,提高塑件定型质量和生产效率。对于熔融黏度较低、流动性较好的塑料,如聚乙烯、尼龙、聚苯乙烯等。若塑件是薄壁而小型的,则模具可利用自然冷却;若塑件是厚壁而大型的,则需要对模具进行人工冷却,以便塑件很快在模腔内冷凝定型,缩短成型周期,提高生产效率。在某些情况下,模具需要加热系统对模具加热,如热固性塑料需要较高的模具温度促使交联反应进行,某些热塑性塑料也需维持80℃以上的模温,如聚甲醛、聚苯醚等,大型模具要预热、热流道模具等。加热和冷却系统还可同时利用以调节模具温度。

6.2.2 设计加热系统

6.2.2.1 模具加热的方法

模具加热方法很多,常用的有电加热、气体加热和热油加热等。

(1) 气体加热(蒸汽) 气体加热的特点是升温迅速,模具温度容易保持恒定;当模具需要冷却时,只要关闭蒸汽,改以冷却水通入通道,就能很快使模具冷却,但是设备复杂,投资大。

(2) 电加热 电加热最常用,具有温度调节范围较大、装置结构简单、安装及维修方便、清洁、无污染等优点。缺点是升温较缓慢,改变温度时有时间滞后效应。电加热有电阻加热和工频感应加热等,电阻加热应用最广泛。

6.2.2.2 设计电阻加热系统

(1) 设计电阻加热系统的基本内容

① 计算模具的加热功率;

② 合理地分布电热组件;

③ 建立必要的控温系统。

(2) 选择电阻加热元件　电阻加热元件有电热棒、电热套（图 3.6.2）和电热板等，在市场上有品种齐全的型号供选择。

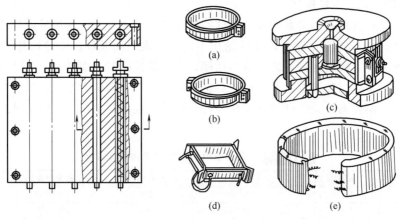

图 3.6.2　电热套

(3) 计算电阻加热功率

① 计算总电功率（P）。加热模具所需的总电功率（P）必须恰当，如果功率过大，会使模具加热过快，出现局部过热现象；而功率过小，则不能达到模具所需的温度。计算时可按模具的质量（m）近似计算

$$P = mq$$

或

$$P = 0.24m(T_2 - T_1)$$

式中　q——单位模具质量所需的电功率，见表 3.6.2；
　　　$T_2 - T_1$——模具加热前、后的温度差。

表 3.6.2　单位模具质量所需的电功率 q

模具类型	q/(W/kg)	
	采用加热棒时	采用加热圈时
小型	35	40
中型	30	50
大型	25	60

② 计算单个电阻加热元件的功率。总电功率（P）计算后，可根据电热装置的大小确定电阻加热元件的数量，进而计算出单个电阻加热元件的功率，计算公式如下：

$$P_1 = \frac{P}{N}$$

式中　P——单个电阻加热元件的功率；
　　　N——电阻加热元件的数量（如果计算结果有小数应入为整数），在计算后如果没有合适的电阻加热元件选择，可自制。

(4) 布置电阻加热元件　电阻加热元件的数量确定后再考虑电阻加热元件的布置，电阻加热元件的布置必须合理以保证模具加热均匀。如果是大型模具，模具的中央和边缘可各用一套加热装置，边缘加热装置的功率应大于中央加热装置的功率。

模具加热装置设计还应考虑热量的散失，应加强保温措施以减少热量的辐射和传导损失。

6.2.3 设计冷却系统

模具冷却系统应尽可能将塑料传到模具上的热量迅速带走，以便塑料冷却定型。冷却装置设计的原则如下：

① 尽量保证塑件收缩均匀，维持模具热平衡；
② 冷却水孔的数量越多，孔径越大，对塑件冷却越均匀；
③ 水孔与型腔表面各处应有相同的距离；
④ 浇口处应加强冷却；
⑤ 降低入水与出水的温差；
⑥ 要结合塑料的特性和塑件的结构，合理考虑冷却通道的排列形式；
⑦ 冷却通道要避免接近塑件的熔接部位，以免熔接不牢，影响强度；
⑧ 保证冷却通道不泄漏；
⑨ 防止与其他部位发生干涉；
⑩ 冷却通道的进、出口要低于模具的外表平面；
⑪ 冷却通道要利于加工和清理。

6.2.3.1 选择冷却介质

冷却介质常用水、压缩空气、冷冻水、油等，一般用水。

6.2.3.2 设计水冷

水冷形式一般是在模具的型芯和型腔等部位开设冷却通道，通过调节冷水流量和流速来控制模具温度。冷水一般为室温水，也有用低温水强制冷却的。

（1）冷却通道设计原则　冷却通道尺寸如图 3.6.3 所示，其确定方法如下。

① 冷却水孔相对位置尺寸

$d = 8 \sim 12\text{mm}, L \geqslant 10\text{mm}$

$L_1 = (1 \sim 2)d, L_2 = (3 \sim 5)d$

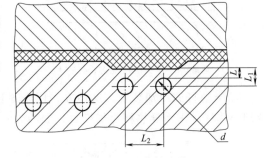

图 3.6.3　冷却通道

② 模具结构允许，冷却孔尽量大、多，使冷却更均匀。
③ 冷却孔要避开塑件的熔接部位。
④ 水孔排列与型腔形状吻合，如图 3.6.4 所示。
⑤ 定模与动模要分别冷却，保证冷却平衡。
⑥ 浇口附近与壁厚处应加强冷却，如图 3.6.5 所示。

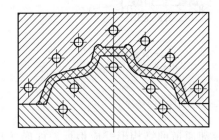

图 3.6.4　水孔排列与型腔形状吻合

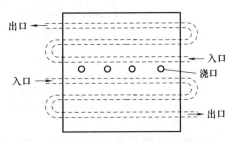

图 3.6.5　浇口附近与壁厚处加强冷却

⑦ 冷却通道应密封且不应通过镶块接缝，以免漏水。

⑧ 进、出水温差不宜过大。

（2）冷却装置的形式　冷却装置有以下三种形式。

① 通道式冷却装置。这种方式直接在模具或模板上钻孔或铣槽，通入冷却水冷却，如图 3.6.6 所示，这种方式用得最多。

② 管道式冷却装置。这种冷却方式是在模具上钻孔，再在孔内安装水管，如图 3.6.7 所示。

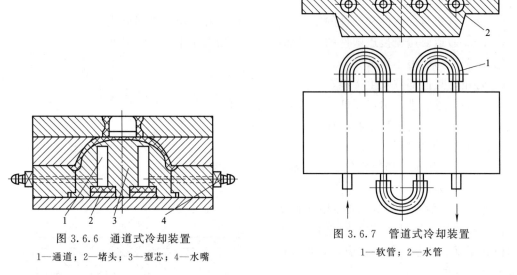

图 3.6.6　通道式冷却装置
1—通道；2—堵头；3—型芯；4—水嘴

图 3.6.7　管道式冷却装置
1—软管；2—水管

③ 导热杆式冷却装置。这种方式用于细长型芯的冷却，在型芯内插入导热杆，冷却水冷却导热杆，再由导热杆冷却模具，如图 3.6.8 所示。

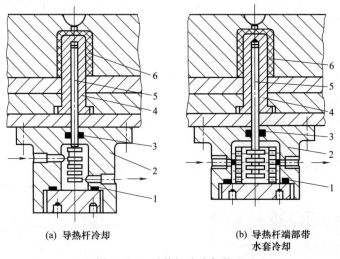

(a) 导热杆冷却　　(b) 导热杆端部带水套冷却

图 3.6.8　导热杆式冷却装置
1,3—密封环；2—支架；4—型芯；5—导热杆；6—塑件

（3）通道式冷却装置中冷却通道的结构形式　冷却通道的结构形式应根据塑件形状及其所需冷却的温度要求而定，有直通式、螺旋式、圆周式和喷流式等。

① 直通式冷却通道制造简单,用于高度不大、面积大的塑件的成型,如图 3.6.9 所示。
② 圆周式冷却通道如图 3.6.10 所示。

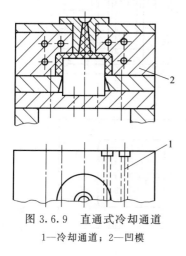

图 3.6.9 直通式冷却通道
1—冷却通道;2—凹模

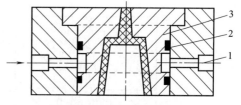

图 3.6.10 圆周式冷却通道
1—冷却通道;2—密封件;3—凹模

③ 多级式冷却通道如图 3.6.11 所示。
④ 螺旋式冷却通道如图 3.6.12 所示。

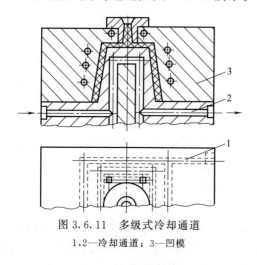

图 3.6.11 多级式冷却通道
1,2—冷却通道;3—凹模

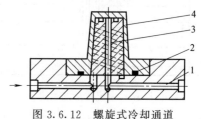

图 3.6.12 螺旋式冷却通道
1—冷却通道;2—密封件;3—螺旋槽;4—型芯

⑤ 循环式冷却通道如图 3.6.13 所示,这种形式对凸模和凹模的冷却都有利,但制造复杂、加工难、成本高,一般用于中小类型模具的冷却。
⑥ 喷流式冷却通道如图 3.6.14 所示,这种形式用于长型芯的冷却,在型芯中钻一孔,再在孔中装一喷水管,冷水从喷水管中喷出冷却型芯壁。

(4) 计算冷却系统 模具冷却装置的设计与使用的冷却介质、冷却方法有关。模具可以用水、压缩空气和冷凝水冷却,但用水冷却最为普遍。因为水的热容量大、传热系数大、成本低廉。水冷就是在模具型腔周围和型芯开设冷却水回路,使水或冷凝水在其中循环,带走热量,维持所需的温度。冷却回路的设计应做到回路系统内的流动介质能充分吸收成型塑件所传导的热量,使模具成型表面的温度稳定地保持在所需的温度范围内。而且要做到使冷却介质在回路系统内流动畅通,无滞留部位。

① 计算冷却水体积流量。塑料注射模冷却时所需要的冷却水量(体积)可按下式计算:

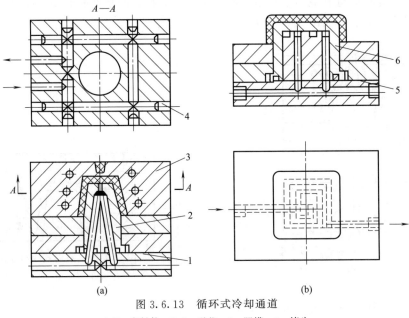

图 3.6.13 循环式冷却通道

1,5—密封件；2,6—型芯；3—凹模；4—堵头

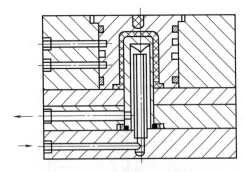

图 3.6.14 喷流式冷却通道

$$V=\frac{nm\Delta h}{60\rho c_p(t_1-t_2)}$$

式中 V——所需冷却水的体积，m^3/min；

m——包括浇注系统在内的每次注入模具的塑料质量，kg；

n——每小时注射的次数；

ρ——冷却水在使用状态下的密度，kg/m^3；

c_p——冷却水的比热容，$J/(kg \cdot ℃)$；

t_1——冷却水的出口温度，℃；

t_2——冷却水的入口温度，℃；

Δh——从熔融状态的塑料进入型腔时的温度到塑料冷却脱模温度为止，塑料所放出的热焓量，见表 3.6.3。

表 3.6.3 Δh 值　　　　　　10^3 J/kg

塑　料	Δh	塑　料	Δh
高密度聚乙烯	583.33～700.14	尼龙	700.14～816.48
低密度聚乙烯	700.14～816.48	聚甲醛	420.00
聚丙烯	583.33～700.14	醋酸纤维素	289.38
聚苯乙烯	280.14～349.85	丁酸-醋酸纤维素	259.1
聚氯乙烯	210.00	ABS	326.76～396.48
有机玻璃	285.85	AS	280.14～349.85

求出所需的冷却水体积后，可根据处于湍流状态的流速、流量与管道直径的关系，确定模具上的冷却水孔直径，见表 3.6.4。

确定冷却水孔直径时应注意，无论多大的模具，冷却水孔直径不能大于 14mm，一般冷却水孔直径可根据塑件的平均壁厚来确定，平均壁厚 2mm 时，水孔直径可取 8~10mm；平均壁厚 2~4mm 时，水孔直径可取 10~12mm；平均壁厚 4~6mm 时，水孔直径可取 10~14mm。

表 3.6.4 冷却通道的稳定湍流、流量、水孔直径

冷却水孔直径 /mm	速度 v/(m/s)	V/(m³/min)	冷却水孔直径 /mm	速度 v/(m/s)	V/(m³/min)
8	1.66	5.0×10^{-3}	15	0.87	9.2×10^{-3}
10	1.32	6.2×10^{-3}	20	0.66	12.4×10^{-3}
12	1.10	7.4×10^{-3}	25	0.53	15.5×10^{-3}

注：在雷诺数 $Re=10000$ 及水温 10℃ 的条件下。

② 冷却回路总长度的计算

$$L=\frac{A}{\pi d}$$

式中　L——冷却回路总长度，m；
　　　A——冷却回路总表面积，m²；
　　　d——冷却水孔直径，mm。

③ 冷却水孔数。因受模具尺寸限制，每一根水孔长度为 l（冷却通道开设方向上模具长度或宽度），则模具内应开设水孔数为

$$n=\frac{A_{传}}{\pi dl}$$

式中　l——每一根水孔的长度；
　　$A_{传}$——冷却通道总传热面积。

④ 计算冷却水体积流量。冷却回路所需的表面积为

$$A=\frac{nm\Delta h}{3600\alpha(t_m-t_w)}$$

式中　A——冷却回路总表面积，m²；
　　　n——每小时注射的次数；
　　　m——包括浇注系统在内的每次注入模具的塑料质量，kg；
　　　α——冷却水的表面传热系数，W/(m²·K)；
　　　t_m——模具成型表面的温度，℃；
　　　t_w——冷却水的平均温度，℃；
　　Δh——从熔融状态的塑料进入型腔时的温度到塑料冷却脱模温度为止，塑料所放出的热焓量，见表 3.6.3。

冷却水的表面传热系数 α 为：

$$\alpha=\varphi\frac{(\rho v)^{0.8}}{d^{0.2}}$$

式中　ρ——冷却水在相应温度下的密度，kg/m³；
　　　d——冷却水孔直径，mm；
　　　v——冷却水的流速，m/s；
　　　φ——与冷却水温度有关的物理系数，φ 值可从表 3.6.5 查得。

表 3.6.5　水的 φ 值与温度的关系

平均水温/℃	5	10	15	20	25	30	35	40	45	50
φ 值	6.16	6.60	7.06	7.50	7.95	8.40	8.84	9.28	9.66	10.05

⑤ 冷却水流动状态校核。冷却介质处于层流还是湍流，其冷却效果相差 10～20 倍。因此，在模具冷却系统设计完成后，尚需对冷却介质的流动状态进行校核，校核公式如下：

$$Re = \frac{vd}{\eta} \geqslant 6000 \sim 10000$$

式中　Re——雷诺数；
　　　v——冷却水的流速，m/s；
　　　d——冷却水孔直径，mm；
　　　η——冷却水运动黏度，m²/s，由图 3.6.15 查取。

Re 低于 2300 时，称为层流；雷诺数 $Re \geqslant 2300$ 时，热量由型腔向水道壁传递的效果可以得到很大改善；$Re \geqslant 4000$ 时，称为湍流，湍流的热传递效率为层流的 10～20 倍。

⑥ 冷却水进口与出口温差校核。冷却水的进、出口温差由下式校核温度：

$$t_1 - t_2 = \frac{nm\Delta h}{900\pi d^2 c_p \rho v}$$

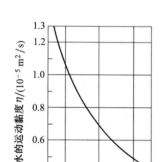

图 3.6.15　水的运动黏度与温度的关系

冷却水进、出口温差的大小从一定程度上反应模具各部分冷却效果。为使模具型腔各部分温度趋于一致，普通模具冷却水进、出口温差一般控制在 5℃以内，精密模具控制在 2～3℃。

以上介绍的注射模具冷却结构大多是利用模具内的冷却通道输送高速流动的冷却水，对于镶拼式结构的模具，这种冷却方式常常因密封不良而导致模具漏水，还有待于今后进一步研究。近年来，对于细长型芯冷却，注射模实际生产中采用热管取代铍铜管冷却细长型芯，取得显著冷却效果。

6.3　任务实施

6.3.1　计算冷却水体积流量

查表 3.6.1，成型 ABS 塑料模具平均温度 60℃，用常温 20℃的水作为模具冷却介质，其出口温度 30℃，每次注射量 $m = 0.36$kg，注射周期 60s。

查表 3.6.3，取 ABS 的 $\Delta h = 3.5 \times 10^5$ J/kg。

冷却水比热容 $c_p = 4187$ J/(kg·℃)，冷却水在使用状态下的密度 $\rho = 1000$ kg/m³，出口温度 $t_1 = 30$℃，进口温度 $t_2 = 20$℃。

冷却水体积为

$$\begin{aligned}V &= \frac{nm\Delta h}{60\rho c_p (t_1 - t_2)} \\ &= \frac{60 \times 0.36 \times 3.5 \times 10^5}{60 \times 1000 \times 4187 \times (30 - 20)} \\ &= 3 \times 10^{-3} \text{（m}^3\text{/min）}\end{aligned}$$

6.3.2　确定冷却通道直径

根据冷却水体积流量 V 查表 3.6.4 可初步确定冷却水孔直径。从表中可以看出，生产该塑件所需的冷却水体积流量 V 很小，在设计时可以不考虑冷却系统设计。所以冷却回路所需总表面积、总长度等不需计算。

但该塑件生产批量大，为了降低冷却时间，缩短成型周期，提高生产率，可以在模板上设计几根冷却水管，以便于在生产中灵活调整和控制。因此，查表 3.6.4 经验表格，初步确定冷却水孔直径为 $\phi 10\text{mm}$。

6.3.3 设计冷却系统结构

防护罩注射模的冷却分为两部分，一部分是型腔冷却，另一部分是型芯冷却。

（1）型腔冷却通道结构　型腔的冷却是由定模板（中间板）上两条 $\phi 10\text{mm}$ 的冷却通道完成的，如图 3.6.16 所示。

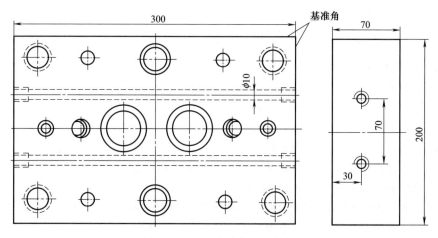

图 3.6.16　型腔冷却通道结构

（2）型芯冷却通道结构　型芯冷却通道结构如图 3.6.17 所示，在型芯内部开设 $\phi 16\text{mm}$ 的冷却水孔，中间用隔水板 2 隔开，冷却水由支承板 5 上的 $\phi 10\text{mm}$ 冷却水孔进入，沿着隔水板的一侧上升到型芯的上部，翻过隔水板，流入另一侧，再流回支承板上的冷却水孔内，然后继续冷却第二个型芯，最后由支承板上的冷却水孔流出模具。型芯 1 与支承板 5 之间用密封圈 3 密封。

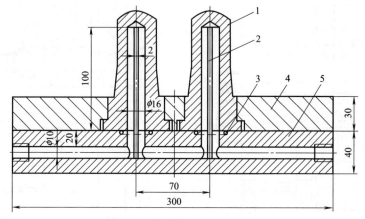

图 3.6.17　型芯冷却通道结构

1—型芯；2—隔水板；3—密封圈；4—动模板（型芯固定板）；5—支承板

思考与练习

1. 注射模具结构一般由哪几部分组成？各组成部分的主要作用是什么？
2. 注射模具按结构特征可分为哪几类？叙述斜导柱侧向分型与抽芯机构的工作原理。
3. 导向机构有哪些类型？主要起什么作用？
4. 中小型模架有哪些种类？
5. 模架选择的一般步骤有哪些？
6. 确定型腔数目的方法有哪些？
7. 分型面的选择原则有哪些？
8. 普通浇注系统由哪几部分组成？各指哪一段？
9. 注射模有哪些排气形式？
10. 在实际生产中，如何调整浇注系统的平衡？
11. 推件板推出机构有何特点？推件板如何设计？
12. 二次推出机构有哪些类型？各有什么特点？
13. 斜导柱有哪些常见的结构形式？
14. 侧滑块脱离斜导柱时定位装置有哪几种形式？
15. 斜滑块侧抽芯可分为哪几种形式？
16. 阐述传动齿条固定在定模一侧与动模一侧两种形式的齿轮齿条抽芯机构工作原理。
17. 对模具电加热的基本要求有哪些？
18. 塑料熔体充满型腔后冷却到脱模温度所需的冷却时间与哪些因素有关？
19. 塑料模具冷却装置设计要遵循哪些原则？
20. 冷却系统的设计原则。
21. 如图 3.6.18 所示模具的推出机构属于哪一种类型？试述其工作过程。
22. 简述图 3.6.19 所示模具的推出机构的工作原理。

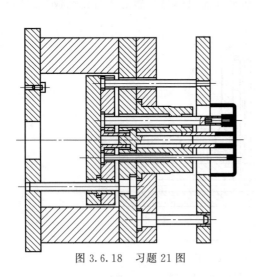

图 3.6.18 习题 21 图

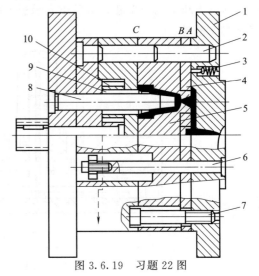

图 3.6.19 习题 22 图

1—定模板；2—导柱；3—顶销；4—推板；5—型腔；6—拉杆；7—限位螺钉；8—型芯；9—螺纹型芯；10—齿轮

23. 设计如图 3.6.20 所示壳体的注射模。

技术要求：

(1) 材料，PE。

(2) 产量，10 万件。

(3) 未注尺寸公差按 GB/T 14486—1993 中 MT7。

(4) 要求塑件表面不得有气孔、熔接痕、飞边等缺陷。

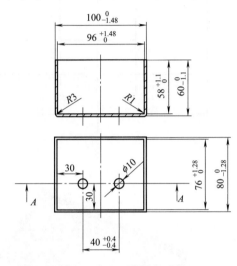

图 3.6.20　习题 23 图

24. 设计如图 3.6.21 所示暖瓶盖的注射模。

技术要求：

(1) 材料，PS。

(2) 产量，10 万件。

(3) 未注尺寸公差按 GB/T 14486—1993 中 MT5。

(4) 要求塑件表面不得有气孔、熔接痕、飞边、浇口痕迹等缺陷。

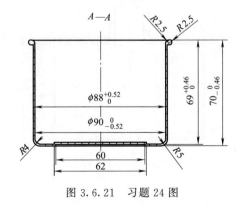

图 3.6.21　习题 24 图

25. 设计如图 3.6.22 所示 ABS 电器盖注射模具。

技术要求：

(1) 外表无痕，表面粗糙度 $Ra=3.2\mu m$。

(2) 未注倒角 $R0.5$，未注尺寸公差取 MT5 级精度。
(3) 小批量生产。

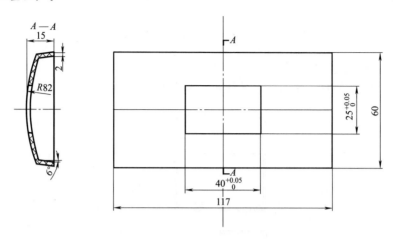

图 3.6.22　习题 25 图

26. 如图 3.6.23 所示三通管塑件，试自拟产品要求，完成塑料注射模具设计。

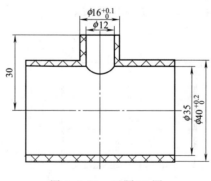

图 3.6.23　习题 26 图

项目4
设计压缩与压注成型模具

➤ **能力目标**
(1) 分析压缩成型等其他塑料成型工艺的过程及基本工作原理
(2) 正确选择压缩成型等工艺参数
(3) 设计简单压缩模具、压注模具

➤ **知识目标**
(1) 掌握压缩成型等其他塑料成型工艺的工艺特点及模具特点
(2) 了解压缩成型等塑料成型工艺所用设备的工作原理、规格
(3) 了解塑料成型新技术的发展

➤ **素质目标**
(1) 分析压缩成型等模具结构图纸的能力
(2) 设计简单压缩模、压注模

任务 1　设计压缩成型模具

➤ **专项能力目标**
(1) 能够分析压缩模具典型结构和工作原理
(2) 具有选择压缩成型工艺参数和设计简单压缩模具的能力
(3) 能够正确计算压缩模具成型零件的工作尺寸和加料腔尺寸
(4) 能够正确选择压缩成型设备

➤ **专项知识目标**
(1) 掌握压缩模具的分类方法及各种压缩模具的适用范围
(2) 掌握压缩成型的工艺参数选择方法
(3) 掌握压机的选用以及工艺参数的校核
(4) 掌握压缩模具的设计要点
(5) 了解压缩模具的脱模机构设计选用原则

➤ **学时设计**
6 学时

1.1　任务引入

塑料压缩成型又称压塑成型、模压成型、压制成型等,是热固性塑料的常用成型方法。塑料压缩成型还可成型热塑性塑料塑件,一般用于小批量制件、不宜高温注射生产的制件或一些流动性很差的热塑性塑料制件的成型。本任务将着重讨论热固性塑料压缩成型模具。

与注塑模具相比，压缩模具有其独特的特点，如压缩模具没有浇注系统，直接向模腔内加入未塑化的塑料等。因此，在学习时应从塑料压缩成型的工艺参数特点、压缩模具的特征上着手，重点掌握压缩成型模具的设计要点。

1.1.1 任务要求

现有一机器零件的基座需要进行大批量生产，塑件材料是以木粉为填料的酚醛塑料，零件见图4.1.1。

根据零件的使用性能、结构工艺性和材料特性，选择合适的成型工艺并确定工艺参数；选择合适的生产设备并进行适应性校核；对塑件成型模具结构的选择及模具设计。

1.1.2 任务分析

由于塑件的材料为热固性塑料——酚醛塑料。热固性塑料的成型方法一般为压缩、压注成型，由于酚醛塑料可塑性和成型工艺良好，一般都是用于压缩成型。由于酚醛塑料的原料一般是粒状或粉状，在生产过程中需要将原材料放入压缩模具中，通过加热、加压后塑料变成黏流态充满型腔中并发生交联反应进行固化，从而得到形状、尺寸符合设计标准的塑料产品。

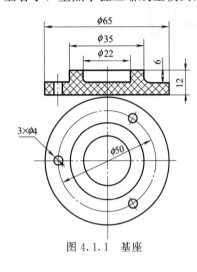

图4.1.1 基座

那么，采用压缩成型生产方式进行生产，生产过程中成型加热的温度、成型压力以及成型保压时间等工艺参数需要确定。生产需要生产设备，对于压缩成型就是选择压力机（压机），那么选择什么型号的压力机能够满足生产要求以及如何对压力机进行校核也是需要进行选择和计算的。对于压缩成型，还需要压缩模具。由于压缩模具的结构和种类较多，那么根据塑件的材料、形状、尺寸以及生产设备、生产批量不同，选择正确合适的压缩模具结构；然后根据模具结构的特点，选择合理的压缩模具结构形式并正确计算模具的有关技术参数。

下面针对这个任务，先学习一些塑料压缩模具的专业基础知识。

1.2 知识链接

1.2.1 压缩模具的成型工艺

1.2.1.1 压缩成型原理及特点

压缩成型又称压塑成型、模压成型、压制成型等，它的基本成型原理如图4.1.2所示。将松散状（粉状、粒状、碎屑状或纤维状）的固态成型物料直接加到成型温度下的模具型腔

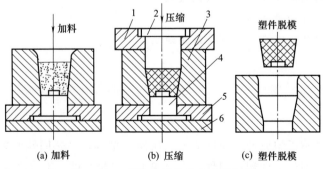

图4.1.2 压缩成型的基本成型原理

1—上模座；2—上凸模；3—凹模；4—下凸模；5—下模板；6—下模座

中，使其逐渐软化熔融，并在压力作用下使物料充满模腔，这时塑料中的高分子产生化学交联反应，最终经过固化转变成为塑料制件。

与注射成型相比，压缩成型有它自身的优缺点。

塑料压缩成型的优点：

① 与注塑成型等相比，可使用普通的液压机，压缩模具结构比较简单便宜，制造周期短。

② 适用于流动性差的塑料，比较容易成型大中型塑件。

③ 适宜成型热固性塑料塑件，压缩成型制件的收缩率较小，变形小，塑件内部取向组织少，性能比较均匀。

塑料压缩成型的缺点：

① 生产周期较长，生产效率低，特别是厚壁塑件生产周期更长。

② 生产操作多用手工操作，不易实现自动化，特别是移动式压缩模。生产中模具需要加热到高温，工人劳动条件较差。

③ 塑件常带有较厚的溢料飞边，且溢料飞边厚度波动，因此塑件在高度方向的尺寸精度难以保证。

④ 塑件成型有一定的形状限制，带有深孔、形状复杂的塑件难以压缩成型；模具内细长的成型杆和塑件上细薄的嵌件在压塑时均易弯曲变形，此类塑件也不宜采用压缩模。

⑤ 压缩模具在生产中易磨损而变形，使用寿命较短。

压缩成型主要用于热固性塑料，也可用于热塑性塑料（如聚四氟乙烯等）。其区别在于成型热塑性塑料时不存在交联固化反应，在熔融的塑料充满型腔后，需将模具进行冷却使塑件凝固才能脱模而获得制件，因此热塑性塑料压缩成型时模具需要交替地加热冷却，生产周期更长，不够经济。典型的压缩制件有仪表壳、电闸板、电器开关、插座等。

1.2.1.2　分析压缩成型工艺过程

压缩成型工艺过程一般包括压缩成型前的准备、压缩成型过程、压后处理三个阶段。

(1) 压缩成型前的准备　压缩成型前的准备主要是指预压、预热和干燥等预处理工序。

① 预压。压缩成型前，为了成型时操作方便和提高塑件的质量，常利用预压缩模将物料在预压机上压成质量一定、形状相似的锭料。在成型时，直接将锭料放入压缩模内。锭料的形状一般以能十分紧凑地放入模具中便于预热为宜。通常使用的锭料形状多为圆柱状，也有长条状、扁球状、空心体状或与塑件形状类似。预压一般用于大批量生产塑件。

预压一般在室温下进行，也可加热到50～90℃再预压，预压的压力为40～200MPa，选用的压力以能使锭料的密度达到塑件最大密度的80%为宜。

② 预热和干燥。成型前应对热固性塑料加热。加热的目的有两个：一是对塑料进行干燥，除去其中的水分和其他挥发物；二是提高料温，便于缩短成型周期，提高塑件内部固化的均匀性，从而改善塑件的物理力学性能。同时还能提高塑料熔体的流动性，降低成型压力，减少模具磨损。

生产中预热和干燥的常用设备是烘箱、热板预热、高频预热和红外线加热炉。

(2) 压缩成型过程　模具装上压机后要进行预热。一般热固性塑料压缩过程可以分为加料、闭模、排气、固化和脱模等几个阶段，在成型带有嵌件的塑料制件时，加料前应预热嵌件并将其安放定位于模内。

① 加料。加料的关键是加料量。因为加料的多少直接影响塑件的尺寸和密度，所以必

须严格定量。定量的方法有测重法、容积法和计数法三种。测重法比较准确，但操作麻烦；容积法虽然不及测重法准确，但操作方便；计数法只用于预压锭料的加料。物料加入型腔时，应根据其成型时的流动情况和各部位大致需要量合理堆放，以免造成塑件局部疏松等现象，尤其对流动性差的塑料更应注意。

② 闭模。加料后即进行闭模。闭模分为两步：当凸模尚未接触物料时，为缩短成型周期，避免塑料在闭模之前发生化学反应，应加快加料速度；当凸模接触到塑料之后，为避免嵌件或模具成型零件的损坏，并使模腔内空气充分排除，应放慢闭模速度，即采取"先快后慢"的合模方式。

③ 排气。压缩热固性塑料时，在模具闭合后，有时还需卸压将凸模松动少许时间，以便排出其中的气体。排气不但可以缩短固化时间，而且还有利于塑件性能和表面质量的提高。排气的次数和时间按需要而定，通常排气的次数为1~2次，每次时间由几秒至几十秒。

④ 固化。压缩成型热固性塑料时，塑料依靠交联反应固化，生产中常将这一过程称为硬化。在这一过程中，呈黏流态的热固性塑料在模腔内与固化剂反应，形成交联结构，并在成型温度下保持一段时间，使其性能达到最佳状态。对固化速率不高的塑料，为提高生产率，有时不必将整个固化过程都放在模具内完成（特别是一些硬化速度过慢的塑料），只需塑件能完整脱模即可结束成型，然后采用后处理（后烘）的方法来完成固化。模内固化时间应适中，一般为30s至数分钟不等，视塑料品种、塑件厚度、预热状况和成型温度而定。时间过短，热固性塑件的机械强度、耐蠕变性、耐热性、耐化学稳定性、电气绝缘性等性能均下降，热膨胀、后收缩增加，有时还会出现裂纹；时间过长，塑件机械强度不高、脆性大、表面出现密集小泡等。

⑤ 塑件脱模。塑件脱模方法分为机动推出脱模和手动推出脱模。带有侧向型芯或嵌件时，必须先用专用工具将它们拧脱，才能取出塑件。

（3）压后处理　塑件脱模后，对模具应进行清理，有时对塑件要进行后处理。

① 清理模具。脱模后必要时需用铜刀或铜刷去除残留在模具内的塑料废边，然后用压缩空气吹净模具。如果塑料有粘模现象，用上述方法不易清理时则用抛光剂擦洗。

② 后处理。为了进一步提高塑件的质量，热固性塑料制件脱模后常在较高的温度下保温一段时间。后处理能使塑料固化更趋完全，同时减少或消除塑件的内应力，减少水分及挥发物等，有利于提高塑件的电性能及强度。常用热固性塑件退火处理温度及时间可参考表4.1.1确定。

表4.1.1　常用热固性塑件退火处理温度及时间

塑件材料	退火温度/℃	保温时间/h	塑件材料	退火温度/℃	保温时间/h
酚醛塑料	80~130	4~24	氨基塑料	70~80	10~12

1.2.1.3　选择压缩成型工艺参数

压缩成型的工艺参数主要是指压缩成型温度、压缩成型压力和压缩时间。

（1）压缩成型温度　压缩成型温度是指压缩成型时所需的模具温度。热固性塑料在压缩成型时，必须对它进行加热，使热固性塑料变成熔融的黏流态，从而塑料产生流动并充满模具型腔，最后产生交联反应固化成型。因此，压缩成型时模具的温度是主要的工艺因素，决定了成型过程中聚合物交联反应的速度，从而最终影响塑件的最终性能。

压缩成型温度高低影响模内塑料熔料的充模是否顺利，也影响成型时的固化速度，进而影响塑件质量。热固性塑料受到温度作用时,其黏度和流动性会发生很大的变化。随着温度的升高,塑料固体粉末逐渐融化,黏度由大到小,开始交联反应,当其流动性随温度的升高而出现峰值时,迅速增大成型压力,使塑料在温度还不很高而流动性又较大时充满型腔的各部分。

在一定温度范围内,模具温度升高,成型周期缩短,生产效率提高。如果温度较高,塑料的固化速度加快,将会使塑件外层首先硬化,影响物料的流动,将引起充模不满,特别是模压形状复杂、薄壁、深度大的塑件最为明显。同时,由于水分和挥发物难以排除,塑件内应力大,模件开启时塑件易发生肿胀、开裂、翘曲等;如果模具温度太高,将使树脂和有机物分解,塑件表面颜色就会暗淡。如果模具温度过低,塑料将会固化不足,塑件表面将会暗淡无光,其物理性能和力学性能下降。常见的热固性塑料的压缩成型温度见表 4.1.2。

(2) 压缩成型压力　压缩成型压力是指压缩时压力机通过凸模对塑件熔体在充满型腔和固化时在分型面单位投影面积上施加的压力,简称成型压力,可采用式(4.1.1)进行计算

$$p = \frac{p_b \pi D^2}{4A} \tag{4.1.1}$$

式中　p ——成型压力,MPa,一般为 10～30MPa;

p_b ——压力机工作液压缸表压力,MPa;

D ——压力机主缸活塞直径,m;

A ——塑件与凸模接触部分在分型面上的投影面积,m^2。

施加成型压力的目的是促使物料流动充模,使塑件结构密实,提高塑件机械强度,同时克服塑料树脂在成型过程中因化学反应而释放的低分子物质及水分等产生的胀模力,使模具闭合,避免塑件产生气泡、分层、结构松散等缺陷,保证塑件具有稳定的尺寸、形状,减少飞边,并防止变形。但压缩成型压力不能过大,否则会使模具寿命降低。

压缩成型压力的大小与塑料种类、塑件结构以及模具温度等因素有关,一般情况下,塑料的流动性愈小,塑件愈厚以及形状愈复杂,塑料固化速度和压缩比愈大,所需的压缩成型压力也愈大,同时对于外观性能及平滑度要求高的塑件,压缩成型时也需要较高的压缩成型压力。

常见的热固性塑料的压缩成型温度和压缩成型压力列于表 4.1.2。

表 4.1.2　热固性塑料的压缩成型温度和压缩成型压力

塑料类型	压缩成型温度/℃	压缩成型压力/MPa
酚醛塑料(PF)	146～180	7～42
三聚氰胺甲醛塑料(MF)	140～180	14～56
脲-甲醛塑料(UF)	135～155	14～56
聚酯塑料(UP)	85～150	0.35～3.5
邻苯二甲酸二烯丙酯塑料(PDAP)	120～160	3.5～14
环氧树脂塑料(EP)	145～200	0.7～14
有机硅塑料(SI)	150～190	0.7～56

(3) 压缩时间　热固性塑料压缩成型时,要在一定温度和一定压力下保持一定时间,才能使其充分交联固化,成为性能优良的塑件,这一时间称为压缩时间。压缩时间与塑料的种类(树脂种类、挥发物含量等)、塑件形状、压缩成型的其他工艺条件(温度、压力)以及操作步骤(是否排气、预压、预热)等有关。压缩成型温度升高,塑件固化速度加快,所需

压缩时间减少，因而压缩周期随模具温度提高也会减少。对成型物料进行预热或预压以及采用较高成型压力时，压缩时间均可适当缩短，通常压缩时间还会随塑件厚度增加而增加。

压缩时间的长短对塑件的性能影响很大。压缩时间太短，塑料固化不足，塑件的物理、力学性能变差，塑件的外观质量变差，塑件脱模后易发生翘曲、变形。适当增加压缩时间，可以减少塑件收缩率，提高其耐热性能和其他物理、力学性能。但如果压缩时间过长，不仅降低生产率，而且会使树脂交联反应过度而使塑件收缩率增加，产生内应力，导致塑件力学性能下降，严重时会使塑件破裂。表4.1.3列出了酚醛塑料和氨基塑料的压缩成型工艺参数。

表 4.1.3　酚醛塑料和氨基塑料的压缩成型工艺参数

工艺参数	氨基塑料	酚醛塑料		
		一般工业用[①]	高电绝缘用[②]	耐高频电绝缘用[③]
压缩成型温度/℃	140～155	150～165	150～170	180～190
压缩成型压力/MPa	25～35	25～35	25～35	>30
压缩时间/(min/mm)	0.7～1.0	0.8～1.2	1.5～2.5	2.5

① 以苯酚-甲醛线型树脂和粉末为基础的压缩粉。
② 以甲酚-甲醛可溶性树脂的粉末为基础的压缩粉。
③ 以苯酚-苯胺-甲醛树脂和无机矿物为基础的压缩粉。

1.2.2　压缩模结构

1.2.2.1　压缩成型模具典型结构

压缩模具典型结构如图 4.1.3 所示，它可分为固定于压机上压板的上模和下压板的下模两大部分。上、下模闭合使装于加料室和型腔中的塑料受热受压，成为熔融态并充满整个型腔，当制件固化成型后，压机上、下压板带动上、下模打开，然后起用推出装置推出制件。压缩模具由以下几部分组成。

（1）型腔　型腔是直接成型塑件的部件，加料时与加料室一道装入原料。图 4.1.3 中的模具型腔由上凸模 3、下凸模 8、凹模 4 和型芯 7 等零件构成，凸模和凹模的配合形式有多种，对制件成型有很大影响。

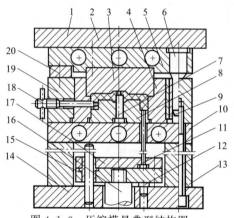

图 4.1.3　压缩模具典型结构图
1—上模板；2—连接螺钉；3—上凸模；4—凹模；5,10—加热板；6—导柱；7—型芯；8—下凸模；9—导套；11—推杆；12—挡钉；13—垫块；14—底板；15—推板；16—尾轴；17—推杆固定板；18—侧型芯；19—下模板；20—承压板

（2）加料室　加料室指图 4.1.3 中凹模 4 的上半部，为凹模端面尺寸扩大部分，由于塑料原料与塑件相比具有较大的比体积，成型前只靠型腔内部往往无法容纳全部原料，因此在型腔之上设有一段加料空间。

（3）导向机构　图 4.1.3 中的导向机构由布置在模具上模周边的四根导柱 6、下模上的导套 9 组成。导向机构用来保证上、下模合模的对中性。为保证推出机构上、下运动平稳，该模具在底板上还设有两根推板导柱，在推出板上还设有推板导套。

（4）侧向分型抽芯机构　与注塑模具一样，在成型带有侧孔或侧向凸凹的塑件时，模具必须设有各种侧向分型与抽芯机构，塑件才能脱出，图 4.1.3 中塑件带有侧孔，在推出前转动手动丝杠（侧型芯 18）即可抽出侧型芯。

（5）脱模机构　固定式压缩模在模具上应有脱模机构（推出机构）。压缩模脱模机构与注塑模具相似，图 4.1.3 中的脱模机构由推板 15、推杆 11 和推杆固定板 17 等零件组成。

（6）加热系统　热固性塑料压塑成型需在较高的温度下进行，因此模具必须加热，常见的加热方式有：电加热、蒸汽加热、煤气或天然气加热等，但以电加热使用较为普遍。图 4.1.3 中加热板 5、10 分别对上凸模、下凸模和凹模进行加热，加热板圆孔中插入电加热棒。压塑热塑性塑料时，在型腔周围开设温度控制通道，在塑化和定型阶段，分别通入蒸汽进行加热和通入冷却水进行冷却。

1.2.2.2　压缩成型模具分类

压缩成型模具的分类方法很多，可按照模具加料室结构形式分类，可按模具在压力机上固定方式分类，也可按型腔数目分类。

（1）按照模具加料室结构形式分类

① 溢式压缩模。溢式压缩模又称敞开式压缩模，如图 4.1.4 所示，这种模具无单独加料室，型腔本身就是加料空间，型腔总高度 A 基本就是塑件的高度。型腔闭合面形成水平方向的环形挤压面 B，其宽度比较窄，用以减薄塑件的飞边。压缩时多余的塑料原料极易沿着环形挤压面溢出。

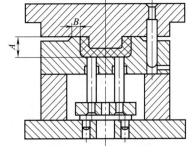

图 4.1.4　溢式压缩模具

压缩成型时压机的压力不能完全传给物料。压缩成型合模时原料压缩阶段，环形挤压面仅对溢料产生有限的阻力，合模到终点时环形挤压面才完全密合。因此塑件的密度不高，强度不佳，特别是当模具闭合太快时，会造成溢料量增加，既浪费了原料，又降低了塑件密度。但是压缩模闭合速度也不能太慢，否则物料会在环形挤压面迅速固化，从而造成塑件的飞边增厚和高度增大。

由于塑件的溢边总是水平的（顺着环形挤压面），因此去除比较困难。溢式压缩模具没有延伸的加料室，装料容积有限，不适用于有带状、片状或纤维状填料的体积疏松的塑料。由于溢式压缩模具凸模和凹模的配合完全靠导柱定位，没有其他的配合面，成批生产的塑件其外形尺寸和强度要求很难求得一致，因此成型壁厚均匀性要求很高的制件是不适合的。

溢式压缩模具的优点是结构简单，造价低廉耐用（凸模与凹模无摩擦），塑件容易取出，特别是扁平塑件可以不设推出机构，通常用手工取出或用压缩空气吹出塑件。由于无装料室，方便在型腔内安装嵌件。对加料量的精度要求不高，加料量一般略大于塑件质量的 5%～9%，常用粒料或预压型坯进行压缩成型。

溢式压缩模具适于成型厚度不大、形状简单的小型薄壁制件，特别是对强度和尺寸精度无严格要求的制件，如纽扣、装饰品等各种小零件。

② 不溢式压缩模。不溢式压缩模又称封闭式压缩模，如图 4.1.5 所示。此种模具有加料室，其端面形状与型腔完全相同，加料室为型腔上部截面的延续。不溢式压缩模与型腔之间为间隙配合，每边大约有 0.025～0.075mm 的间隙，为减小摩擦，配合高度不宜过大。由于没有环形挤压面，模具闭合后，凹模和凸模即形成完全封闭的型腔，压缩成型时压机所施加的压力将几乎全部作用在塑件上。

不溢式压缩模的最大特点是塑件成型压力大，故密实性好，力学强度高。

不溢式压缩模的缺点是塑料的溢出量极少，加料量直接影响塑件的高度尺寸，每模加料都必须准确称量，所以塑件高度尺寸不易保证，因此，流动性好容易按体积计量的塑料一般不采用不溢式压缩模。另外，凸模与加料室侧壁会产生摩擦，时间一长不可避免地会擦伤加料室侧壁；同时，由于加料室截面尺寸与型腔截面相同，在塑件顶出时带有划伤痕迹的加料室会损伤制件外表面。不溢式压缩模具必须设推出机构，否则塑件很难取出。不溢式压缩模具一般不设计成多型腔结构，因为加料稍不均衡就会造成各型腔压力不等，从而引起一些塑件欠压。

不溢式压缩模适用于压制形状复杂、壁薄、流程长或深形塑件，也适于压制流动性小、比压高、比体积大的塑料。例如，用它压制棉布、玻璃布或长纤维填充的塑料塑件效果较好，这不单因为这些塑料的流动性差，要求单位压力高，而且若采用带挤压面的溢式压缩模成型，当布片或纤维填料进入挤压面时，不易被模具夹断，而妨碍模具闭合，造成飞边过厚和塑件尺寸不准，并且难以去除。不溢式压缩模具没有环形挤压面，成型的塑件飞边不但极薄，而且与分型面呈垂直分布，去除比较容易，一般可以用平磨等办法除去。

③ 半溢式压缩模。半溢式压缩模又称半封闭式压缩模，如图 4.1.6 所示。此种模具具有加料室，但其断面尺寸大于型腔尺寸。凸模与加料室呈间隙配合，加料室与型腔的分界处有一环形挤压面，宽度约为 4~5mm。挤压边可限制凸模的下压行程，过剩原料可通过间隙配合和凸模上开设的溢料槽排出，并且保证塑件的水平方向毛边很薄。半溢式压缩模还可以多型腔设计，并且其塑件的紧密程度比溢式压缩模好。半溢式压缩模操作方便，加料量也不必严格控制，加料时只需简单地按体积计量，而塑件的高度尺寸是由型腔高度 A 决定的，可达到每模基本一致，由于半溢式压缩模具有这些特点，因此运用较为广泛。

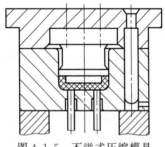 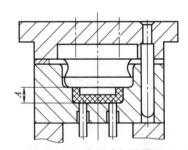

图 4.1.5　不溢式压缩模具　　　　图 4.1.6　半溢式压缩模具

此外，由于加料室尺寸较制件截面大，加料室侧壁在制件之外，即使受摩擦损伤，在推出时也不再刮伤塑件外表面。用它压制带有小嵌件的塑料比用溢式压缩模具好，因为后者常需用预压锭压制，这容易引起嵌件破碎。当塑件外缘形状复杂时，若用不溢式压缩模具则凸模和加料室制造较为困难，采用半溢式压缩模可将凸模与加料室周边配合面形状简化成简单截面形状。

半溢式压缩模具由于有挤压边缘，能用于压制以布片或长纤维作填料的塑料，在操作时要随时注意清除落在挤压边缘上的废料，以免此处过早地变形和破坏。

由于半溢式压缩模兼有溢式压缩模和不溢式压缩模的特点，因此被广泛用来成型流动性较好的塑料和形状比较复杂、带有小型嵌件的塑件，且各种压制场合均能适用。

（2）按照模具在压力机上的固定方式分类

① 移动式。移动式压缩模如图 4.1.7 所示，模具不固

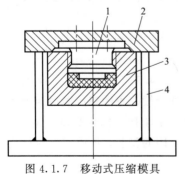

图 4.1.7　移动式压缩模具
1—凸模；2—凸模固定板；3—凹模；
4—U形支架

定在压机上。压缩成型前,将塑料原料放入模具型腔,将上模放入下模,然后将模具放入压机的工作台上对塑料进行加热,之后再加压固化成型。成型后将模具移出压机,先抽出侧型芯,再使用卸模工具脱出塑件。在清理加料室后,将模具重新组合好,然后放入压机内再进行下一个循环的压缩成型。

这种压缩模结构简单,制造周期短。但因加料、开模、取件等工序均手工操作,模具易磨损,劳动强度大,生产效率低。目前只供试验及新产品试制的场合,正式生产中使用较少。

② 半固定式压缩模。半固定式压缩模如图 4.1.8 所示。开合模在机内进行,一般将上模固定在压机上,下模增设一导轨,把工作台加长。下模可沿导轨移动,用定位块定位,合模时靠导向机构定位。也可按需要采用下模固定的形式,工作时则移出上模,用手工取件或卸模架取件。

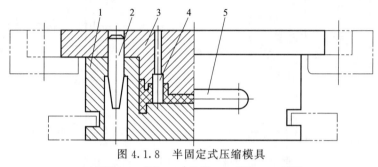

图 4.1.8 半固定式压缩模具

1—凹模;2—导柱;3—凸模;4—型芯;5—手柄

该结构便于放嵌件和加料,用于小批量生产时能减轻劳动强度。

③ 固定式压缩模。固定式压缩模如图 4.1.3 所示。上、下模都固定在压机上,开模、合模、脱模等工序均在压机内进行,因此生产效率高,操作简单,劳动强度小,开模振动小,模具寿命长。但其结构复杂,成本高,且安放嵌件不方便。适用于成型批量较大或形状较大的塑件。

(3) 按照型腔数目分类　上面所列举的模具都属于单型腔模具,压缩模也常采用多型腔结构,一模可以生产数个、数十个产品,其型腔数目由塑件形状、投影面积、批量大小和压机的能力(吨位)确定。多腔模比单腔模生产效率高,但结构复杂,模具较大。

1.2.3　选用与校核压缩模用的压机

1.2.3.1　压机及常用压机的技术规范

压机是塑料压缩成型所用的主要设备。

(1) 压机的分类　压机按照其传动方式分为机械式压机和液压机。机械式压机的压力不准确,运动噪声大,容易磨损,只适用于一些小型设备;液压机能提供大的压力,获得大行程,工作压力准确可调,设备结构简单,操作方便,工作平稳,使用十分广泛。

(2) 液压机的规格和参数　液压机按机架结构形式分为框架结构和柱式结构,图 4.1.9 所示为 SY71-45 型上压式框架液压机,图 4.1.10 所示为 YB32-200 型上压式四立柱万能液压机。

液压机按施压油缸所在位置分为上压式和下压式,压制大型塑料层压板可采用油缸在下的下压式压机,压制一般的塑料零件常采用上压式压机。

按工作液体的种类还可分为以液压油驱动的油压机和油水乳化液驱动的水压机。水压机的动力源一般采用中央蓄能站,一个中央蓄能站能同时驱动数十台至百余台水压机,当生产规模很大时较为有利。此外实验室还有各种形式的手动压机,如螺旋压机、千斤顶压机等。

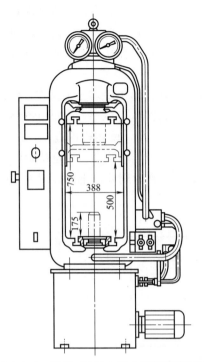 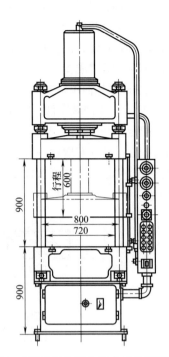

图 4.1.9 SY71-45 型上压式框架型液压机　　图 4.1.10 YB32-200 型上压式四立柱万能液压机

目前使用得最多的是多种形式的油压机,且在压机上装备有电子程序控制装置,有的还装有机械手,可以使操作过程全部实现自动化。

常用液压机的技术参数参见表 4.1.4。

表 4.1.4　常用液压机的技术参数

常用液压机型号	特　征	液压部分			封闭高度 H/mm	滑块最大行程 S/mm	顶出部分			备注
		公称压力 /kN	回程压力 /kN	工作液最大压力 p/MPa			顶出杆最大顶出力 /kN	顶出杆最大回程力 /kN	顶出杆最大行程 S_1/mm	
45-56	上压式、框架结构、下推出	450	68	32	650	250	—	—	150	—
YA71-45	上压式、框架结构、下推出	450	60	32	750	250	12	3.5	175	
SY71-45	上压式、框架结构、下推出	450	60	32	750	250	12	3.5	175	
YX(D)-45	上压式、框架结构、下推出	450	70	32	—	250	—	—	150	
Y32-50	上压式、框架结构、下推出	500	105	20	600	400	7.5	3.75	150	
YB32-63	上压式、框架结构、下推出	630	133	25	600	400	9.5	4.7	150	
BY32-63	上压式、框架结构、下推出	630	190	25	600	400	18	10	130	

续表

常用液压机型号	特征	液压部分			封闭高度 H/mm	滑块最大行程 S/mm	顶出部分			备注
		公称压力 /kN	回程压力 /kN	工作液最大压力 p/MPa			顶出杆最大顶出力 /kN	顶出杆最大回程力 /kN	顶出杆最大行程 S_1/mm	
YX-100	上压式、框架结构、下推出	1000	500	32	650	380	20	—	165（自动）280（手动）	
Y71-100	上压式、框架结构、下推出	1000	200	32	650	380	20	—	165（自动）280（手动）	滑块设有4孔
ICH-100	上压式、框架结构、下推出	1000	500	32	650	380	20	—	165（自动）280（手动）	滑块设有4孔
Y32-100	上压式、柱式结构、下推出	1000	230	20	900	600	15	8	180	
Y32-200	上压式、柱式结构、下推出	2000	620	20	1100	700	30	8.2	250	
YB32-200	上压式、柱式结构、下推出	2000	620	20	1100	700	30	15	250	

用于成型塑件的油压机其总压力为350～3000kN，其中最常用的是450kN和1000kN两种。以450kN油压机YAT71-45为例，它由焊接式框架、上、下压板等构成机体，此外它还有液压系统和电气装置，共三大部分。这种液压机由曲轴柱塞泵和蓄能器同时向系统输油，油液经分油器（控制阀）进入工作油缸上腔，推动柱塞带动上压板向下移动，给模具施压，同时模具用电加热器加热，当塑件固化成型后启动开模程序，油液经分油器进入工作油缸的下腔，推动柱塞和上压板上升，打开模具，塑件的顶出是由顶出柱塞完成的，顶出柱塞的运动也由分油器完成，本机的主要性能参数如下：

工作柱塞最大总压力　　　　　450kN
油液最高压力　　　　　　　　32MPa
工作柱塞最大回程力　　　　　60kN
顶出柱塞最大顶出力　　　　　120kN
顶出柱塞最大回程力　　　　　35kN
上压板至工作台最大距离　　　750mm
上压板行程　　　　　　　　　250mm
上压板移动速度（高压下行）　2.9mm/s
上压板移动速度（高压回程）　18mm/s
顶出柱塞移动速度（高压顶出）10mm/s
顶出柱塞移动速度（高压回程）35mm/s
蓄能器最高压力　　　　　　　0.5MPa
高压柱塞泵流量　　　　　　　2.5L/min

液压泵工作压力　　　　　　　　　32MPa
电动机功率　　　　　　　　　　　3.5kW

1.2.3.2　校核压缩模与压机相关技术参数

压机是压缩成型的主要设备，压缩模设计者必须熟悉压机的主要技术参数，特别是压机的最大压力、开模力、推出力和模具安装部位的有关尺寸，否则模具在压机上将无法安装或塑件不能顺利成型或成型后无法取出。在设计压缩模时，要根据所用塑料及加料腔的截面积计算出成型时所需的总压力，然后再选择压力机并对压机进行有关技术参数的校核计算。

(1) 校核压机最大总压力　模具所需的压制能力应与压机本身的能力相符合，如压制能力不足，则不能生产出合格的塑件，反之又会造成设备生产能力的浪费。校核压机最大压力是为了当已知压机总压力和塑件尺寸时应计算可开设的型腔的数目，或已知塑件尺寸和型腔数目时，通过计算选择合适的压机。选压机时应考虑压机的新旧状况和性能的优劣等具体情况，为了保险可将压机公称压力乘以压机新旧系数 k，新机 k 值可取 1.1～1.2，旧机 k 值可取 1.3～1.35。

$$kF_m \leqslant F_j \tag{4.1.2}$$

式中　F_j——压机最大总压力，kN；
　　　F_m——压缩模所需的成型总压力，kN。

压缩模所需成型压力根据压缩成型时的每一个型腔所需的成型压力进行计算，并考虑压力安全系数 K_1，即

$$F_m = \frac{p_0 A n K_1}{1000} \tag{4.1.3}$$

式中　p_0——压制时单位成型压力，MPa，其值取决于压缩模构造、制件的形状和尺寸、所用塑料品种及型号以及成型时预热情况等，可参考表 4.1.5 选取；
　　　A——每一型腔的水平投影面积，mm^2，其值取决于压缩模结构形式，对于溢式和不溢式压缩模，A 等于制件最大轮廓的水平投影面积；对于半溢式压缩模，A 等于加料室的水平投影面积；
　　　n——压缩模内加料室个数，单型腔内模 $n=1$，对于共用加料室的多型腔压缩模取 $n=1$，这时 A 应采用共用加料室的水平投影面积；
　　　K_1——压力安全系数，一般取 1.1～1.2。

表 4.1.5　压缩成型时单位压力　　　　　　　　MPa

塑　件	酚醛塑料		层压塑料	氨基塑料	石棉酚醛塑料
	不预热	预热			
扁平厚壁塑件	12.25～17.15	9.8～14.70	29.40～39.20	12.25～17.15	44.10
高 20～40mm,壁厚 4～6mm	12.25～17.15	9.8～14.70	34.30～44.10	12.25～17.15	44.10
高 20～40mm,壁厚 2～4mm	12.25～17.15	9.8～14.70	39.20～49.00	12.25～17.15	44.10
高 40～60mm,壁厚 4～6mm	17.15～22.05	12.25～15.39	49.00～68.60	17.15～22.05	53.90
高 40～60mm,壁厚 2～4mm	24.50～29.40	14.70～19.60	58.80～78.40	24.50～29.40	53.90
高 60～100mm,壁厚 4～6mm	24.50～29.40	14.70～19.60	—	24.50～29.40	53.90
高 60～100mm,壁厚 2～4mm	26.95～34.30	17.15～22.05	—	26.95～34.90	53.90

一般来说，以织物和纤维作填料的塑料比用无机物粉料或木粉作填料的塑料需要更大的单位压力，高强度牌号的塑料、薄壁深形塑件都需要较大的成型压力，压制具有垂直壁的壳型塑件比压缩模具有倾斜壁的锥形壳体需要更大的成型压力。正装式压缩模需成型压力较小，而倒装式压缩模需单位压力较大，有挤压边缘的压缩模为求得毛边较薄应取较大的单位压力，在选择压力时应灵活运用。压力选择较高对塑件质量虽有一定好处，但对压缩模的寿命却有不利的影响。

将式（4.1.3）代入式（4.1.2）可得

$$F_j = \frac{p_0 A n k K_1}{1000} \tag{4.1.4}$$

当压机已定，可按式（4.1.5）确定多腔模型腔数

$$n = \frac{10 F_j}{p_0 A k} \tag{4.1.5}$$

实际型腔数取小于计算值的整数。

(2) 校核开模力　开模力的大小与成型压力成正比，其值还关系到压缩模连接螺钉的数量与大小。因此，大型模具在布置螺钉之前需计算开模力。

开模力按式（4.1.6）计算：

$$F_k = K_2 F_m \tag{4.1.6}$$

式中　F_k——开模力，N；
　　F_m——模压所需的成型总压力，N；
　　K_2——压力系数，对形状简单的塑件，配合环部分不高时宜取0.1，配合环较高时取0.15；塑件形状复杂、配合环又高时取0.2。

用机器力开模时，因为 $F_m > F_k$，所以不需要校核开模力。

(3) 校核脱模力　脱模力可按式（4.1.7）计算：

$$F_t = \frac{p_1 A_1}{1000} \tag{4.1.7}$$

式中　F_t——塑件脱模力，kN；
　　A_1——塑件侧面积之和，mm²；
　　p_1——塑件与金属的单位结合力，一般含木纤维和矿物填料的塑料取值0.49MPa，玻璃纤维塑料取值1.47MPa。

要保证塑件能够脱模可靠，必须使塑件的脱模力小于压力机的顶出力。

(4) 校核压缩模高度和开模行程

① 模具的合模高度。压缩成型时，为了使模具能够完全闭合，压机上、下模板之间的最小开距、最大开距、模板的最大行程必须与压缩模的闭合高度和压缩模要求的开模行程相适合，其关系必须按照式（4.1.8）和式（4.1.9）校核：

$$H_{max} \geqslant h_m \geqslant H_{min} \tag{4.1.8}$$

$$h_m = h_1 + h_2 \tag{4.1.9}$$

式中　h_m——压缩模具闭合的总高度，mm；
　　H_{min}——压机上、下压板之间最小开距，mm；
　　H_{max}——压机上、下压板之间最大开距，mm；
　　h_1——凹模高度，mm，见图4.1.11；

h_2——凸模台肩高度，mm，见图 4.1.11。

若不能满足 $H_m \geqslant H_{\min}$，则应在压机上、下压板间加垫板解决。

② 开模行程的校核。对于固定式压缩模，由于模具开模后塑件的顶出也在压力机上，所以还要校核其他尺寸。

$$H_{\max} \geqslant h_m + L = h_m + h_s + h_t + (10 \sim 30)\text{mm} \tag{4.1.10}$$

式中 $H_{\max}$——压机上、下压板之间最大开距，mm；

h_m——压缩模具闭合的总高度，mm；

L——模具所要求的最小开模距离，mm；

h_s——塑件高度，mm；

h_t——凸模高度，mm。

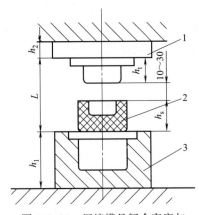

图 4.1.11 压缩模具闭合高度与开模行程关系
1—凸模；2—塑料制件；3—凹模

对于利用开模力完成侧向分型与抽芯的模具，以及利用开模力脱出螺纹型芯的模具，模具需要的开模距离可能还要长一些，视具体情况决定。移动式模具当采用卸模架安放在压机上脱模时应考虑模具与上、下卸模架组合后的总高度，以能放入上、下模板之间为宜。

(5) 压机压缩模固定板有关尺寸校核　压机压缩模上固定板称为上模板或称滑动台，下固定板称为下模板或称工作台，模具宽度应小于压机立柱或框架之间距离，以使压缩模能顺利地进入压缩模固定板，压缩模的最大外形尺寸不宜超出固定板尺寸，以便于压缩模安装固定。

压机的上、下模板多设有 T 形槽，T 形槽有的沿对角线交叉开设，有的则平行开设。压缩模的上、下模可直接用四个方头螺钉分别固定在上、下模板上，压缩模上固定螺钉通孔（或长槽、缺口）的中心应与模板上 T 形槽位置相符合。压缩模也可用压板螺钉压紧固定，这时模脚尺寸比较自由，只需设计有宽 15～30mm 的凸缘台阶即可。

(6) 压机推出机构的校核　固定式压塑模塑件的脱模一般由压机顶出机构驱动模具推出机构来完成。如图 4.1.12 所示，压机顶出机构通过尾轴或中间接头、拉杆等零件与模具推出机构相连。因此，设计模具时，应了解压机顶出系统和模具推出机构的连接方式及有关尺寸，使模具的推出机构与压机顶出机构相适应，即推出塑料塑件所需行程应小于压机最大顶出行程，同时压机的顶出行程必须保证塑件能推出型腔，并高出型腔表面 10mm 以上，以便取出塑件。其关系见图 4.1.12 及式 (4.1.11)。

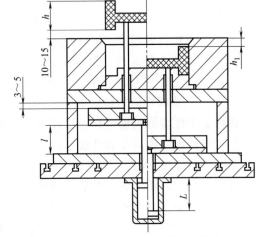

图 4.1.12 塑件高度与压机推出行程的关系

$$l = h + h_1 + (10 \sim 15)\text{mm} \leqslant L \tag{4.1.11}$$

式中 L——压机顶杆最大行程；

l——塑件脱模所需推出高度；

h——塑料塑件最大高度；

h_1——加料腔高度。

1.2.4 设计压缩模成型零部件

和注塑成型一样，与塑料直接接触控制成型塑件尺寸、形状的模具零件称为成型零件。成型零件组合构成压缩模的型腔。由于压缩模加料室与型腔凹模连成一体，因此加料室结构和尺寸计算也将是压缩模设计的一部分。

压缩模的成型零件包括凹模、凸模、瓣合模及模套、型芯、成型杆等。设计时首先应确定型腔的总体结构，其次决定凹模和凸模之间的配合结构以及成型零件的结构，最后根据塑件尺寸确定型腔成型尺寸，根据加料量和物料比体积确定加料室尺寸。根据型腔结构大小、压制压力大小确定型腔壁厚等。其中有的内容如分型面的确定、型腔成型尺寸的计算、型腔底板及壁厚尺寸计算、加热系统设计等，在注塑模具里已经讲过，这些内容同样适用于压缩模的设计，在此不再赘述。

1.2.4.1 选择塑件加压方向

施压方向，即凸模施加作用力的方向，也就是模具的轴线方向。在确定施压方向时要考虑以下因素。

（1）便于加料　塑件大端在上时便于加料。图 4.1.13 示出了同一塑件的两种加压方法。图（a）中加料室直径大而浅，便于加料；图（b）中加料直径小，深度大，不便加料，压制时还会使模套升起造成溢料。

便于加料

（2）有利于压力传递　尽量避免在加压过程中压力传递距离太长，以致压力损失太大。圆筒形塑件一般情况下应顺着其轴向施压，但对于细长杆类、管类塑件［图 4.1.14（a）］，由于塑件过长，压力损失太大，塑件中段会出现疏松现象，可改垂直方向加压为水平方向加压［图 4.1.14（b）］，采取横向施压的办法，这种形式不但便于加料也利于压力传递，但其缺点是在制件外圆将产生两条飞边而影响外观。若型芯过于细长，还易发生弯曲，因此应综合考虑再决定。

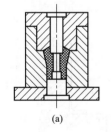
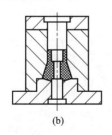

图 4.1.13　便于加料的施压方向

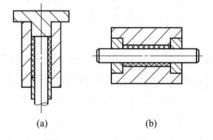

图 4.1.14　有利于传递压力的施压方向

（3）便于安装和固定嵌件　当制件上有嵌件时，应先考虑将嵌件安装在下模。如将嵌件安装在上模［图 4.1.15（a）］，则比较费事，嵌件还有不慎落下压坏模具的可能性。将嵌件改装在下模上［图 4.1.15（b）］，不但操作方便，而且可利用嵌件顶出塑件，在塑件上不会留下任何影响外观的推出痕迹。

（4）保证凸模强度　对于从正面或从反面都可以成型的塑件，在施压时上凸模受力很大，复杂的型面一般宜置于下模，使上凸模形状简化，利于加工，有利于塑件留在下模，也便于塑件的推出。如图 4.1.16 所示，图 (a) 结构比图 (b) 更为恰当。

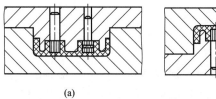
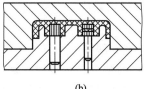

(a)   (b)   便于安装嵌件

图 4.1.15 便于安装嵌件的施压方向

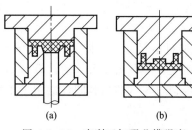

(a)   (b)

图 4.1.16 有利于加强凸模强度的施压方向

（5）便于塑料流动　要使塑料便于流动，应使料流方向与加压方向一致。如图 4.1.17 所示，图 4.1.17 (b) 中型腔设在下模，加压方向与料流方向一致，能有效利用压力，利于塑料充满整个型腔。图 4.1.17 (a) 型腔设在上模，加压时，塑料逆着加压方向流动，同时为避免在分型面上产生飞边，故需增大压力。

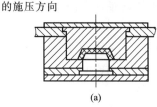

(a)   (b)   便于塑料流动

图 4.1.17 便于塑料流动的施压方向

（6）保证重要尺寸的精度　沿施压方向的制件高度尺寸会因溢边厚度不同和加料量不同而变化，故精度要求很高的尺寸不宜设计在施压方向上。

1.2.4.2 压缩模型腔配合结构和尺寸

（1）凸模与凹模组成部分及其作用　现以半溢式压缩模为例，分析一下凸模与凹模的组合。图 4.1.18 为半溢式压塑模的常用组合形式。其各部分的参数及作用如下。

① 引导环（L_2）。它的作用是导正凸模进入凹模部分。除加料腔很浅（小于 10mm）的凹模外，一般在加料室上部均设有一段长为 L_2 的引导环。引导环都有一斜角 α，并有圆角 R，以便引入凸模，减少凸、凹模侧壁摩擦，延长模具寿命，避免推出塑件时损伤其表面，并有利于排气。

圆角一般取 1.5~3mm。

移动式压缩模 $\alpha = 20' \sim 1°30'$；固定式压缩模 $\alpha = 20' \sim 1°$，有上、下凸模的，为了加工方便，α 可取 $4° \sim 5°$。L_2 一般取 5~10mm，当 $h > 30$mm 时，L_2 取 10~20mm。总之，引导环 L_2 值应保证塑料原料熔融时，凸模已顺利进入配合环。

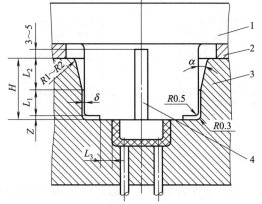

图 4.1.18 半溢式压缩模具的凸凹模组合形式
1—凸模；2—承压块；3—凹模；4—排气槽

② 配合环（L_1）。它是与凸模配合的部位，保证凸、凹模正确定位，阻止溢料，保证排气通畅。

凸、凹模的配合间隙（δ）以不产生溢料和不擦伤模壁为原则，单边间隙一般取 0.025～0.075mm，也可采用 H8/f8 或 H9/f9 配合，移动式压缩模具间隙取小值，固定式压缩模具间隙可取较大值。

配合长度 L_1、移动式压缩模具，4～6mm；固定式压缩模具，当加料腔高度 $h_1 \geqslant$ 30mm 时，可取 8～10mm；间隙小取小值，间隙大取大值。

③ 挤压环（L_3）。它的作用是在半溢式压缩模中用以限制凸模下行位置，并保证最薄的飞边。挤压环 L_3 值根据塑料塑件大小及模具用钢而定。一般中小型塑件，模具用钢较好时，L_3 可取 2～4mm，大型模具，L_3 可取 3～5mm。采用挤压环时，凸模圆角 R 取 0.5～0.8mm，凹模圆角 R 取 0.3～0.5mm，这样可增加模具强度，便于凸模进入加料腔，防止损坏模具，同时便于加工，便于清理废料。

④ 储料槽（Z）。凸、凹模配合后留有高度为 Z 的小空间以储存排出的余料，若 Z 过大，易发生塑件缺料或不致密，过小则影响塑件精度及飞边增厚。

⑤ 排气溢料槽。为了减少飞边，保证塑件质量，成型时必须将产生的气体及余料排出模外。一般可通过压制过程中安排排气操作或利用凸、凹模配合间隙排气。但当压制形状复杂的塑件及流动性较差的纤维填料的塑料时，则应在凸模上选择适当位置开设排气溢料槽。一般可按试模情况决定是否开设排气溢料槽及其尺寸，槽的尺寸及位置要适当。排气溢料槽的形式如图 4.1.19、图 4.1.20 所示。

排气溢料槽设计应视成型压力和溢料量大小而定，对需成型压力大的深形制件应开设较小的排气溢料槽。

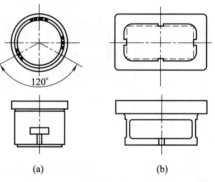

图 4.1.19 移动式半溢式压缩模具排气溢料槽

移动式的半溢式压缩模可在圆形凸模上磨出深 0.3～0.5mm 的平面，平面与凹模内圆面间形成排气溢料槽，过剩的物料沿槽流入上方更大的空间内，此空间尺寸应足以容纳所有过剩的物料 [图 4.1.20（a）]，或者在圆形或矩形凸模上均匀地开出 3～4 条宽 5～6mm、深 0.3～0.5mm 的小通道 [图 4.1.20（b）]，过剩的物料通过小通道流入上方宽为 6～10m、深为

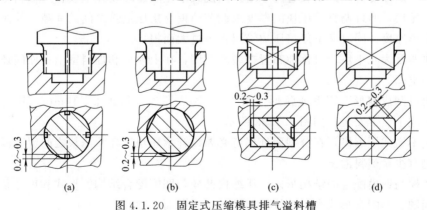

图 4.1.20 固定式压缩模具排气溢料槽

1~1.6mm 的槽形空间里去，分模以后再将固化的溢出料清除掉，这种封闭的储料槽不宜形成连续的环形槽，否则溢料在凸模上围成一圈，造成清理困难，特别是未经热处理的上模敲除溢料会使其表面发毛，不连续的溢料可以用压缩空气吹落。

有承压块或承压环的固定式压缩模推荐将排气溢料槽一直开到凸模上端凹模上表面附近，使溢料一直排到加料室之外，图 4.1.20 所示的是依靠加料室四角和凸模内圆半径差所形成的间隙来排除余料。以上结构对于用凸模模板和加料室整个上平面作承压面的移动式压缩模是不恰当的（二者间无存料间隙），当溢出塑料量较多时会在承受面上形成很大面积溢边，不但清除麻烦，而且会妨碍压缩模的完全闭合。

⑥ 加料腔。用来装塑料，其容积应保证装入压制塑料塑件所用的塑料后，还留有 5~10mm 深的空间，以防止压制时塑料溢出模外。加料腔可以是型腔的延伸，也可根据具体情况按型腔形状扩大成圆形、矩形等。

⑦ 承压面。为了使压机的余压不致全部承受在挤压边缘上，在压缩模上还必须设计承压面。承压面的作用是减轻挤压环的载荷，延长模具使用寿命。承压面的结构如图 4.1.21 所示。

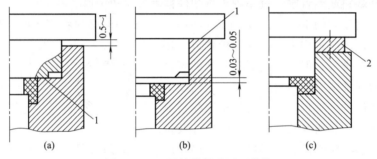

图 4.1.21　压缩模具承压面结构
1—承压面；2—承压块

图 4.1.21 (a) 是以挤压环为承压面，承压部位易变形甚至压坏，但飞边较薄。

图 4.1.21 (b) 表示凸、凹模间留有 0.03~0.05mm 的间隙。移动式压缩模一般是用凸模固定板与加料室上平面接触作承压面，理想的情况是凸模与挤压边缘接触时承压面同时接触，但加工误差可能会使压力机的压力全部作用在挤压边缘上，为安全起见可以使承压面接触时挤压边缘处尚留有 0.03~0.05mm 的间隙，这样，模具的寿命较长，但制件的毛边较厚。

图 4.1.21 (c) 所示的结构形式一般用于固定式压缩模，它可通过调节承压块厚度控制凸模进入凹模的深度，以减少飞边的厚度。固定式半溢式压缩模在上模板与加料室上平面之间应设置承压块，通过调整承压块的厚度来调节凸模与挤压边缘之间的间隙，使制件横向毛边减薄到最小厚度。同时又不使挤压边缘因受力过大而损坏。

承压块通常为几小块，对称地布置在型腔四周，在上模板和加料室上平面间还有很大的容纳溢料的空间。

承压块可制成圆形、矩形或弧形（图 4.1.22），厚度一般为 8~10mm。其安装方式可为单面安装或上、下安装，如图 4.1.23 所示。

即使是不溢式压缩模，在分型面处仍有必要设计承压块，在承压块之间留有溢料储存空间，因为仍有少量塑料溢出。

(2) 凸模与凹模配合的结构形式　压缩模凸模与凹模配合结构、形式和尺寸是压缩模设计的关键问题。其配合形式和尺寸按压缩模种类不同而不同。

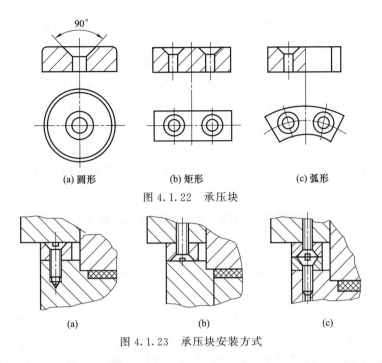

(a) 圆形　　(b) 矩形　　(c) 弧形

图 4.1.22　承压块

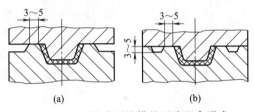

(a)　　(b)　　(c)

图 4.1.23　承压块安装方式

① 溢式压缩模的凸模与凹模配合形式。溢式塑模没有配合段，凸模与凹模在分型面水平接触，接触面应光滑平整，为了减薄飞边的厚度，接触面面积不宜过大，多设计成紧紧围绕在塑件周边的环形，一般设计宽度为 3～5mm。过剩的塑料可经过环形挤压面溢出，如图 4.1.24（a）所示。

由于挤压面面积比较小，若靠它承受压机全部余压会导致挤压面的过早变形和磨损，使凹模上口变成倒锥形，制件脱模困难，为此可在溢料面之外再另外增加承压面，或在型腔周围距边缘 3～5mm 处开成排气溢料槽，槽以外则作为承压面，槽内作为溢料面，如图 4.1.24（b）所示。

图 4.1.24　溢式压缩模具型腔配合形式

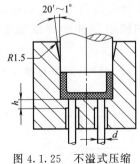

图 4.1.25　不溢式压缩模具型腔配合形式

② 不溢式压缩模的凸模与凹模配合形式。其凸凹模的典型配合结构如图 4.1.25 所示，加料室截面尺寸与型腔截面尺寸相同，二者之间不存在挤压面，其配合间隙不宜过小，若配合间隙过小则在压制时型腔内的气体无法顺畅排出，并且由于压缩模在高温下使用，若配合间隙小，二者间易咬死、擦伤。配合间隙也不宜过大，过大的间隙会造成严重溢料，不但影响塑件质量，而且厚的飞边难以去除。由于溢料黏结，还会使开模发生困难，对中小型制件一般按 H8/f8 配合，更直接的办法是取其单边间隙为 0.025～0.075mm，这一间隙可使气体顺利排出，而塑料仅少量溢出。间隙大小视塑料流动性而定，流动性大者取小值。塑件径向尺寸，间隙也应大一些，以免制造和配合发生困难。

为了减小摩擦面积使开模容易，凸模和凹模配合高度不宜太长，若加料腔较深应将凹模入口附近制成带锥面的导向段，其斜度为 20′~1°，入口处制出"R1.5"的圆角，以引导凸模准确地进入型腔。特别是图 4.1.25 所示的不溢式压缩模，凸模前端无圆角，这段斜度是很有必要的。由于塑料原料比较疏松，有较大的压缩性，因此当物料转变成熔融状态时，凸模已超过了凹模的锥面部分，塑料不会大量挤出。移动式压缩模配合段尺寸为 3~5mm，固定式压缩模为 4~6mm，加料腔高度大于 30mm 时配合段可取 8~10mm。

当加料腔高度在 10mm 以内时可以取消圆锥形引导部分，仅保留入口圆角"R1.5"。

型腔下面的顶杆或移动式模具的活动下凸模与对应孔之间的配合也可以取与上述性质类似的配合，配合长度亦不宜太长，其有效配合高度 h 根据下凸模或顶杆的直径选取，见表 4.1.6。孔下段不配合部分可加大孔径，或将该段制成单边 4°~5° 的锥孔。

表 4.1.6　顶杆或下凸模直径与配合段高度关系

顶杆或下凸模直径/mm	<3	>5~10	>10~50	>50
配合高度/mm	4	6	8	10

上述不溢式压缩模配合结构的最大缺点是凸模和加料室壁摩擦，使加料室侧壁产生损伤。因制件轮廓和加料室轮廓相同，制件不但脱模困难，而且外表面会被因划伤而变粗糙的加料室擦伤。为了克服这一缺点，有以下两种改进形式。

a. 图 4.1.26 (a) 是将凹模型腔内成型部分垂直向上延长 0.8mm 后，每面再向外扩大 0.3~0.5mm（小型制件取 0.3mm，大型制件取 0.5mm），以减小压制和脱模时塑件与加料腔侧壁的摩擦。这时在凸模和加料室之间形成了一个环形储料槽。设计时凹模上的 0.8mm 和凸模上的 1.8mm 可适当变化，但若将尺寸 0.8mm 部分增大太多，则单边间隙 0.1mm 部分太高，在凸模下压时环形储料槽中的塑料就不容易通过间隙进入型腔。

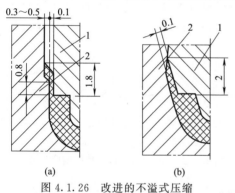

图 4.1.26　改进的不溢式压缩模具型腔配合形式
1—凸模；2—凹模

b. 图 4.1.26 (b) 所示的不溢式压缩模配合形式最适于压制带斜边的塑件，将型腔上端（加料室）按制件侧壁相同的斜度适当扩大，高度增加 2mm 左右，横向增加值由制件壁斜度决定，这样制件在脱出时就不再与凹模壁相摩擦。

③ 半溢式压缩模的凸模与凹模配合形式。如图 4.1.27 所示，其最大特点为带有水平的挤压面（图中尺寸 B），同时凸模与加料室间的配合间隙或压缩溢料槽可以让多余的塑料溢出，凸模与加料室的单边配合间隙常取 0.025~0.075mm。为了便于凸模进入加料室，同样设有斜度 20′~1° 的锥形引导部分，引导部分高约 10mm。

半溢式压缩模凸模与加料室配合面

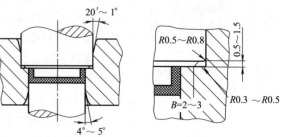

图 4.1.27　半溢式压缩模具挤压边缘

的前端应设计成圆角,使凸模容易进入加料室不易损坏(与尖角相比),加料室内对应的转角也应呈圆弧过渡,这样也有利于清除废料。凸模的圆角半径应大于加料室的圆角半径,如加料室圆角为 0.3~0.5mm,则凸模圆角可取 0.5~0.8mm,凸模前端的圆角也可用 45°的倒角代替。

半溢式压缩模的加料室单边尺寸应比制件尺寸大 5~8mm(即挤压面宽度),具体尺寸视制件大小而定。但为了使制件毛边最薄,无论在移动式压缩模或固定式压缩模中都可以制出更窄的挤压边缘,其宽度对中小型模具,$B=2\sim4$mm,大型模具,$B=3\sim5$mm,这时挤压面应有足够的硬度,挤压边缘的宽度也不宜太窄,以免压强过大,使型腔边缘变形,妨碍制件顺利取出。为了使压力机的余压不至于全部由挤压面承受,在半溢式压缩模上还必须设计承压块。

1.2.4.3 设计加料室

(1) 计算塑料原料体积　压缩模凹模的加料腔是供装塑料原料的,其容积要足够大,保证在装入必需的原料后,仍留有少许的空间,防止在压制时原料溢出模外。不溢式及半溢式模具在型腔以上有一段加料室,其容积应等于塑料原料体积减去型腔的容积,塑件原料体积可按式(4.1.12)计算:

$$V_{料}=mv=V_{件}\rho v \tag{4.1.12}$$

式中　$V_{料}$——压制塑件所需塑料原料的体积,cm^3;
　　　m——塑件质量(包括溢料和毛边),g;
　　　v——塑件材料的比体积(表4.1.7),cm^3/g;
　　　$V_{件}$——塑件体积(包括溢料和飞边),cm^3;
　　　ρ——塑件密度,g/cm^3。

表 4.1.7　各种压缩成型用塑料的比体积

塑料种类		体积压缩比	比体积/(cm^3/g)
酚醛塑料	以木粉为填料的热固性酚醛塑料(粉料)	1.5~2.7	2.2~3.2
氨基塑料	粉料	2.2~3.0	2.5~3.0

塑件原料的体积也可按塑料原料在成型时的体积压缩比(简称压比)来计算:

$$V_{料}=V_{件}K \tag{4.1.13}$$

式中　$V_{料}$——压制塑件所需塑料原料的体积,cm^3;
　　　K——塑料体积压缩比;
　　　$V_{件}$——塑件体积(包括溢料和飞边),cm^3。

(2) 计算加料腔高度　加料腔的截面以简单几何形状为宜,加料室截面尺寸(水平投影)可根据模具类型确定。不溢式压缩模加料室截面尺寸与型腔截面尺寸相等,而其变异形式则稍大于型腔截面尺寸。半溢式压缩模加料室截面尺寸应等于型腔截面尺寸加上挤压面尺寸。加料室截面尺寸确定后,即可算出加料室高度。溢式模具无加料室,塑料系堆放在型腔中部,故不需计算。

当计算出加料腔截面面积后,就可以根据不同的情况对加料腔高度进行计算,见表4.1.8,表中各图具有代表性,可用以推导各种情况下加料室的高度公式。

表 4.1.8　加料腔高度计算

简　图	计 算 公 式	公式号	说　明
(a)	$H=\dfrac{V_{料}+V_1}{A}+(0.5\sim1)\mathrm{cm}$ 式中　H——加料室高度，cm； 　　　$V_{料}$——塑料原料粉体积，cm^3； 　　　V_1——下凸模凸出部分的体积，cm^3； 　　　A——加料室的截面积，cm^2	(4.1.14)	适用于不溢式压缩模的一般塑件，$0.5\sim1\mathrm{cm}$ 为不装塑料的导向部分，由于有这部分过剩空间，可避免在闭模过程中塑料粉飞逸出来
(b)	$H=\dfrac{V_{料}-V_0}{A}+(0.5\sim1)\mathrm{cm}$ 式中　V_0——挤压边以下型腔的体积，cm^3	(4.1.15)	适用于半溢式压缩模，塑件在加料室（挤压边）以下成型的形式
(c)	$H=\dfrac{V_{料}-(V_2+V_3)}{A}+(0.5\sim1)\mathrm{cm}$ 式中　V_2——塑料塑件在凹模的体积，cm^3； 　　　V_3——塑料塑件在凸模中凹入部分的体积，cm^3	(4.1.16)	适用于半溢式压缩模，塑件一部分在挤压边以上成型的形式。由于合模塑料不一定先充满凸模的凹入部分，这样会减少导向部分高度，因此计算时可不扣除 V_3
(d)	$H=\dfrac{V_{料}+V_4-V_2}{A}+(0.5\sim1)\mathrm{cm}$ 式中　V_4——在加料室高度内导向柱占据的体积，cm^3	(4.1.17)	适用于带中心导柱的半溢式压缩模
(e)	$H=\dfrac{V_{料}-nV_5}{A}+(0.5\sim1)\mathrm{cm}$ 式中　V_5——挤压边以下单个型腔能容纳塑料的体积，cm^3； 　　　n——在该共用加料室内压制的塑件数	(4.1.18)	适用于半溢式压缩模、多型腔压缩模
(f)	$H=h+(1.0\sim2.0)\mathrm{cm}$ 式中　h——塑件高度，cm	(4.1.19)	适用于不溢式压缩模，压塑壁薄且高的杯形塑件，由于型腔体积大，塑料粉体积较小，塑料原料装入后其体积尚不能达到塑件高度，这时型腔（包括加料室）总高度可采用塑件高度加上 $10\sim20\mathrm{mm}$

注：适用于粉状原料的计算。

对于压缩比特别大的以碎布为填料或以纤维为填料的塑料制件,为降低加料室高度,可采用分次加料的办法,即第一次部分加料后进行压缩然后再进行第二次加料,再压缩,一直到加足为止,也可以采用预压锭加料,这时加料室高度可酌情降低。

1.2.5 设计压缩模脱模机构

在压缩成型的每一个循环中,塑件必须从模具的型腔内脱出,推出机构的作用就是推出或推下留在模具型腔内的塑件。模具设计时,根据塑件在开模后留在哪一部分上,然后按塑件外观及精度要求、生产批量等来确定推出机构的类型。

压缩成型的脱模方法有手动、机动、气动等。一般来说,移动式、半固定式压缩模可采用卸模架、机外脱模装置等进行脱模,固定式压缩模一般借助于压机的脱模装置驱动模具的脱模机构进行脱模,分为上推出、下推出脱模机构。

1.2.5.1 移动式压缩模脱模机构

移动式压缩模脱模方式分为撬棍开模脱模、撞击式脱模、卸模架脱模等几种形式。

(1) 撬棍脱模 用撬棍开模时模具分型面上需开设让位槽,如图 4.1.28 所示,开模时用撬棍的端部插入槽内,撬开模具后,使塑件脱模。一棍可多用,并且该种方法脱模操作简单,但是仅适用于小型模具。

(2) 撞击式脱模 撞击式脱模如图 4.1.29 所示。压塑成型后,将模具移至压机外,在特别的支架上撞击,使上、下模分开,然后用手工或简易工具取出塑件。

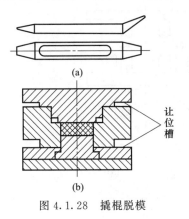

图 4.1.28 撬棍脱模

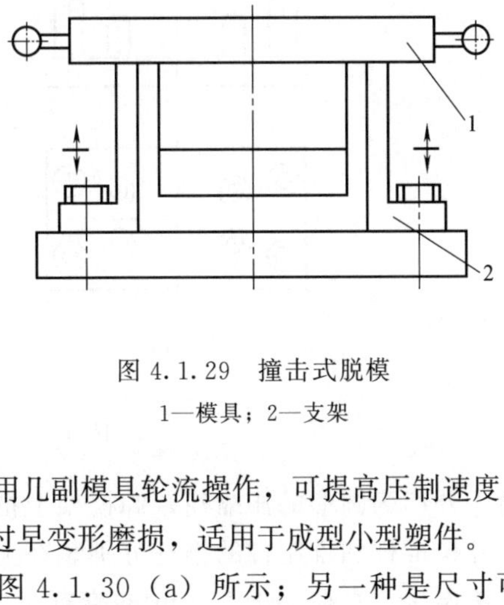

图 4.1.29 撞击式脱模
1—模具;2—支架

这种方法脱模,模具结构简单,成本低,有时用几副模具轮流操作,可提高压制速度。但劳动强度大,振动大,而且由于不断撞击,易使模具过早变形磨损,适用于成型小型塑件。

支架的形式分两种:一种是固定式支架,如图 4.1.30(a)所示;另一种是尺寸可以调节的支架,如图 4.1.30(b)所示,以适应不同尺寸的模具。目前常用的支架是尺寸可以调节的。

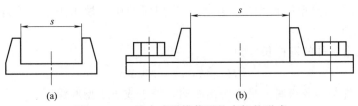

图 4.1.30 撞击式脱模使用的支架的形式

（3）卸模架卸模　移动式压缩模可用特制的卸模架，利用压机的压力进行开模和闭模，因此，其开模动作平稳，提高了模具的使用寿命，减轻了劳动强度，但生产效率较低。对开模力不大的模具，可采用单向卸模架卸模，其形式如图 4.1.31 所示。对开模力大的模具，要采用上、下卸模架卸模，其形式如图 4.1.32 所示。使用上、下卸模架卸模时，将上、下卸模架插入模具相应孔内，开模时，利用压机的压力将上、下模分开，然后用手工或简易工具取出塑件。

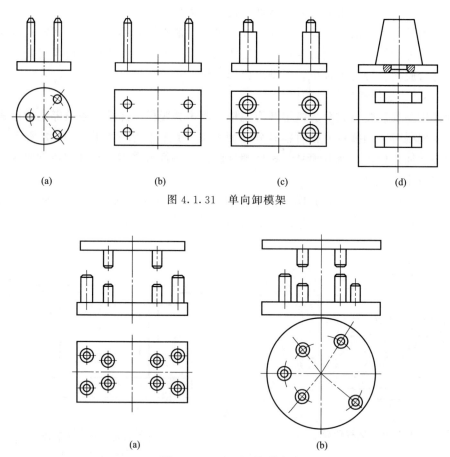

图 4.1.31　单向卸模架

图 4.1.32　上、下卸模架

对于外形为圆形的压缩模，卸模架上推杆数常为 3 或 3 的倍数，矩形模具也可采用 4 根推杆，开模推杆和推制件的推杆分别装在上、下卸模架的底板上。推杆与底板间可以采用不同的方法连接，直径小于 15mm 的推杆最常用的是铆接，大直径推杆可采用轴肩连接，再用垫板固定。推杆可以呈圆柱形或台阶形，同一分型面所使用推杆高度要求一致。推杆长度可根据压缩模结构形式分别计算如下。

① 单分型面压缩模用卸模架。一个水平分型面的压缩模采用上、下卸模架进行脱模，结构如图 4.1.33 所示。

下卸模架推出制件的推杆长度为

$$H_1 = h_1 + h_3 + 3\text{mm} \tag{4.1.20}$$

式中　h_1——制件与型腔松脱开最小脱出距离，等于或小于型腔深度；

　　　h_3——卸模架推杆进入模具的导向长度（即从开始进入模具到推杆互相接触的行程）。

下卸模架分模推杆长度为

$$H_2 = h_1 + h_2 + h + 5\text{mm} \quad (4.1.21)$$

式中　h_2——上凸模与制件松脱开所需的距离，等于或小于凸模高度；

　　　h——凹模高度。

上卸模架分模推杆长度为

$$H_3 = h_1 + h_2 + h_4 + 10\text{mm} \quad (4.1.22)$$

式中　h_4——上凸模底板厚度。

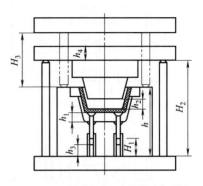

图 4.1.33　单分型面压缩模具卸模架

② 双分型面压缩模用卸模架。两个水平分型面的移动式压缩模采用上、下卸模架时，应将上凸模、下凸模、凹模三者相互分开，然后从凹模中顶出制件。为此卸模架可制成以下两种形式：

a. 图 4.1.34（a）表示上、下开模推杆均制成台阶形，凸模被推起后，凹模被卡在上、下推杆的台阶加粗部分之间；

b. 图 4.1.34（b）则在上、下卸模架上均安装有长短不等的两类推杆，短推杆高度与台阶推杆的台阶加粗部分高度相等，分模后凹模被限制在上、下模架的短推杆之间，上、下凸模被分别推开。

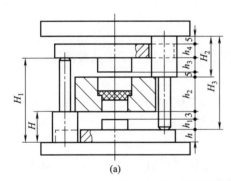 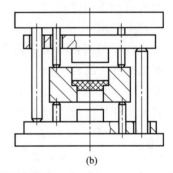

图 4.1.34　双分型面压缩模用卸模架

下卸模架推杆加粗部分长度 [图 4.1.34（a）] 或短推杆长度 [图 4.1.34（b）] 为

$$H = h + h_1 + 3\text{mm} \quad (4.1.23)$$

式中　h_1——下凸模必需脱出长度，在此等于下凸模高度。

下卸模架推杆全长 [图 4.1.34（a）] 或长推杆长度 [图 4.1.34（b）] 为

$$H_1 = h + h_1 + h_2 + h_3 + 8\text{mm} \quad (4.1.24)$$

式中　h_2——凹模高度；

　　　h_3——上凸模必需脱出长度，在此等于上凸模全高，有时可能小于上凸模全高，视具体情况而定。

上卸模架推杆加粗部分长度 [图 4.1.34（a）] 或短推杆长度 [图 4.1.34（b）] 为

$$H_2 = h_3 + h_4 + 10\text{mm} \quad (4.1.25)$$

式中　h_4——上凸模底板厚。

上卸模架推杆全长 [图 4.1.34（a）] 或长推杆长度 [图 4.1.34（b）] 为

$$H_3 = h_1 + h_2 + h_3 + h_4 + 13\text{mm} \quad (4.1.26)$$

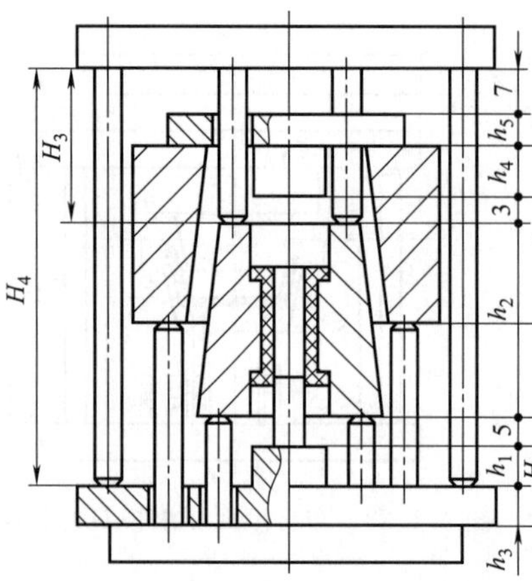

③ 垂直分型面卸模架。两个水平分型面并带有瓣合凹模的压缩模,采用上下卸模架卸模时应将上凸模、下凹模、模套、凹模四者分开,制件留在瓣合凹模内,再移出瓣合凹模取出制件。这时上、下卸模架都安有长短不等的两类推杆,视具体情况短推杆也可改用阶梯形台阶代替以减少推杆数量。分模后瓣合凹模卡在上、下卸模架的短推杆之间,上、下凸模和模套被分别推下(图4.1.35)。

下卸模架短推杆长度为

$$H_1 = h_1 + h_3 + 5\text{mm} \tag{4.1.27}$$

这里所设计的中间主型芯有锥度,因此只需抽出 $h_1 + 5\text{mm}$ 的距离,制件即从主型芯上松开。

图 4.1.35 压缩模具瓣合模凹模卸模架

开设锥形瓣合凹模其小端正好与模套齐平,由下卸模架的推杆推起模套和上凸模,则下卸模架长推杆长度为

$$H_2 = H_1 + (h_2 - h_6) + h_4 + 3\text{mm} \tag{4.1.28}$$
$$= h_1 + h_2 + h_3 + h_4 - h_6 + 8\text{mm}$$

式中　h_2——瓣合凹模高度;

　　　h_6——模套高度;

　　　h_4——上凸模与瓣合凹模松脱开所需距离,小于或等于上凸模高度。

上卸模架短推杆长度为

$$H_3 = h_4 + h_5 + 10\text{mm} \tag{4.1.29}$$

上卸模架长推杆长度为

$$H_4 = h_1 + h_2 + h_4 + h_5 + 15\text{mm} \tag{4.1.30}$$

上面所列举的卸模架推杆长度的计算并不包括所有情况,但由上可看出推杆长度计算原则是简单的,可根据模具的分模要求自行设计。

(4) 压缩模手柄　移动式压缩模(指用卸模架卸模的压缩模)以及半固定式压缩模的移动部分必须安装手柄,以便操作者能在卸模过程中搬动和翻转高温模具。

手柄与模具应连接牢固,使用方便。一个分型面的压缩模在下模上安装一对手柄,两个水平分型的压缩模除上凸模外每个分开部分都需安装一对手柄。图 4.1.36 为压缩模具手柄的形式。

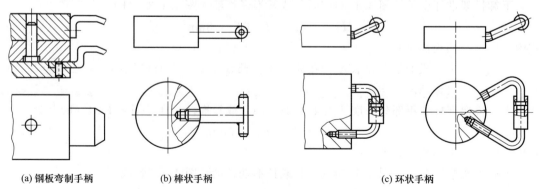

(a) 钢板弯制手柄　　(b) 棒状手柄　　(c) 环状手柄

图 4.1.36　压缩模具手柄形式

1.2.5.2 半固定式压缩模脱模机构

半固定式压缩模是压缩模的上模或下模或模套是可以移动的,塑件随活动部分移出再行脱模,因活动部分不同,脱模方式也不一样。可移出部分可以为上模、下模、模板、锥形瓣合模或某些活动镶嵌件。

(1) 带活动上模的压缩模　将凸模和上模板制成可沿导滑槽抽出的形式,故又称为抽屉式压缩模,其结构如图 4.1.37 所示。带内螺纹的制件分型后留在上模螺纹型芯上,然后随上模一道抽出模外,再设法卸下。

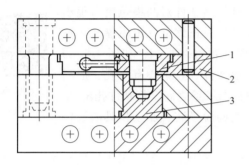 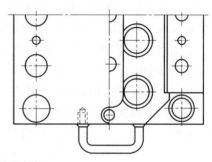

图 4.1.37　抽屉式压缩模结构
1—活动上模；2—导轨；3—凹模

当凸模上需要插多个嵌件时,可将凸模制成可抽出的形式,在模外翻转安装则比较方便。为了提高生产效率,活动上模应制作相同的两件,一件在模内压制,另一件在模外安放嵌件或预塑件,这样可提高生产效率接近 50%。

有的壳形塑件由于深度太大,压力机开模行程不够,也可采取抽出上凸模在模外预制件的办法。无论在什么情况下,压缩模的活动部分都不能太重,以利于操作。

(2) 带活动下模的压缩模　其上模固定而下模可以移出。常用于下模有螺纹型芯或下模内安放嵌件多而费时者,也适用于模外推出的场合。

图 4.1.38 为一典型的模外脱模机构,与压机工作台等高的钢制工作台支在四根立柱 8 上,在钢板工作台上,为了适应模具不同宽度装有宽度可调节的导滑槽 2,在钢板工作台正中装有推板、推杆和推杆导向板,推杆与模具上的推出位置相对应,当更换模具时应调换这几个零件。工作台下方设有推出油缸,在油缸活塞杆上段有调节推出高度的丝杠 6,为了使脱模机构运动不偏斜而设有滑动板 5,滑动板的导向套在导柱 7 上滑动,为了模具定位,安装有定位板和可调节的定位螺钉 11。

开模后将可动下模的凸肩滑入导滑槽 2,并推到与定位螺钉相接触的位置,开动推出油缸推出制件,待清理和安放嵌件后,将下模重新推入压机的固定滑

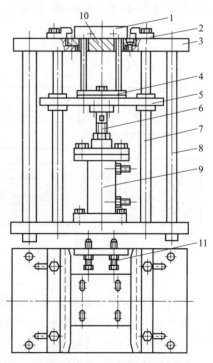

图 4.1.38　模外脱模机构
1—定位板；2—导滑槽；3—工作台；4—推板；
5—滑动板；6—丝杠；7—导柱；8—立柱；
9—油缸；10—推杆导向板；11—定位螺钉

槽中进行下一模压塑。当下模质量很大时，可以在工作台上沿模具拖动路径设滚柱或滚珠，使下模拖动轻便。

采用模外脱模机构的半固定式压缩模的优点是放置嵌件、活动镶件以及加料和清理型腔都比较方便，操作安全。缺点是需要移动模具，操作者劳动强度大，并且下模温度波动和热损失较大。

1.2.5.3　固定式压缩模脱模机构

固定式压缩模脱模机构常见为气动脱模和压机脱模。

（1）气动脱模　气动脱模适用于薄壁壳形塑件，当塑件对凸模包紧力很小或凸模脱模斜度较大时，开模后塑件留在凹模中，这时压缩空气由喷嘴吹入塑件与模壁之间因塑件收缩而产生的间隙里，使塑件被气体托起，如图4.1.39(a)所示。其中图4.1.39(b)的开关板系一矩形塑件，其中心有一孔，成型后用压缩空气吹破孔内的溢边，压缩空气钻入塑件与模壁之间，将塑件托出。

二次脱模机构—气动式

（2）压机脱模机构　压机脱模机构是利用压机的脱模装置驱动模具的脱模机构，下面先介绍一下压机脱模机构的几种形式。

① 手动式。工作台正中垂直安装的推出杆与齿条连接在一起，由齿轮驱动做上下运动，摇动手轮即可带动齿轮旋转完成推出与回程运动，这种机构适用于450kN以下（包括450kN）的压机。

② 横梁推出。在压机上模板两侧有两根对称布置的拉杆，每根拉杆上均设有位置可调的限位螺母，当上模板上升到一定高度时与拉杆上的限位螺母接触，通过两根拉杆拖动位于下模板下方的一根横梁（托架），横梁托起中心推杆，推出塑件，如图4.1.40所示。

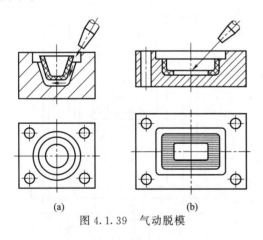

图4.1.39　气动脱模

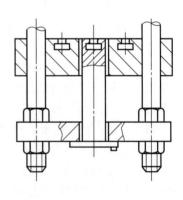

图4.1.40　横梁式脱模机构

③ 液压推出。这是最常见的结构形式，在工作台正中设有推出液压缸，缸内有差动活塞，可带动中心推杆做往复运动，如图4.1.41所示，推杆的正中通过螺纹孔或T形槽与压缩模的推出机构的尾轴相连。

有的压机没有推出机构或不方便使用该机构，而制件又需要采用固定式压缩模，这时可在模具上设计一个类似于推出横梁的推出机构，如图4.1.42所示，它是利用压机的开模力动作，在模具两侧，在上模和推板之间设有两根定距拉杆，当开模到一定距离后，定距拉杆拖动推出板推出塑件。

二次脱模机构—液压式

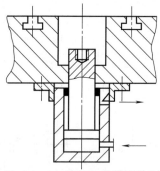

图 4.1.41　液压缸式脱模机构

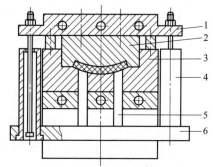

图 4.1.42　利用开模动作推出塑件
1—上模板；2—凸模；3—凹模；
4—拉杆套筒；5—推杆；6—推板

压机的最大顶出行程是有限的。由于压机推出油缸的活塞推杆或横梁托起的中心推杆上升的极限位置是其头部与压机工作台（下模板）表面相齐平，因此尚不足以推动模具的推板推出塑件，还必须在推杆上根据需要的推出长度加接一段尾轴。

压机推杆头部有的带有中心螺孔，有的带有 T 形槽。尾轴可连接在压机推杆上，也可连接在模具推板上，还可一端和尾轴连接，另一端和模具推板连接，这样推出油缸活塞上升时推出塑件，下降时又能将模具推出机构拖回原位，而不需回程杆。

压机的顶杆与压缩模推出机构的连接方式有两种。

① 直接连接。即压机的顶杆与压缩模的推出机构不直接连接，如图 4.1.43 所示。如果压机顶杆能伸出压机工作台面且伸出高度足够时，将压缩模装好后直接调节顶杆顶出距离就可以进行操作。当压机顶杆上升的极限位置是其顶端与工作台表面相齐平时，必须在压机顶出杆端部旋入一适当长度的尾轴。尾轴的长度等于塑件顶出高度加上压缩模座板厚度和挡销厚度，如图 4.1.43（a）所示。在模具装上压机前可预先将尾轴拧在顶出杆上，由于尾轴沉入压机台面，并不与压缩模相连接，故模具安装较为方便。这种连接方式仅在压机顶出杆上升时发生作用，当顶出杆返回时，尾轴即与压缩模推板相脱离。压缩模的推板和推杆的复位靠压缩模的复位杆起作用。图 4.1.43（b）是尾轴与推板的另一种接触形式。

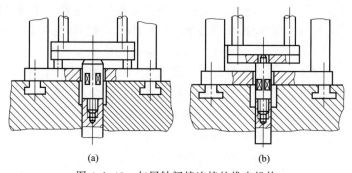

图 4.1.43　与尾轴间接连接的推出机构

② 间接连接。即压机的顶杆与压缩模的推出机构直接连接，如图 4.1.44 所示。压机的顶杆不仅在推出塑件时起作用，而且在回程时也能将压缩模的推板和推杆拉回，模具不需再设复位机构。

图 4.1.44（a）所示的是用尾轴的轴肩连接在推板上，尾轴可在推板内旋转，以便装模时将其螺纹一端旋入顶杆螺纹孔中。当压机顶杆头部为 T 形槽时，可采用图 4.1.44（b）所示的连接方式。也可在带中心螺纹孔的顶杆端部连接一个带 T 形槽的轴，然后再与尾轴连接，如图 4.1.44（c）所示。

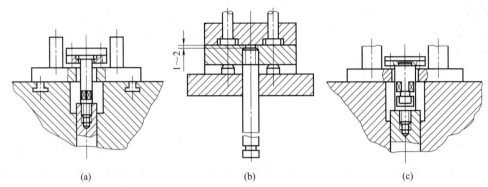

图 4.1.44　与尾轴直接连接的推出机构

T 形槽与尾轴的连接尺寸如图 4.1.45 所示。

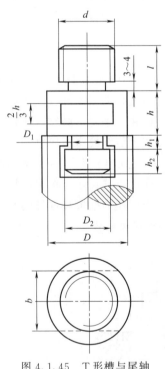

图 4.1.45　T 形槽与尾轴的连接尺寸

压机脱模机构常见的有推杆推出机构、推管推出机构、推件板推出机构、凹模推出机构、二级推出机构、双推出机构等。

① 推杆脱模。热固性塑料塑件具有较好的刚性，因此推杆推出是压制件最常用的脱模形式。推杆推出机构简单，制造容易，缺点是在制件上会留下推出痕迹。为减少摩擦，推杆与型腔配合长度不宜太长，其推荐结构尺寸和固定方式请参看注塑模有关部分。

对于需要回程杆的大型压缩模，其回程杆常设在模外，如图 4.1.46 所示，这样可缩小压缩模横向尺寸。

在压缩模的上模也可设推杆脱模机构，使制件从凸模上脱离，这时制件的外表面不会带任何推出痕迹，如图 4.1.47 所示。开模时上模上移到一定位置，压机上的固定推杆 1 推动模具推板 2，推出制件，弹簧 3 起复位作用。

制件上的嵌件常设计来安插在推杆上，因为推出塑件之后推杆伸在型腔（或凸模）之外，给下一次安放带来很大方便，利用嵌件推出还可隐蔽制件上的推杆痕迹。

② 推管脱模。对于空心薄壁压塑件，常采用推管脱模机构，其特点是制件受力均匀，运动平稳可靠，其结构类似于注塑模推管脱模机构，这里不再赘述。

③ 推件板脱模。对于容易产生脱模变形的薄壁制件，开模后制件留在凸模型芯上时，可采用推件板脱模机构，由于压塑模具的凸模多设在上模边，因此推件板多装设在上模边，如图 4.1.48 所示。但当型芯在下模时，也可在下模边设置推件板。推件板运动距离 A 由限位螺母的位置决定，推件板适用于单型腔或型腔数很少的压缩模，因为当型腔数较多时推

件板会因不均匀热膨胀而被卡死在凸模上。

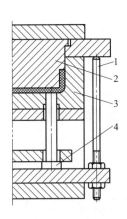

图 4.1.46 模外回程杆
1—回程杆；2—凸模；3—凹模；4—推杆

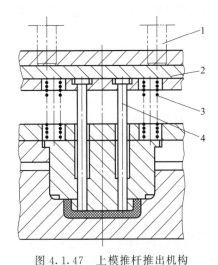

图 4.1.47 上模推杆推出机构
1—压机上的固定推杆；2—模具推板；3—弹簧；4—推杆

④ 凹模脱模。它用于双分型面压缩模，当制件外形带有台阶时，采用凹模脱出制件是平稳安全的，较为常用。

图 4.1.49 所示模具为一双分型面的固定式压缩模。上模分型后，制件留在凹模板中，然后推出机构将凹模板升起，进行第二次分型。塑件因热收缩，很容易从凹模板中取出。

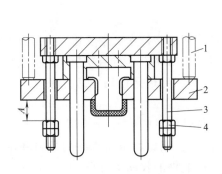

图 4.1.48 上推板脱模机构
1—压机推杆；2—推件板；3—限位螺钉；4—限位螺母

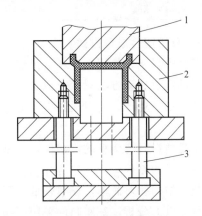

图 4.1.49 凹模脱模机构
1—上凸模；2—凹模板；3—推杆

压缩模也可以采用二级脱模机构和双脱模机构，但用得不多，在此不再详述。

1.3 任务实施

1.3.1 分析制件材料使用性能

根据项目要求，基座（图 4.1.1）的材料是以木粉为填料的酚醛塑料。酚醛塑料是热固性塑料，它是以酚醛树脂为基础而制得的。酚醛树脂一般由酚类化合物和醛类化合物缩聚而成，质地较脆，呈琥珀玻璃态，加工成塑件前常加入各种纤维状或粉末状填充剂增强才能获得具有一定性能要求的酚醛塑料。本项目使用的材料为将酚醛树脂和锯末粉、滑石粉等混合在一起进行加热混炼而得的"电木粉",具有较高的机械强度、良好的绝缘性、耐热、耐蚀,常用于制造机械零件、手柄、瓶盖、文具用品以及电器制造业中作电工结构材料及一般电器绝缘零件。

酚醛塑料与一般热塑性塑料相比有很多优点:刚性大、变形小、耐热、耐磨,高的绝缘性、耐热性、耐蚀性;坚固耐用(弹性模量约为 60~150MPa),能在 150~200℃的范围内长期使用,并且它在水润滑条件下具有极低的摩擦因数(0.01~0.03左右),电绝缘性能优良,有一定的机械强度,工艺性好,价格便宜。缺点是质脆,抗冲击能力差,不耐强碱腐蚀,并且在日光照射下容易变色,因此一般酚醛塑料塑件都染成深色,如黑色、墨绿色和棕色等。

酚醛塑料的性能特点如表 4.1.9 所示。

表 4.1.9 酚醛塑料的性能特点

材料参数	密度:1.5~2.0g/cm³;收缩率:0.5%~1.0%;成型温度:150~170℃
物料性能	酚醛塑料是一种硬而脆的热固性塑料,俗称电木粉。机械强度高,坚韧耐磨,尺寸稳定,耐蚀,电绝缘性能优异
成型性能	(1)成型性较好,但收缩及方向性一般比氨基塑料大,并含有水分挥发物。成型前应预热,成型过程中应排气,不预热则应提高模温和成型压力 (2)模温对流动性影响较大,一般超过 160℃时,流动性会迅速下降 (3)硬化速度一般比氨基塑料慢,硬化时放出的热量大。大型厚壁塑件的内部温度易过高,容易发生硬化不均和过热
适用范围	适于制作电器、仪表的绝缘构件,可在湿热条件下使用

1.3.2 分析塑件成型方式

酚醛塑料属于热固性塑料,虽然酚醛塑料目前的注射成型技术已经成熟,但是由于热固性塑料的注射成型方法对生产设备、工艺有特殊的要求,所需模具结构复杂,成本较高,一般用于大批量生产,所以通常对于批量不大的酚醛塑料制件还是使用压缩方法或压注方法成型。

酚醛塑料具有优良的可塑性,成型性能良好,具体性能见表 4.1.9。

本项目的制件生产批量为中等批量,并且与压注成型相比,压缩成型的材料利用率较高,模具结构相对简单,成本较低。同时,压缩成型的制件的收缩率较小。

根据以上分析,基座制件采用压缩成型工艺生产。

1.3.3 分析成型工艺

压缩成型工艺一般包括成型前准备、压缩成型过程、压后处理三个过程。

(1)成型前准备 成型前准备包括原材料的预热干燥和预压过程。由于酚醛塑料的原材料易含有水分挥发物,防止因水分和低分子量挥发物过多影响塑件成型质量;并且为了缩短成型周期和使塑料在模内受热均匀,对塑料进行预热。采用一般的烘箱预热,温度 100~120℃,时间为 10~20min。由于本项目的塑件较小并且原料较易加入加料室,故不需要进行预压处理。

(2)压缩成型过程 模具装入压力机后要进行预热,然后进行加料、合模、排气、固化保压、脱模等过程。加料采用简单的容积法,用有容积标度的容易向模具内进行加料。合模时速度掌握以先快后慢,时间通常为几秒到几十秒不等。排气次数和时间初步确定为 2~3

次,每次 5~10s,在生产中调整。根据压缩成型工艺参数选择原则,考虑本项目塑件的原材料和塑件尺寸,确定具体成型工艺参数,见表 4.1.10。

(3) 压后处理　塑件脱模后为了消除应力、提高稳定性和减少塑件的变形和开裂,进一步对材料进行交联固化,提高塑件的电性能和力学性能,需对塑件进行退火处理。本项目塑件的具体退火工艺参数见表 4.1.10。

表 4.1.10　基座压缩成型工艺参数

材料预热		模具预热		模塑工艺			退火处理	
温度	时间	温度	时间	温度	时间	压力	温度	时间
100~120℃	10~20min	110~130℃	4~8min	160~170℃	5~6min	25~40MPa	80~100℃	4~24h

1.3.4　分析塑件结构工艺性

该塑件从结构上看为圆形结构,上部有一圆形凸起,边缘有 3 个圆孔,外形比较简单。该塑件的壁厚平均为 8mm,制件下部的凸起本身就有一点斜度,所以不影响脱模,不需要考虑脱模斜度。对于工艺圆角,外表面圆弧半径为 2mm,内表面圆弧半径为 1.5mm。成型孔直径为 4mm,深度为 6mm,最小孔壁厚为 5.5mm,均满足成型工艺条件。

制件的所有尺寸均没有标注公差,为自由尺寸,要求不高,表面质量也无特殊的要求,所以从整体上分析该制件结构相对简单,精度要求一般,材料又是酚醛树脂,故采取压缩成型工艺能满足要求。

1.3.5　选用压缩模用的压机

计算塑件成型所需成型压力、开模力、脱模力。

1.3.5.1　计算成型压力

根据表 4.1.5,塑件为普通的扁平厚壁类塑件,成型时原材料预热,成型时的单位成型压力 p_0 取值 15MPa;所设计的模具为单型腔模具,n 取 1;压力安全系数 K_1 取 1.2;压机新旧系数 k 取 1.3,根据式 (4.1.4) 计算如下:

$$F_j = \frac{p_0 A n k K_1}{1000} = \frac{p_0 n k K_1}{1000} \times \frac{\pi d^2}{4}$$

$$= \frac{1}{1000} \times 15 \times 1 \times 1.2 \times 1.3 \times \frac{1}{4} \times 3.14 \times 65^2$$

$$= 77.6 \text{ (kN)}$$

1.3.5.2　计算开模力

根据式 (4.1.6),压力系数取 0.15,对开模力的计算如下:

$$F_k = K_2 F_j = 0.15 \times 77.6 = 11.6 \text{ (kN)}$$

1.3.5.3　计算脱模力

脱模力根据塑件的侧壁面积进行计算,该塑件的侧壁面积之和近似为:

$$A_1 = \pi d_1 h_1 + \pi d_2 h_2 + \pi d_3 h_3 = 3.14 \times 65 \times 6 + 3.14 \times 35 \times 6 + 3.14 \times 22 \times 6$$

$$= 2298.5 \text{ (mm}^2\text{)}$$

塑件与金属之间的结合力取 0.6MPa,脱模力根据式 (4.1.7) 计算:

$$F_t = \frac{A_1 p_1}{1000} = \frac{2298.5 \times 0.6}{1000} = 1.379 \text{ (kN)}$$

1.3.5.4 选择压机

根据成型压力、开模力和脱模力的大小,可以选择型号为 Y32-50 的压力机,为上压式、下推出、框架结构,公称压力 500kN,工作台封闭高度 600mm,滑块最大行程 400mm,顶杆最大行程 150mm。最大顶出力 7.5kN,该压力机参数均能满足生产需要。

1.3.6 确定设计方案

塑件外形简单没有侧凹,不带有嵌件,生产批量为中等,拟采用固定式半溢式压缩模进行成型。

模具结构上,加料腔结构采用单型腔半溢式结构,形状简单,加工容易。

分型面采用水平分型面,加压方向为上压式。

边缘小孔由固定于下模上的型芯成型。

推出机构由 3 根推杆推出,由压机顶杆施加脱模力,完成分型和塑件的推出。

该设计方案的优点是:结构简单,造价低廉,耐用,制件强度高,密实性好,飞边除去容易,材料利用率高,产品批量大时节约材料,同时制件的收缩率较小,经济性较好。同时由于采用固定式压缩模,开模、闭模、推出等工序均在压机内进行,生产率高,操作简单,劳动强度小。

模具结构图见 4.1.50。

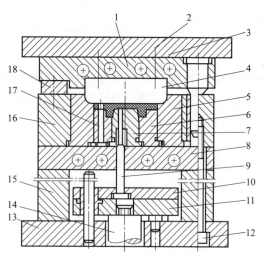

图 4.1.50 压缩模具结构图

1,8—加热板;2,12—螺钉;3—上模座板;4—上凸模;
5—加料室(凹模);6,7—下凹模;9—推杆;10—推杆
固定板;11—推板;13—下模座板;14—连接杆;
15—垫块;16—型腔固定板;17—小型芯;
18—承压块

1.3.7 设计主要零部件

1.3.7.1 计算加料腔尺寸

加料腔结构采用的是半溢式结构,挤压边的宽度取 5mm,则加料腔的直径为:

$$d = 65 + 2 \times 5 = 7.5 \text{ (cm)}$$

根据塑件的形状和尺寸,计算塑件的体积为:$V_{件} = 23163.8 \text{mm}^3 = 23.1638 \text{cm}^3 = V_0$。

根据公式(4.1.12),和塑件的形状,选择式(4.1.15)计算加料室的高度。

$$V_{料} = mv = V_{件} \rho v$$

$$H = \frac{V_{料} - V_0}{A} + (0.5 \sim 1) \text{cm}$$

根据表 4.1.7,以木粉为填料的热固性酚醛塑料的比体积 v 为 $1.8 \sim 2.2 \text{cm}^3/\text{g}$,取 $v = 2 \text{cm}^3/\text{g}$,密度为 $1.34 \sim 1.45 \text{g/cm}^3$,取 $\rho = 1.4 \text{g/cm}^3$,则加料腔的高度为:

$$H = \frac{V_{料} - V_0}{A} + (0.5 \sim 1) = \frac{4 V_{件} (\rho v - 1)}{\pi d^2} + (0.5 \sim 1)$$

$$= \frac{4 \times 23.1638 \times (2 \times 1.4 - 1)}{3.14 \times 7.5^2} + (0.5 \sim 1)$$

$$= 14.44 \sim 19.44 \text{ (mm)}$$

因此,加料腔高度取值为 19mm。

1.3.7.2 计算成型零件成型尺寸

计算压缩成型零件的成型尺寸,可以按照注射模成型零件的成型尺寸通过平均收缩率计算方法进行计算。塑件的最小收缩率为 0.5%，最大收缩率为 1.0%，平均收缩率为 0.75%。塑件的精度按照一般精度（MT4）选取。模具的制造公差取塑件精度的 1/4。由于此塑件形状比较简单，塑件的端面一面为平面，模具成型部件的尺寸只有凹模和型芯，具体尺寸计算如下。

(1) 凹模 凹模部分的尺寸涉及塑件的外侧面直径和高度，塑件的内表面凸环的高度和直径。由于塑件较薄，脱模斜度可以取较小值 $15'$。具体涉及的尺寸有 $d_1=65$mm，$d_2=35$mm，$d_3=22$mm，$h_1=6$mm，$h=12$mm。由于塑件精度按照一般精度 MT4 选取，相应尺寸的公差范围按照国家标准塑件尺寸公差（GB/T 14486—1993）进行选取，则 $d_1=65_{-0.56}^{0}$ mm，$d_2=35_{-0.42}^{0}$ mm，$d_3=22_{0}^{+0.34}$ mm，$h_1=6_{0}^{+0.20}$ mm，$h=12_{-0.48}^{0}$ mm，修正系数取 0.75。

根据注塑模具成型工作尺寸计算公式，凹模部分相应尺寸为

$$D_1 = [(1+S_{cp})d_1 - x\Delta]_0^{\delta_z} = [(1+0.0075)\times 65 - 0.75\times 0.56]_0^{+0.56\times 0.25}$$
$$= 65.0675_0^{+0.14} \text{ (mm)}$$

$$D_2 = [(1+S_{cp})d_2 - x\Delta]_0^{\delta_z} = [(1+0.0075)\times 35 - 0.75\times 0.42]_0^{+0.42\times 0.25}$$
$$= 34.9475_0^{+0.105} \text{ (mm)}$$

$$D_3 = [(1+S_{cp})d_3 + x\Delta]_{-\delta_z}^{0} = [(1+0.0075)\times 22 + 0.75\times 0.34]_{-0.34\times 0.25}^{0}$$
$$= 22.42_{-0.085}^{0} \text{ (mm)}$$

$$H_1 = [(1+S_{cp})h_1 - x'\Delta]_0^{\delta_z} = \left[(1+0.0075)\times 12 - \frac{2}{3}\times 0.48\right]_0^{+0.48\times 0.25}$$
$$= 11.77_0^{+0.12} \text{ (mm)}$$

$$H_2 = [(1+S_{cp})h_2 + x'\Delta]_{-\delta_z}^{0} = \left[(1+0.0075)\times 6 + \frac{2}{3}\times 0.20\right]_{-0.20\times 0.25}^{0}$$
$$= 6.178_{-0.05}^{0} \text{ (mm)}$$

(2) 型芯 型芯用来成型三个小孔。型芯成型部分的直径较小，设计成台阶式，下部加粗增加强度和减少制造的难度。孔直径 $d_4=4$mm，深为 $h_1=6$mm，均匀分布在直径为 $d_5=50$mm 的圆上。由于塑件精度按照一般精度 MT4 选取，相应尺寸的公差范围按照国家标准塑件尺寸公差（GB/T 14486—1993）进行选取，则孔直径为 $d_4=4_{-0.18}^{0}$ mm，均布在 $d_5=50_{-0.24}^{+0.24}$ mm 的圆上。根据计算公式，型芯部分相应尺寸计算如下：

型芯直径

$$D_4 = [(1+S_{cp})d_4 - x\Delta]_0^{\delta_z} = [(1+0.0075)\times 4 - 0.75\times 0.18]_0^{+0.18\times 0.25}$$
$$= 3.895_0^{+0.045} \text{ (mm)}$$

型芯的分布圆直径

$$D_5 = [(1+S_{cp})d_5]_{-\frac{1}{2}\delta_z}^{+\frac{1}{2}\delta_z} = [(1+0.0075)\times 50]_{-\frac{1}{2}\times 0.48\times 0.25}^{+\frac{1}{2}\times 0.48\times 0.25}$$
$$= 50.375_{-0.06}^{+0.06} \text{ (mm)}$$

型芯高度等于凹模部分外侧面的高度，制造时注意保持等高。

1.3.7.3　设计导向机构

导向机构采用最简单的导柱和导套配合构成，三个直径相同的导柱通过加热板固定于上模板，导套安装于模套上，使凸、凹模准确合模、导向和承受侧压力的作用。导柱和导套尺寸可通过查表选取。

1.3.7.4 设计开模和推出机构

此套模具属于固定式模具,根据塑件结构形状,把塑件留在下模,采用下推出机构,采用3个推杆推出塑件,3个推杆均匀分布在一个圆周上,保证推出力的均匀和平衡,塑件推出安全可靠。

1.3.7.5 设计模具加热系统

压缩模具加热系统设计与注射模具加热系统设计计算方法相同,此处略。

1.3.8 绘制模具总装图和零件图

在模具的总体结构及相应的零部件结构形式确定后,便可以绘制模具的总装图和零件图。

模具总装图的绘制要求,要清楚地表达各零件之间的装配关系以及固定连接方式。绘制总装图尽量采用1:1的比例,先由型腔开始绘制,主视图与其他视图同时画出,并且按顺序将全部零件序号编出,并且填写明细表。同时,也必须标注技术要求和使用说明,具体技术要求内容如下。

① 对于模具某些系统的性能要求,如对顶出系统、滑块抽芯结构的装配要求。

② 对模具装配工艺的要求,如模具装配后分型面上贴合面的贴合间隙应不大于0.05mm;模具上、下面的平行度要求,并指出由装配决定的尺寸和对该尺寸的要求。

③ 模具使用、装拆方法。

④ 防氧化处理、模具编号、刻字、标记、油封、保管等要求。

⑤ 有关试模及检验方面的要求。

模具总装图绘制完成后,根据总装图拆绘零件图,绘制出所有非标准件的零件图,由模具总装图拆画零件图的顺序应为:先内后外,先复杂后简单,先成型零件,后结构零件。

① 图形要求:一定要按比例画,允许放大或缩小。视图选择合理,投影正确,布置得当。为了使加工、装配人员易看懂,便于装配,图形尽可能与总装图一致,图形要清晰。

② 标注尺寸要求统一、集中、有序、完整。标注尺寸的顺序为:先标主要零件尺寸和脱模斜度,再标注配合尺寸,然后标注全部尺寸。在非主要零件图上先标注配合尺寸,后标注全部尺寸。

③ 表面粗糙度。把应用最多的一种表面粗糙度标于图纸右上角,其他表面粗糙度符号在零件各表面分别标出

④ 其他内容,如零件名称、模具图号、材料牌号、热处理和硬度要求、表面处理、图形比例、自由尺寸的加工精度、技术说明等都要正确填写。

具体图形略。

1.3.9 校核模具与压力机

模具图设计完毕后,必须对总装图和零件图进行校核。校核内容主要包括:模具总体结构是否合理,装配的难易程度,选用的压力机是否合适,模具的闭合高度是否合适,导向方式、定位方式及卸料方式是否合理,零件结构是否合理,视图表达是否正确,尺寸标注是否完整、正确,材料选用是否合适等(具体内容略)。

1.3.10 编写计算说明书

模具设计计算说明书是反映模具设计思想、设计方法以及设计结果等的重要技术文件。设计计算说明书是审核设计是否合理的技术文件,应在模具设计的最后阶段进行整理、编写。主要要求:说明设计正确、分析方法正确、计算过程完整,图形绘制规范,语句叙述

通顺。

模具设计计算说明书通常包括以下内容。

（1）设计任务书　包括模具生产塑件名称及产品图、材料、生产批量、技术要求等一切设计任务所包含的内容。

（2）分析产品工艺　分析塑件的结构工艺性，判断塑件各部分是否容易成型，能否满足成型要求。

（3）制定工艺方案　在工艺分析的基础上，确定可用的工艺方案，通过对塑件质量、生产效率、设备情况、模具制造工艺、模具寿命及经济性等方面的分析比较，确定一个最合适方案。然后进行工艺参数的初步确定，主要包括成型压力、开模力、脱模力、加料腔尺寸、成型尺寸及模具闭合高度等的计算以及成型设备的选用等。

（4）确定模具总体结构　绘制出模具结构简图，并对凸模与凹模的配合结构、导向机构、抽芯机构、脱模机构等的选用进行设计说明，并进行模具结构合理性分析。

（5）选用、设计模具零件的结构　模具材料的选用及计算；模具工作零件的尺寸和公差值计算及技术要求的有关说明。

（6）其他需要说明的内容。

（7）主要参考文献目录　模具设计说明书应附有模具结构简图，所选参数及公式应注明出处，并说明公式中各符号所代表的意义和单位，所用单位一律使用法定计量单位。

任务 2　设计压注成型模具

> 专项能力目标

（1）分析压注模具的典型结构和工作原理
（2）正确选择压注成型工艺参数
（3）设计简单压注模具的能力
（4）正确计算压注模具成型零件的工作尺寸和加料腔尺寸
（5）能够正确选择压注成型设备

> 专项知识目标

（1）掌握压注模具的分类方法及各种压注模具的适用范围
（2）掌握压注成型的工艺参数选择方法
（3）掌握压机的选用以及工艺参数的校核
（4）掌握压注模具的设计要点
（5）了解压注模具的脱模机构设计选用原则

> 学时设计

6 学时

压注成型又称传递成型，是在压缩成型的基础上发展起来的一种热固性塑料的成型方法，也是热固性塑料成型的重要方法之一。压注成型是先闭合模具，后将塑料原料放入模具的加料室内，加热使其成为熔融状态，然后在与加料室配合的压料柱塞的压力作用下，熔融的塑料通过设在加料室底部的浇注系统高速挤入型腔。塑料在型腔内继续受热受压而发生交联反应并固化成型。然后打开模具型腔取出塑件，清理加料室和浇注系统后进行下一次成型。

压注成型与压缩成型都是成型热固性塑料的常用方法，但是压注成型与压缩成型最大的区别就是压注成型有单独的加料室并有浇注系统，因此它能够克服采用压缩成型方法成型热固性塑料的生产效率低、塑件飞边尺寸大、尺寸精度较低等缺点，因此压注成型是热固性塑料的成型发展方向。

2.1 任务引入

2.1.1 任务要求

某企业需中批量生产一批塑料套，要求具有较优的电气性能和较高的机械强度、中等精度，制品材料是以木粉为填料的热固性酚醛塑料，零件见图4.2.1。

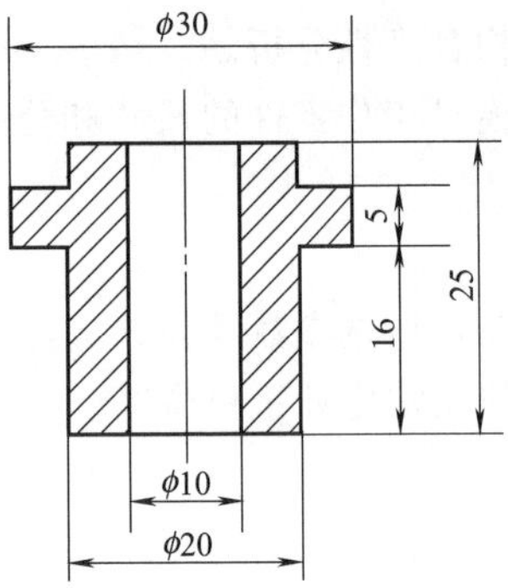

根据零件的使用性能、结构工艺性和材料特性，选择合适的成型工艺并确定工艺参数；选择合适的生产设备并进行适应性校核；对塑件成型模具的结构进行选择及模具设计。

图4.2.1 塑料套

2.1.2 任务分析

由于该塑料套的材料是以木粉为填料的热固性酚醛塑料。热固性塑料的成型方法一般为压缩成型、压注成型，但是由于压注成型生产的塑件性能较好、尺寸精度较高、飞边小并且表面质量好，成型周期也较短。根据该零件的性能质量要求，该塑料套选用压注成型方法生产。

由于压注模具的结构和种类较多，则应根据塑件的材料、形状、尺寸以及生产设备、生产批量不同，选择正确合适的压注模具结构；然后根据模具结构的特点，选择合理的压注模具各部件的结构形式并正确计算模具的有关技术参数。

下面针对这个任务，先学习一些塑料压注模具的专业基础知识。

2.2 知识链接

2.2.1 压注模的成型工艺

2.2.1.1 压注成型工艺特点

压注成型和压缩成型一样，也需要将模具安放在压力机的上、下工作台之间，借助压力机的压力成型。压注成型原理如图4.2.2所示，模具有单独的加料室，成型时先将型腔闭合，并预热到成型温度，将热固性塑料（最好是预压成锭或经预热的物料）加入加料室内，如图4.2.2（a）所示；由于模具加热，塑料受热软化转变为黏流态，并在压力机柱塞压力作用下塑料熔体以一定的速度经过浇注系统充满型腔，如图4.2.2（b）所示；塑料在型腔内继续受热受压，产生交联反应而固化定型，达到最佳性能后打开模具取出塑件，如图4.2.2（c）。

压注成型和注射成型的相同之处是熔料均是通过浇注系统进入型腔，不同之处在于前者塑料是在模具加料室内塑化，而后者则是在注射机的料筒内塑化。压注成型是在克服压缩成型缺点、吸收注射成型优点的基础上发展起来的。它的主要优点有：

① 压注成型前模具已经闭合，塑料在加热腔内加热和熔融，在压力机通过压注柱塞将

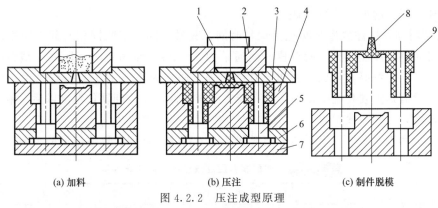

(a) 加料　　　　　　　(b) 压注　　　　　　　(c) 制件脱模

图 4.2.2　压注成型原理

1—压注柱塞；2—加料室；3—上模座；4—凹模；5—凸模；
6—凸模固定板；7—下模座；8—浇注系统凝料；9—塑件

其挤入型腔并经过狭窄分流道和浇口时，由于摩擦作用，塑料能很快且均匀地热透和硬化。因此，制品均匀密实，质量好。

② 压注成型时的溢料较压缩成型时少，而且飞边厚度薄，容易去除。因此，塑件的尺寸精度较高，特别是制件的高度尺寸精度较压缩制件高得多。

③ 由于成型物料在进入型腔前已经塑化，对型芯或嵌件所产生的挤压力小，因此能成型深腔薄壁塑件或带有深孔的塑件，也可成型形状较复杂以及带精细或易碎嵌件的塑件，还可成型难以用压缩成型方法成型的塑件。

④ 由于成型物料在加料室内已经受热熔融，成型时再以较快的速度充入型腔，熔料在通过浇注系统窄小部位时发生摩擦而温度升高，因此塑件所需的交联固化时间较短，缩短了硬化时间，因此，成型周期较短，生产效率高。

压注成型虽然具有上述诸多优点，但也存在以下缺点：成型压力比压缩成型高；工艺条件比压缩成型要求更严格，操作比压缩成型难度大；压注模比压缩模结构复杂；成型后加料室内总留有一部分余料以及浇注系统中的凝料，由于不能回收将会增加生产中原材料消耗；存在取向问题，容易使塑件产生取向应力和各向异性，特别是成型纤维增强塑料时，塑料大分子的取向与纤维的取向结合在一起，更容易使塑件的各向异性程度提高。

2.2.1.2　压注成型工艺过程

压注成型的工艺过程和压缩成型基本相似，主要区别在于：压缩成型是先加料后闭模，而压注成型则一般要求先闭模后加料。

2.2.1.3　压注成型工艺参数

压注成型主要工艺参数包括成型压力、成型温度和成型时间等，均与塑料品种、模具结构、塑件复杂情况等多种因素有关。

① 成型压力。成型压力是指压力机通过压注柱塞对加料室内塑料熔体施加的压力。由于熔体通过浇注系统时有压力损失，故压注时的成型压力一般为压缩时的 2～3 倍。例如，酚醛塑料粉和氨基塑料粉需要用的成型压力通常为 50～80MPa，高者可达 100～200MPa；有纤维填料的塑料为 80～160MPa。

② 模具温度。压注成型的模具温度通常要比压缩成型的温度低一些，一般约为 130～190℃，因为塑料通过浇注系统时能从摩擦中产生一部分热量。加料室和模具的温度要低一些，而中框的温度要高一些，这样可保证塑料进入通畅而不会出现溢料现象，同时也可以避

免塑件出现缺料、起泡、接缝等缺陷。

③ 成型时间。压注成型时间包括加料时间、充模时间、交联固化时间、脱模取塑件时间和清模时间等。压注成型时的充模时间通常为 5~50s，而固化时间取决于塑料品种，塑件的大小、形状、壁厚，预热条件和模具结构等，通常为 30~180s。一般来说，压注成型要求塑料在没有达到硬化温度以前应具有较大的流动性，而达到硬化温度以后，就要求有较快的硬化速度，以缩短成型时间。

表 4.2.1 和表 4.2.2 列出了酚醛塑料和其他一些热固性塑料压注成型的主要工艺参数。

表 4.2.1　酚醛塑料压注成型的主要工艺参数

工艺参数	罐　式		柱　塞　式
	未预热	高频预热	高频预热
预热温度/℃	—	100~110	100~110
成型压力/MPa	160	80~100	80~100
充模时间/min	4~5	1~1.5	0.25~0.33
固化时间/min	8	3	3
成型周期/min	12~13	4~4.5	3.5

表 4.2.2　部分塑料压注成型的主要工艺参数

塑料	填料	成型温度/℃	成型压力/MPa	压缩率	收缩率/%
环氧双酚A模塑料	玻璃纤维	138~193	7~34	3.0~7.0	0.001~0.008
	矿物填料	121~193	0.7~21	2.0~3.0	0.002~0.001
环氧酚醛模塑料	矿物和玻璃纤维	121~193	1.7~21		0.004~0.008
	矿物和玻璃纤维	190~196	2~17.2	1.5~2.5	0.003~0.006
	玻璃纤维	143~165	17~34	6~7	0.002
三聚氰胺	纤维素	149	55~138	2.1~3.1	0.005~0.15
酚醛	织物和回收料	149~182	13.8~138	1.0~1.5	0.003~0.009
聚酯(BMC,TMC)[①]	玻璃纤维	138~160	1.4~3.4	—	0.004~0.005
聚酯(SMC,TMC)	导电护套料[②]	138~160	1.4~3.4	1.0	0.0002~0.001
聚酯(BMC)	导电护套料	138~160	1.4~3.4	—	0.0005~0.004
醇酸树脂	矿物质	160~182	13.8~138	1.8~2.5	0.003~0.010
聚酰亚胺	50%玻璃纤维	199	20.7~69	—	0.002
脲醛塑料	α-纤维素	132~182	13.8~138	2.2~3.0	0.006~0.014

① TMC 指黏稠状模塑料。
② 在聚酯中添加导电性填料和增强材料的电子材料工业用护套料。

2.2.2　压注模的结构

2.2.2.1　压注成型模具典型结构

典型的固定式压注模具结构见图 4.2.3，模具由压柱、上模、下模三部分组成，打开上分型面 $A—A$ 面取出主流道凝料并清理加料室；打开下分型面 $B—B$ 面取出塑件和分流道凝料。压注模具体由以下各部分组成。

(1) 型腔　用于直接成型塑件的部分，由凸模、凹模、型芯等组成，分型面的形式及选择与注射模、压缩模相似。

(2) 加料室　用于放置塑料原料。由加料室 3 和压柱 2 组成，移动式压注模的加料室和模具本体是可分离的，开模前先取下加料室，然后开模取出塑件。固定式压注模的加料室通

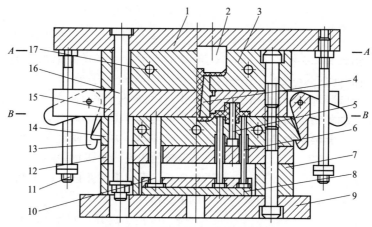

图 4.2.3 固定式压注模具的结构

1—上模座板；2—压柱；3—加料室；4—浇口套；5—型芯；6—推杆；7—垫块；8—推板；
9—下模座板；10—复位杆；11—拉杆；12—支承板；13—拉钩；14—下模板；
15—上模板；16—定距导柱；17—加热器安装孔

常与上模连接在一起，加料时可以与压柱部分定距分型。

(3) 浇注系统　多型腔压注模的浇注系统与注射模相似，同样分为主流道、分流道和浇口，单型腔压注模一般只有主流道。与注射模不同的是加料室底部可开设几个流道同时进入型腔。

(4) 导向机构　一般由导柱和导柱孔（或导套）组成。在柱塞和加料室之间，上模与下模分型面之间，通常都设置导向机构。

(5) 侧分型与抽芯机构　有侧孔或侧凹的塑件，必须设置侧向分型与抽芯机构。压注模的侧向分型与抽芯机构与压缩模和注射模基本相同。

(6) 脱模机构　在注塑模具中广泛使用的推杆、推管、推件板等脱模机构同样适用于压注模具。包括推杆6、推板8、复位杆10等由拉钩13、定距导柱16、拉杆11等组成的二次分型机构是为了加料室分型面和塑件分型面先后打开而设计的，也包括在脱模机构之内。

(7) 加热系统　压注模具通常用电热圈加热。固定式压注模由压柱、上模、下模三部分组成，应分别对这三部分加热，在加料室和型腔周围分别钻加热孔，插入电加热元件。移动式压注模加热是利用装于压机上的上、下加热板，压注前柱塞、加料室和压注模都应放在加热板上进行加热，然后再组合起来使用。

2.2.2.2 压注成型模具分类

压注模按其固定方式分为移动式压注模和固定式压注模，移动式压注模在小型塑件生产中有着广泛的应用；压注模按其加料室的特征又可分为罐式压注模和柱塞式压注模，罐式压注模用普通压机即可成型，柱塞式压注模需用专用压机成型；压注模按型腔数目可分为单型腔和多型腔压注模。

(1) 罐式压注模

① 移动式罐式压注模。图4.2.4所示为移动式罐式压注模具，是目前使用最为广泛的一种压注模具，对设备无特殊要求，可在普通压机上进行成型；模具内设有主流道、分流道和浇口。移动式罐式压注模的加料室与模具本体是可以分离的。模具闭合后放上加料室4，将定量的塑料加入加料室内，利用压机的压力，通过压柱5将塑化的物料高速挤入型腔，硬化定型后，开模时先从模具上取下加料室4，再开模取出塑件并分别进行清理，用手工或专

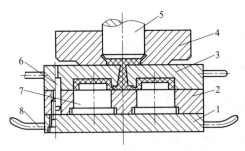

图 4.2.4 移动式罐式压注模
1—下模板；2—凸模固定板；3—凹模；4—加料室；
5—压柱；6—导柱；7—型芯；8—手柄

用工具即可卸模取件。

压注成型时，压机将成型压力通过压柱作用在塑料原料上，再传递至加料室底部，将模具紧紧锁闭，通过压柱将熔料将压力也传递至整个型腔中，成为成型压力。由压机施于压柱的力既是成型压力也是锁模力。

② 固定式罐式压注模。图 4.2.3 所示为固定式罐式压注模。模具上设有加热装置。压柱 2 随上模座板 1 固定于压机的上工作台，下模固定于压机的下工作台。开模时，压机上工作台带动上模座板上升，压柱 2 离开加料室 3，A—A 分型面分型，以便在该处取出主流道凝料。当上模上升到一定高度时，拉杆 11 上的螺母迫使拉钩 13 转动使之与下模部分脱开，接着定距导柱 16 起作用，使 B—B 分型面分型，以便脱模机构将塑件从该分型面处脱出。合模时，复位杆使脱模机构复位，拉钩 13 靠自重将下模部分锁住。

(2) 柱塞式压注模　柱塞式压注模没有主流道，主流道已扩大成为圆柱形的加料室，这时柱塞将物料压入型腔的力已起不到锁模的作用，因此柱塞式压注模应安装在特殊的专用压机上使用，锁模和成型需要两个独立的液压缸来完成。所以，加料室的水平投影面积不再受锁模要求的限制，只要主液压缸的吨位大于型腔成型总压力要求，就不会发生分型面闭合不紧的问题。

由于主流道已经扩大为加料室，主流道凝料消失，材料消耗减少，也节省了清理加料室的时间。

由于没有主流道的加热作用，因此最好采用经过预热的原料进行压注。这时既没有主流道的流动阻力，同时原料经预热后压注的压力可大大降低，特别是单型腔的压注模更是如此。

柱塞式压注模一般为固定式，可分为上加料室柱塞式压注模和下加料室柱塞式压注模。

① 上加料室柱塞式压注模。上加料室柱塞式压注模所用压机其合模液压缸（称主液压缸）在压机的下方，自下而上合模；成型用液压缸（称辅助液压缸）在压机的上方，自上而下将物料挤入模腔。如图 4.2.5 所示，合模加料后，当加入加料室内的塑料受热成熔融状时，辅助液压缸工作，柱塞将熔融物料挤入型腔，固化成型后，辅助液压缸带动柱塞上移，主液压缸带动工作台将模具下模部分下移开模，塑件与浇注系统留在下模。顶出机构工作时，推杆将塑件从型腔中推出。

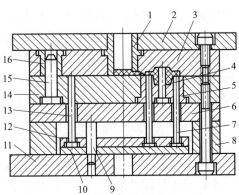

图 4.2.5　上加料室柱塞式压注模具
1—加料室；2—上模座板；3—上模板；4—型芯；
5—凹模镶块；6—支承板；7—推杆；8—垫块；
9—推杆导柱；10—推板；11—下模座板；12—推杆固定板；13—复位杆；14—下模板；
15—导柱；16—导套

② 下加料室柱塞式压注模。如图 4.2.6 所示，这种模具所用压机其合模液压缸（称主液压缸）在压机的上方，自上而下合模；成型用液压缸（称辅助液压缸）在压机的下方，自下而上将物料挤入模腔。它与上加料室柱塞式压

注模的主要区别在于：它是先加料，后合模，最后压注；而上加料室柱塞式压注模是先合模，后加料，最后压注。

2.2.3 选用压注模用的压机

罐式压注模用压机是普通压机，塑料的压注力及模具的锁模力均由液压机主活塞供给。柱塞式压注模使用专门的压机，也就是需要设置专门的压料油缸，模具所需的锁模力来自液压机的主活塞缸，塑料的压注力来自专门的压料辅助活塞缸。

罐式压注模用压机使用的普通压机参见压缩模使用压机的技术参数和型号，柱塞式压注模使用的专门的压机的技术参数和型号根据具体的厂家进行选择。

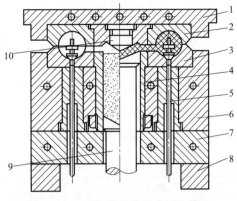

图 4.2.6 下加料室柱塞式压注模具
1—上模座板；2—上凸模；3—下凹模；4—加料室；
5—推杆；6—下模板；7—支承板；8—垫块；
9—柱塞；10—分流锥

2.2.3.1 普通压机的选择

在选择普通液压机时，主要根据所用塑料的单位压力和加料室截面积求出压注成型所需的总压力，即

$$F_总 = pA_室 \tag{4.2.1}$$

式中 $F_总$——压注成型所需的总压力，N；

p——压注成型所需的单位压力，MPa，可按表 4.2.3 选取；

$A_室$——加料室的横截面积，mm^2。

而压注成型所需的总压力 $F_总$ 必须小于或等于液压机的有效压力，即：

$$F_总 \leqslant KF_公 \tag{4.2.2}$$

式中 K——压力损失系数，一般取 $K = 0.75 \sim 0.90$；

$F_公$——液压机的公称压力，N。

将式（4.2.2）代入式（4.2.1）即可求得公称压力 $F_公$，最后选择液压机的型号。

$$F_公 \geqslant pA/K \tag{4.2.3}$$

由于模具锁模力也由主液压缸施加，在设计模具时应考虑加料室和模具分型面上投影面积的关系。

模具所需锁模力为：

$$F_锁 = pA_模$$

式中 $A_模$——型腔（包括流道和浇口）在模具分型面上的投影面积，mm^2。

保证模具在压注时不产生溢料的条件为：

$$F_锁 < F_总$$

所以，为了防止产生溢料和飞边，加料室内腔的横截面积应大于型腔在模具分型面上的投影面积，一般取

$$A_室 = 1.15 A_模$$

2.2.3.2 专用的液压机的选择

（1）辅助缸压力的校核　在选择专用液压机时，压注成型所需的总压力应小于或等于液压机辅助缸的有效压力，即：

故

$$pA_室 \leqslant KF_辅$$

$$F_辅 \geqslant \frac{pA_室}{K} \qquad (4.2.4)$$

式中 $F_辅$——液压机辅助缸的公称压力，N；

p——压注成型所需的单位压力，MPa，可按表 4.2.3 选取；

$A_室$——加料室的截面积，mm^2；

K——压力损失系数，一般取 $K=0.75\sim0.90$。

表 4.2.3 压注成型所需的单位压力 p　　　　　MPa

塑料名称	填料类型	压注成型所需的单位压力 p
酚醛塑料	木粉	58.84～68.65
	玻璃纤维	78.45～117.68
	布屑	68.65～78.45
三聚氰胺	矿物	68.65～78.45
甲醛塑料	石棉纤维	78.45～98.07
环氧塑料	3.92～9.81	
聚硅氧烷	3.92～9.81	
脲-甲醛塑料	68.65	
DAP 塑料	49.03～58.84	

(2) 主缸压力的校核　为了使型腔内熔融塑料的压力不至于顶开分型面，所需的合模力应小于或等于液压机主缸的有效压力，即：

$$pA_模 \leqslant KF_主$$

故

$$F_主 \geqslant \frac{pA_模}{K} \qquad (4.2.5)$$

式中 $F_主$——液压机主缸的公称压力，N；

p——压注成型所需的单位压力，MPa；

$A_模$——型腔与浇注系统在水平分型面上投影面积之和，mm^2；

K——压力损失系数，一般取 $K=0.75\sim0.90$。

2.2.4　设计压注模成型零部件

压注模的结构包括型腔、加料室、浇注系统、导向机构、侧抽芯机构、推出机构、加热系统等，压注模的结构设计原则与注射模、压缩模基本相似。压注模零部件的设计也与注射模、压缩模基本相似，在此不再赘述，这里仅就压注模特有的结构零件的设计进行介绍。

2.2.4.1　加料室的结构

压注模与注射模不同之处在于它有加料室。压注成型之前塑料必须加到加料室内，进行预热、加压，才能压注成型。由于压注模的结构不同，加料室的形式也不相同。固定式压注模和移动式压注模的加料室具有不同的形式，罐式和柱塞式的加料室也具有不同的形式。

为了便于加工和定位，压注模加料室截面形状常为圆形，也有矩形和扁圆形，具体截面形状应由制品断面形状和型腔结构和数量决定。

(1) 罐式压注模加料室　固定式压注模的加料室与上模通过拉杆连成一体，在加料室底部开设一个或数个流道通向型腔，如图 4.2.3 所示。当加料室和上模分别加工在两块板上时可在通向型腔的流道内加一主流道衬套。小型压注模加料室通过一个中心流道流向型腔。由于罐式压注模没有专门的锁模机构，作用在加料室底部的总压力起着锁模的作用，为此加料室需要较大的横截面积，高度较小。若加料室和上模分别在两块模板上加工时，则应设置浇口套。

移动式压注模加料室可单独取下，最常见的是底部呈台阶形的加料室，并有一定的通用性，如图 4.2.7 所示。加料室底部为一带有 40°～45°角的台阶，其作用在于当压柱向加料室内的塑料加压时，压力也作用在台阶上，从而将加料室紧紧地压在模具的模板上，以免塑料从加料室的底部和顶板之间溢出。加料室与顶板之间接触面应光滑平整，不允许有螺钉孔或其他孔隙。

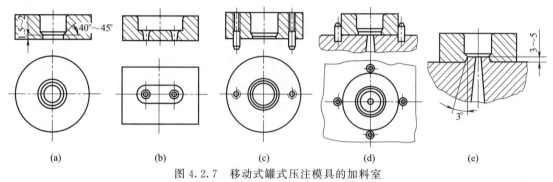

图 4.2.7　移动式罐式压注模具的加料室

加料室在模具上的定位方式如图 4.2.7 所示。

图 4.2.7（a）、（b）为无定位的加料室，其上模上表面和加料室下表面均为平面，制造简单，清理方便，使用时目测加料室基本在模具中心既可，图 4.2.7（b）中加料室为长圆形，用于加料室下部直接开设流道的模具；图 4.2.7（c）为导柱定位加料室，这种结构中，导柱既可固定在上模也可固定在下模（图中固定在上模），其间隙配合一端应采用较大间隙。这种结构拆卸和清理不太方便；图 4.2.7（d）采用销定位，这种结构加工及使用都较方便；图 4.2.7（e）采用加料室内部凸台定位，这种结构可以减小溢料的可能性，因此得到广泛的应用。

（2）柱塞式压注模加料室　柱塞式压注模的加料室截面均为圆形。由于采用专用液压机，液压机上有锁模液压缸，所以加料室的截面尺寸与锁模无关，加料室的截面尺寸较小，高度较大。柱塞式压注模加料室在模具上的安装方式如图 4.2.8 所示，图 4.2.8（a）中加料室用螺母锁紧，图 4.2.8（b）中加料室用轴肩锁紧。

加料室的材料一般选用 T10A、CrWMn、Cr12 等，硬度为 52～56HRC，加料室内腔最好镀铬且抛光至 Ra 值在 $0.4\mu m$ 以下。

2.2.4.2　压柱的结构

压柱的作用是将塑料熔体从加料室压入型腔，承受较大压力负荷。

（1）罐式压注模的压柱　图 4.2.9 所示为罐式压注模几种典型的压柱结构。

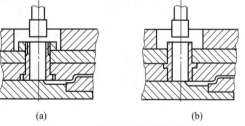

图 4.2.8　柱塞式压注模加料室在模具上的安装方式

图 4.2.9（a）为简单的圆柱形，常用于移动式压注模，加工简便，省料；图 4.2.9（b）为带凸缘的结构，承压面积大，压注平稳，可用于移动式压注模也可用于固定式罐式压注模；图 4.2.9（c）、（d）为组合式结构，用于

固定式压注模具，以便固定在压机上；图 4.2.9（d）为开环形槽的压柱，在压注时，环形槽被溢出的塑料充满并固化在其中，可以阻止塑料从间隙中溢出，继续使用时起到了活塞环的作用，压柱端面的球形凹面能起到集中料流的作用。

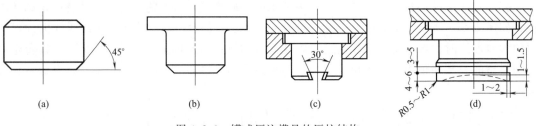

图 4.2.9　罐式压注模具的压柱结构

（2）柱塞式压注模的压柱　柱塞式压注模的压柱有时也称为柱塞。由于柱塞式压注模的压柱直接与液压机液压缸柱塞相连接，为了更换安装方便，压柱用螺纹连接。

图 4.2.10 所示为柱塞式压注模的压柱结构。图 4.2.10（a）中，其一端带有螺纹，直接拧在液压缸的活塞杆上；图 4.2.10（b）中，在柱塞上加工出环形槽以便溢出的塑料固化其中，起活塞环的作用，图中头部的球形凹面有使料流集中、减少向侧面溢料的作用。

（3）压柱的头部拉料结构　压柱头部可开有楔形沟槽的结构，用于倒锥形的主流道，以便能够拉出主流道凝料，如图 4.2.11 所示。图 4.2.11（a）用于直径较小的压柱；图 4.2.11（b）用于直径大于 75mm 的压柱；图 4.2.11（c）用于拉出几个主流道凝料的场合。

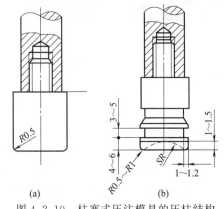

图 4.2.10　柱塞式压注模具的压柱结构

压柱或柱塞是承受压力的主要零件，压注材料和热处理要求与加料室相同。

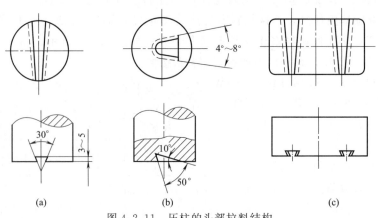

图 4.2.11　压柱的头部拉料结构

2.2.4.3　加料室与压柱的配合

加料室与压柱的配合关系如图 4.2.12 所示。加料室与压柱的配合通常为 H8/f9、H9/f9 或采用 0.05～0.1mm 的单边间隙。若为带环槽的压柱，间隙可更大些；压柱的高度

H_1 应比加料室的高度 H 小 0.1mm，底部转角处应留 0.3～0.5mm 的储料间隙；加料室与定位凸台的配合高度之差为 0～0.1mm，加料室底部倾角 $\alpha=40°～45°$。

表 4.2.4、表 4.2.5 为罐式压注模的加料室、压柱的经验尺寸。

2.2.4.4 加料室尺寸计算

（1）确定加料室的截面积

① 罐式压注模加料室截面积。可从传热和锁模两个方面考虑。

a. 从传热方面考虑。加料室的加热面积取决于加料量，根据经验，未经预热的热固性塑料每 1g 约 140mm² 的加热面积，加料室总表面积为加料室内腔投影面积的 2 倍与加料室装料部分侧壁面积之和。为

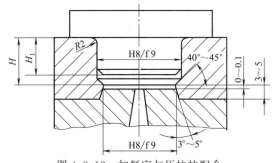

图 4.2.12 加料室与压柱的配合

了简便起见，可将侧壁面积略去不计，这样比较安全，因此，加料室截面积为所需加热面积的 1/2，即

$$2A = 140m$$
$$A = 70m \qquad (4.2.6)$$

式中 A——加料室截面积，mm²；

m——每一次压注的加料量，g。

表 4.2.4 罐式压注模的加料室尺寸　　mm

简图	D	d	d_1	h	H
	100	$30^{+0.033}_{0}$	$24^{+0.033}_{0}$	$3^{+0.05}_{0}$	30 ± 0.2
		$35^{+0.039}_{0}$	$28^{+0.039}_{0}$		35 ± 0.2
		$40^{+0.039}_{0}$	$32^{+0.039}_{0}$		40 ± 0.2
	120	$50^{+0.039}_{0}$	$42^{+0.039}_{0}$	$4^{+0.05}_{0}$	40 ± 0.2
		$60^{+0.046}_{0}$	$50^{+0.039}_{0}$		40 ± 0.2

表 4.2.5 罐式压注模压柱尺寸　　mm

简图	D	d	d_1	h	H
	100	$30^{-0.025}_{-0.072}$	$23^{0}_{-0.1}$	26.5 ± 0.1	20
		$35^{-0.025}_{-0.087}$	$27^{0}_{-0.1}$	31.5 ± 0.1	
		$40^{-0.025}_{-0.087}$	$31^{0}_{-0.1}$	36.5 ± 0.1	
	120	$50^{-0.025}_{-0.087}$	$41^{0}_{-0.1}$	35.5 ± 0.1	30
		$60^{-0.030}_{-0.104}$	$19^{0}_{-0.1}$	35.5 ± 0.1	

b. 从锁模方面考虑。加料室截面积应大于型腔和浇注系统在合模方向投影面积之和，否则型腔内塑料熔体的压力将顶开分型面而溢料。根据经验，加料室截面积必须比塑件型腔与浇注系统投影面积之和大 10%～25%，即

$$A = (1.1 \sim 1.25) A_1 \qquad (4.2.7)$$

式中　A_1——塑件型腔和浇注系统在合模方向上的投影面积之和，mm²。

对于未经预热的塑料，可采用式（4.2.6）计算加料室截面积；对于经过预热的塑料，可按式（4.2.7）计算加料室截面积。

当压机已确定时，应根据所选用的塑料品种和加料室截面积对加料室内的单位挤压力进行校核，即

$$10^{-2} \frac{F_p}{A} = p' \geqslant p \qquad (4.2.8)$$

式中　F_p——压机额定压力，N；

　　　p'——实际单位压力，MPa；

　　　p——压注成型所需的单位压力，MPa，其值可按表 4.2.3 选用。

② 柱塞式压注模加料室截面积。柱塞式压注模加料室截面积应根据所用压机辅助液压缸的能力，按式（4.2.9）进行计算

$$A \leqslant 10^{-2} \frac{F'_P}{P} \qquad (4.2.9)$$

式中　F'_P——压机辅助缸的额定压力，N。

（2）确定加料室中塑料原材料容积　加料室截面积确定后，其余尺寸的计算方法与压塑模相似。加料室内塑料所占有的容积由式（4.2.10）计算；

$$V_{s1} = K V_s \qquad (4.2.10)$$

式中　V_{s1}——粉状塑料的体积，mm³；

　　　K——塑料体积压缩比；

　　　V_s——塑件的体积，mm³。

（3）确定加料室高度　加料室高度可按式（4.2.11）计算

$$h = \frac{V_{s1}}{A} + (8 \sim 15) \text{mm} \qquad (4.2.11)$$

式中　h——加料室的高度，mm。

2.2.5　设计压注模浇注系统与排溢系统

2.2.5.1　浇注系统设计

压注模浇注系统的组成与注射模相似，也是由主流道、分流道和浇口组成，各组成部分的作用也与注射模相类似。图 4.2.13 所示为压注模的典型浇注系统。

对于浇注系统的要求，压注模与注射模有相同处也有不同处。注射模具要求塑料在浇注系统中流动时，压力损失小，温度变化小，即与流道壁要尽量减少热传递。但对压注模来说，除要求流动时压力损失小外，还要求塑料在高温的浇注系统中流

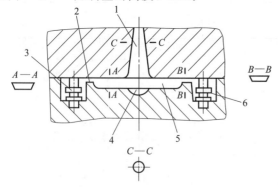

图 4.2.13　压注模的典型浇注系统

1—主流道；2—浇口；3—嵌件；4—冷料井；5—分流道；6—型腔

动时进一步塑化和升温，使其以最佳的流动状态进入型腔。为此有时在流道中还设有补充加热器。但流道对塑料过分加热也是不适当的，这将引起流动性能下降，特别当流程较长，或一个制件有几个浇口时，将会由于过早硬化而导致充模不满或熔接不牢。

设计压注模浇注系统时应注意以下几点：

① 浇注系统总长（包括主流道、分流道、浇口）不应超过60～100mm，流道应平直圆滑、尽量避免弯折（尤其对增强塑料更为重要），以保证塑料尽快充满型腔。

② 主流道尽量分布在模具的压力中心。

③ 分流道截面形状宜取在相等截面积时周边为最长的形状（如梯形），有利于模具加热塑料，增大摩擦热，提高料温。

④ 浇口形状及位置应便于去除浇口，并不会损伤塑件表面美观，修正方便。

⑤ 主流道下宜设反料槽，以利于塑料流动集中。

⑥ 浇注系统中有拼合面者必须防止溢料，以免取出浇口困难。

（1）主流道 由于柱塞式压注模没有主流道，下面分析的都是罐式压注模的主流道。

在压注模中，主流道的截面一般均为圆形，常见的主流道有正圆锥形的、带分流锥的、倒圆锥形的，如图4.2.14所示。

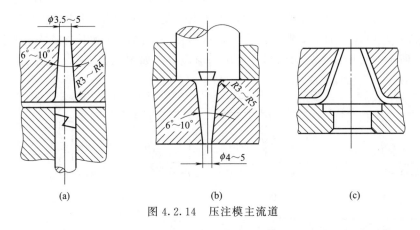

图4.2.14 压注模主流道

图4.2.14（a）所示为正圆锥形主流道，其大端与分流道相连，常用于多型腔模具，有时也设计成直接浇口的形式，用于流动性较差的塑料的单型腔模具。主流道的对面应设置拉料杆，便于将主流道凝料拉出。主流道有6°～10°的锥度，与分流道的连接处应有半径在3mm以上的圆弧过渡。在移动式罐式压注模广泛采用。

图4.2.14（b）所示为倒圆锥形主流道，大多应用于固定式罐式压注模，与端面带楔形槽的压柱配合使用。开模时，主流道连同加料室中的残余废料由压柱带出再予清理。这种流道既可用于多型腔模具，又可使其直接与塑件相连用于单型腔模具或同一塑件有几个浇口的模具。这种主流道尤其适用于以碎布、长纤维等为填料的塑件的成型。

图4.2.14（c）所示为带分流锥的主流道，可缩短流道长度，降低流动的阻力。分流锥的形状及尺寸按塑件尺寸及型腔分布而定。型腔沿圆周分布时，分流锥可采用圆锥形；当多个型腔两排并列时，分流锥和主流道都可加工成矩形截锥形。

（2）分流道 在压注模中，分流道也可称为分浇道。与注塑模相比，为了达到较好的传热效果，压注模的分流道一般都比较浅而宽。一般小型件分流道深度取2～4mm，大型件深度取4～6mm，最浅应不小于2mm。最常采用梯形断面的分流道，其尺寸如图4.2.15所示,梯形每边应有5°～15°的斜角;也有半圆形分流道的,其半径可取3～4mm。以上两种截面加工容易、受热面积大,但角部容易过早交联固化。圆形截面的分流道为最合理的截面,流动阻力小,但加工有些麻烦。

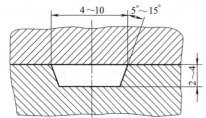

图4.2.15 梯形分流道的截面形状

分流道的布置多采用平衡式,流道应平直、光滑,尽量避免折弯,以减小压力损失。

(3) 浇口　浇口是浇注系统中的重要组成部分,它直接与型腔相连,其位置形状及尺寸大小直接影响熔料的流速及流态,对塑料能否顺利充满型腔、塑件质量、外观及浇注系统的去除都有直接影响,因此,浇口设计应根据塑料特性、塑件形状及质量要求和模具结构等因素来考虑。

① 浇口的形式。压注模的浇口与注射模基本相同,可以参照注射模的浇口进行设计。由于热固性塑料的流动性较差,其浇口应取较大的截面尺寸。压注模的浇口形式常见的有圆形点浇口、侧浇口、扇形浇口、环形浇口以及轮辐式浇口等,如图4.2.16所示。

图4.2.16 (a) 为外侧进料的侧浇口,是侧浇口中最常用的形式;图4.2.16 (b) 所示的塑件外表面不允许有浇口痕迹,所以用端面进料;图4.2.16 (c) 所示的结构可保证浇口折断后,断痕不会伸出表面,不影响装配,可降低修浇口的费用;如果塑件用碎布或长纤维作填料,侧浇口应设在附加于侧壁的凸台上,这样在去除浇口时就不会损坏塑件表面,如图4.2.16 (d) 所示;对于宽度较大的塑件可用扇形浇口,如图4.2.16 (e) 所示。

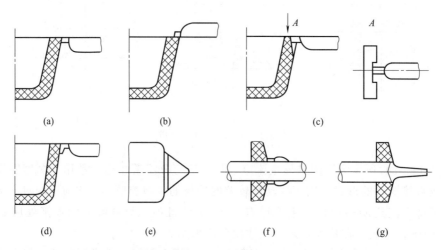

图4.2.16 压注模浇口形状

② 浇口的尺寸。浇口的截面形状有圆形、半圆形及梯形三种形式。

圆形浇口加工困难,导热性不好,浇口也难以去除,因此圆形浇口只适用于流动性较差的塑料,浇口直径一般大于3mm;半圆形浇口的导热性比圆形好,机械加工方便,但流动阻力较大,浇口较厚;梯形浇口的导热性好,机械加工方便,是最常用的浇口形式。通常梯形浇口的深度取0.5～0.7mm,宽度不大于8mm。如果浇口过薄、太小,压力损失就会较大,使硬化提前,造成填充成型性不好;如果浇口过厚、过大会造成流速降低,易产生熔接不良、表面质量不佳等缺陷并使去除浇道困难。

因此,如果适当增厚浇口,则有利于保压补料,排除气体,降低塑件表面粗糙度及提高熔接质量。所以，浇口尺寸应考虑塑料性能、塑件形状、尺寸、壁厚和浇口形式以及流程等因素，根据经验来确定。实际设计时一般应取较小值，经试模后再修正到适当尺寸。梯形截面浇口尺寸的常用值见表 4.2.6。

表 4.2.6　梯形截面浇口尺寸　　　　　　　　　mm

进料口截面积/mm²	浇口尺寸(宽×厚)	进料口截面积/mm²	浇口尺寸(宽×厚)
≤2.5	5×0.5	>7.0~8.0	8×1
>2.5~3.5	5×0.7	>8.0~10.0	10×1
>3.5~5.0	7×0.7	>10.0~15.0	10×1.5
>5.0~7.0	6×1	>15.0~20.0	10×2

③ 浇口位置的选择。热固性塑料在流动中会产生填料定向作用，造成塑件变形、翘曲甚至开裂。特别是长纤维填充的塑件，其定向更为严重，故应注意浇口位置。例如，对于长条形塑件，当浇口开设在长条中点时会引起长条弯曲，而改在端部进料则较好。圆筒形塑件单边进料易引起塑件变形，改为环状浇口较好。

由于热固性塑料流动性较差，为减少流动阻力，故浇口开设位置应有利于流动，一般开设在塑件壁厚最大处，有助于补缩。热固性塑料在型腔内的最大流动距离应尽可能限制在 100mm 内，对大型塑件应多开设几个浇口以减小流动距离。这时浇口间距应不大于 120~140mm，否则在两股料流汇合处，由于物料硬化而不能牢固地融合。

浇口的开设位置应避开塑件的重要表面，应不影响塑件的使用、外观及后加工工作量，同时应使塑料在型腔内顺序填充，否则会卷入空气形成塑件缺陷。

2.2.5.2　溢料槽和排气槽

(1) 溢料槽　压注成型时为防止产生熔接痕或使多余料溢出，以避免嵌件及模具配合中渗入更多塑料，一般要在产生熔接痕的地方及其他位置开设溢料槽，使少量冷料溢出，有利于提高塑料熔接强度。

溢料槽开设的尺寸应适当，过大则溢料多，使塑件组织疏松或缺料，过小则溢料不足，最适宜的时机应为塑料经保压一段时间后才开始将料溢出，一般溢料槽宽取 3~4mm，深度取 0.1~0.2mm，制造模具时宜先取小值，经试模后再修正。

(2) 排气槽　压注成型时，由于在极短时间内需将型腔充满，不但需将型腔内气体迅速排出模外，而且需要排除由于聚合作用产生的一部分气体，因此，不能仅依靠分型面和推杆的间隙排气，还需开设排气槽。

排气槽应开设在远离浇口的流动末端，或开设在靠近嵌件或壁厚最薄处，也可以开设在分型面上。

压注成型时从排气槽中不仅逸出气体，还可能溢出少量前锋冷料，也有利于提高排气槽附近塑料的熔接强度。

排气槽的截面形状一般为矩形或梯形。对于中小型塑件，分型面上排气槽的尺寸为深度取 0.04~0.13mm，宽度取 3.2~6.4mm，视塑件体积和排气槽数量而定，其截面积可按式 (4.2.12) 计算

$$F=\frac{0.05V}{n} \tag{4.2.12}$$

式中　V——塑件体积，mm³；

n——型腔排气槽数目；

F——排气槽截面积，mm^2，其推荐尺寸见表 4.2.7。

表 4.2.7　排气槽截面积推荐尺寸　　　　　　　　　　　　mm

排气槽截面积 F/mm^2	排气槽截面尺寸(槽宽×槽深)	排气槽截面积 F/mm^2	排气槽截面尺寸(槽宽×槽深)
≤0.2	5×0.04	>0.8~1.0	10×0.10
>0.2~0.4	5×0.08	>1.0~1.5	10×0.15
>0.4~0.6	6×0.10	>1.5~2.0	10×0.20
>0.6~0.8	8×0.10		

2.3　任务实施

2.3.1　分析制件材料使用性能

塑料套选用的材料是以木粉为填料的酚醛塑料，其使用性能参考压缩模具项目。

2.3.2　选择塑件成型方式

见任务分析。

2.3.3　分析成型工艺

压注成型工艺过程和压缩成型工艺过程基本相同，它们的主要区别在于：压缩成型过程是先加料后闭模，而压注成型则一般要求先闭模后加料。（具体内容略，参考压缩模具项目）

压注成型的主要工艺参数见表 4.2.1、表 4.2.2，塑料套的具体压注工艺参数参见表 4.2.8。

表 4.2.8　塑料套压注成型工艺参数

材料预热		模具预热		模塑工艺				退火处理	
温度	时间	温度	时间	温度	充模时间	固化时间	压力	温度	时间
100~120℃	10~20min	100~110℃	4~8min	160~170℃	0.5~1min	3~4min	80~100MPa	80~100℃	4~24h

2.3.4　分析塑件结构工艺

该工件为一简单的塑料套，外形简单，为扁圆形结构，平均厚度 2mm，所有尺寸均为无公差要求的自由尺寸，材料为酚醛塑料，便于进行压注成型。（详细分析略）

2.3.5　选用压注模用的压机

计算方法与压缩成型基本相同。（略）

2.3.6　确定设计方案

由于制件批量不大，并且形状简单，要求不高，采用移动式压注模可以使模具结构简单，节省模具制作材料，生产费用降低；对设备无特殊要求，可以采用普通压力机进行生产。

塑件结构较小，可采用多型腔模具，此处采用一模两件方式。

采用罐式压注模，把加料室设计成形状简单、易于加工的圆形结构。分型面采用水平分型面。

浇注系统中主流道采用正圆锥结构，分流道采用梯形截面，浇口采用矩形截面。

成型后，把模具移出机外，去除加料室，手动分型后取出塑件及浇注系统。

模具总体结构如图 4.2.17 所示。

2.3.7 工艺计算及设计主要零部件

2.3.7.1 浇注系统设计

(1) 主流道 主流道采用正圆锥形结构。小端直径通常取 $\phi 2.5 \sim 5 \mathrm{mm}$,此处取 $\phi 3.5 \mathrm{mm}$;主流道一般具有 $6° \sim 10°$ 的锥角,此处取中间值 $8°$;主流道长度等于上模板长度,在此取为 $35 \mathrm{mm}$,则大端直径为 $\phi 8.4 \mathrm{mm}$。

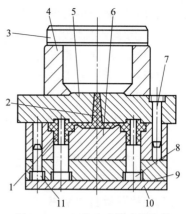

图 4.2.17 移动式罐式压注模
总体结构

1—塑件;2—浇注系统;3—压料柱塞;
4—加料腔;5—上模板;6—凹模;
7,11—导柱;8—凸模;
9—凸模固定板;10—下模座

(2) 分流道 由于型腔按照平衡式布置,分流道进行对称放置。分流道采用梯形截面。小型塑件的分流道槽深一般为 $2 \sim 4 \mathrm{mm}$,为便于以后修模,此处取小值为 $2.5 \mathrm{mm}$;底边宽度通常为 $4 \sim 8 \mathrm{mm}$,此处取为 $6 \mathrm{mm}$;梯形斜角取 $10°$;分流道长度应尽量短,一般取主流道大端直径的 $1 \sim 2.5$ 倍,此处取为 $9 \mathrm{mm}$。

(3) 浇口 每个型腔设一个侧向浇口,浇口采用矩形截面。用普通热固性塑料压注中小型制品时,浇口尺寸为:深 $0.4 \sim 1.6 \mathrm{mm}$,宽 $1.6 \sim 3.2 \mathrm{mm}$。由于浇口在试模的时候可能会进行修正,所以先取小值。此处浇口深度取为 $0.4 \mathrm{mm}$,宽度取为 $2 \mathrm{mm}$,长度取为 $1.5 \mathrm{mm}$。

2.3.7.2 加料室设计

所设计的移动式罐式压注模的加料室可以单独取下,采用圆形结构,如图 4.2.17 所示。

(1) 加料室的横截面积 根据经验公式,塑件型腔和浇注系统在合模方向上的投影面积之和为:

$$A_1 = 2 \times \left(\frac{\pi}{4} \times 30^2 - \frac{\pi}{4} \times 10^2 + 2 \times 1.5 + 6 \times 9 \right) + \frac{\pi}{4} \times 8.4^2 = 1425.4 \; (\mathrm{mm}^2)$$

根据经验公式,移动式加料室的横截面积为:

$$A = (1.1 \sim 1.25) A_1 = (1.1 \sim 1.25) \times 1425.4 = 1567.9 \sim 1781.8 \; (\mathrm{mm})^2$$

取加料室的横截面积为:$A = 1700 \mathrm{mm}^2$。

(2) 加料室容积 单个塑件的体积为:

$$V_s = \frac{\pi}{4} [25 \times (20^2 - 10^2) + 5 \times (30^2 - 20^2)] = 7850 \; (\mathrm{mm}^3)$$

浇注系统的体积为:

$$V_{浇} = \frac{\pi}{3} [4.2^2 \times (35 + 2\cot 4°) - 2^2 \times 2\cot 4°] + 2 \times \frac{6 + 6 - 2 \times 2.5 \tan 10°}{2} \times 2.5 \times 9 + 2 \times 1.5 \times 2 \times 0.4$$
$$= 1307 \; (\mathrm{mm}^3)$$

由表 4.1.7 查得:酚醛塑料的压缩比 $K = 1.5 \sim 2.7$,取 $K = 2.5$。则加料室容积为:

$$V_{s1} = K(2V_s + V_{浇}) = 2.5 \times (2 \times 7850 + 1307) = 42517.5 \; (\mathrm{mm}^3)$$

(3) 加料室高度 加料室高度可以为:

$$h = \frac{V_{s1}}{A} + (8 \sim 15) = \frac{42517.5}{1700} + (8 \sim 15) = 33 \sim 40 \; (\mathrm{mm})$$

故取加料室高度 $h = 35 \mathrm{mm}$。

2.3.7.3 成型结构设计与尺寸计算

首先根据成型尺寸计算公式确定各个成型零件中的成型尺寸,然后再确定各零件结构及其相关尺寸。此处结构设计和尺寸计算省略。

2.3.7.4 导向机构设计

导向机构由导柱和导向孔构成，两个直径相同的导柱通过过盈配合安装在下模板上，型芯固定板和模套上加工出导向孔，使上、下模准确合模、导向和承受侧压力。导柱尺寸可通过查表选取。

2.3.8 绘制模具总装图和零件图

具体要求同项目 1，具体略。

2.3.9 校核模具与压力机

具体要求同项目 1，具体略。

2.3.10 编写计算说明书

具体要求同项目 1，具体略。

思考与练习

1. 压缩模设计时，对压力机需要进行哪些参数的校核？
2. 压缩成型时如何选择塑件在模具中的加压方向？
3. 画图说明溢式、不溢式、半溢式压缩模的凸模与加料室的配合结构特点。
4. 压缩模凹模加料室的大小、高度如何确定？
5. 固定式压缩模有哪几种典型的脱模方法？
6. 压注模按加料室的结构可分成哪几类？
7. 绘出移动罐式压注模的加料室与压柱的配合结构简图，并标上典型的结构尺寸与配合精度。
8. 压注模浇注系统的设计原则是什么？
9. 压注模为什么要开设排气槽？
10. 压注模加料室的高度是如何计算的？

参 考 文 献

[1] 屈华昌. 塑料成型工艺与模具设计［M］. 第3版. 北京：机械工业出版社，2018.
[2] 钱全森. 塑料成型工艺与模具设计［M］. 北京：人民邮电出版社，2006.
[3] 高汉华. 塑料成型工艺与模具设计［M］. 大连：大连理工大学出版社，2007.
[4] 刘彦国. 塑料成型工艺与模具设计［M］. 北京：人民邮电出版社，2009.
[5] 唐志玉. 塑料模具设计师指南［M］. 北京：国防工业出版社，1999.
[6] 张兴友. 塑料成型工艺与模具设计［M］. 北京：冶金工业出版社，2009.
[7] 屈华昌. 塑料成型工艺与模具设计［M］. 第4版. 北京：高等教育出版社，2018.
[8] 杨占尧. 塑料注塑模结构与设计［M］. 北京：清华大学出版社，2004.
[9] 宋满仓. 注塑模具设计与制造实践［M］. 北京：机械工业出版社，2003.
[10] 翁其金. 塑料模塑工艺与塑料模设计［M］. 北京：机械工业出版社，1998.
[11] 高汉华，廖月莹. 塑料成型工艺与模具设计［M］. 大连：大连理工大学出版社，2007.
[12] 陈志刚. 塑料模具设计［M］. 北京：机械工业出版社，2002.
[13] 朱光力，万金宝. 塑料模具设计［M］. 北京：清华大学出版社，2003.
[14] 谭雪松，林晓新. 塑料模具设计手册［M］. 北京：人民邮电出版社，2007.
[15] 卜建新. 塑料模具设计［M］. 北京：中国轻工业出版社，1999.
[16] 李力，崔江红等. 塑料成型设计与制造［M］. 北京：国防工业出版社，2009.
[17] 黄晓燕. 塑料模典型结构［M］. 上海：上海科学技术出版社，2008.
[18] 周斌兴. 塑料模具设计与制造实训教程［M］. 北京：国防工业出版社，2006.
[19] 李奇. 塑料成型工艺与模具设计［M］. 北京：中国劳动社会保障出版社，2006.
[20] 申开智. 塑料模具设计与制造［M］. 北京：化学工业出版社，2006.
[21] 邹继强. 塑料制品及其成型模具设计［M］. 北京：清华大学出版社，2005.
[22] 齐卫东. 塑料模具设计与制造［M］. 北京：高等教育出版社，2004.